도시 및 주거환경정비론

김 호 철 著

지 샘

서 문

저자가 재개발이라는 연구주제에 관심을 가지기 시작한 것은 지금으로부터 20년 전 유학을 생각하면서부터이다. 우리나라처럼 좁은 국토에 많은 인구가 사는 곳에서는 신개발이라는 것이 무한정 지속될 수 없기 때문에 기존 시가지의 재사용이 필요할 것이라는 막연한 생각에서 도시재개발이라는 연구주제를 가지고 유학을 떠났다. 당시 도시공학은 학문적 영역이 뚜렷하지 않아 건축, 토목 등과 유사한 학문정도로 인식되었다. 이러한 이유로 좀더 물리적인 계획능력을 배양하고자 우리나라와 유사한 도시환경을 가진 일본의 교토(京都)대학 건축공학과 내의 도시계획연구실에서 수학하게 되었다. 당연히 주로 탐독한 연구서적도 주택, 도로, 공원, 기반시설 등의 도시시설물을 물리적으로 개선하는 내용이 주를 이루었다.

당시 일본에서는 영국, 미국 등의 대도시에서 도시 쇠퇴를 촉발시켜 심각한 사회문제로 발전하였던 내부시가지(inner city)문제에 관심을 가지는 학자들이 많았다. 그들은 서구 국가에서 나타난 내부시가지 문제가 일본의 대도시에서도 그 징후가 나타나고 있지 않은가에 대해서 많은 연구를 수행하고 있었다. 그들은 동경, 오사카, 고베 등의 도시를 대상으로 쇠퇴를 진단하였고 도시 쇠퇴에 대응한 도시재생 방안을 제시하는 등 활발하게 연구를 수행하였다. 그 당시 우리나라의 대도시는 급격한 인구집중으로 인한 과밀문제로 몸살을 겪고 있었기 때문에 인구를 분산하여 과밀문제를 해소하는 것이 중요한 과제였다. 내부시가지 문제는 대도시 인구의 절대적 감소로 촉발되어 쇠퇴현상을 일으키기 때문에 그때까지 배워왔던 내용과는 상이한 연구주제였다. 이 주제를 공부하면서 도시재개발 또는 도시재생이 단순히 물리적인 환경의 개선이 아니라 사회·경제적인 측면에서 접근해야 한다는 사실을 깨닫게 되었다.

이를 계기로 저자는 도시재개발에 대한 접근방법을 물리적 측면에서 사회·경제적 측면으로 전환하게 되었다. 일본에서 석사과정을 졸업하고, 사회과학에서 도시계획을 다루는 대학이 많은 미국으로 진학을 결심하게 된 것도 그러한 이유에서였다. 저자가 유학했던 플로리다 주립대학의 도시 및 지역계획학과에서 그 동안 충분히 접하지 못했던 사회과학 관련 도서를 읽으면서 사고의 폭을 넓힐 수 있었다. 그 때 공부했던 내용이 이 책의 2장 이론부분에 많이 기술되어 있으며, 주택재개발사업 등 도시 및 주거환경정비사업의 발전방향에도 이러한 시각이 많이 반영되어 있다. 저자는 도시 및 주거환경정비에 있어 물리적인 환경개선이 필요하다는 사실을 인정하면서도 이와 병행하여 사회·경제적 환경개선에 더 많은 힘을 쏟아야 한다고 믿고 있다. 따라서 도시 및 주거환경정비를 공부하는 학생들은 물리적 계획능력을 키우면서 사회·경제적 사고능력 배양에 노력하여야 한다고 생각한다.

2002년 12월 '도시 및 주거환경정비법'이 제정되면서 '도시재개발법'은 자취를 감추게 되었다. 저자는 이 책의 용어사용에 있어 도시재개발이라는 용어대신 도시 및 주거환경정비라는 용어를 사용하려고 노력하였고, 이 책의 제목도 그것을 그대로 사용하였다. 아직 우리에게는 도시 및 주거환경정비라는 용어가 익숙하지 않지만, 자꾸 사용하면서 이에 적응하려는 노력이 필요하다는 생각에서이다. 이러한 법 체제의 변경은 이책을 집필하는 데 있어서 많은 어려움을 안겨주었다. 최근에 법이 바뀌었기 때문에 많은 참고문헌이 '도시재개발법'에 의거하여 기술되어 있고, 아직도 많은 연구가 최근의 상황을 고려하지 못하고 있다. 물론 '도시 및 주거환경정비법'이 2003년 7월부터 시행되어, 반년이 조금 넘은 현 시점에서 새로운 제도에 대한 연구가 이루어지기에는 시간이 충분하지 않았을 것으로 생각된다. 이 책에서도 이러한 한계를 극복하지 못한 점이 곳곳에 나타나고 있다. 아마도 '도시재개발법' 시대와 '도시 및 주거환경정비법' 시대의 중간쯤에서 허덕이고 있는 느낌이다. 이

제는 도시 및 주거환경정비사업을 연구하는 많은 학자들이 새 법의 시행에 따른 혼란에서 벗어나 이에 대한 연구를 통하여 잘못된 부분은 개선하고, 미비한 부분은 보강하여 '도시 및 주거환경정비법'이 21세기에 적합한 도시환경 창출에 공헌할 수 있도록 노력하여야 할 것이다.

이 책을 쓰기까지 주변의 많은 분들과 저자가 재직하고 있는 단국대학교의 도움을 받았다. 이 책은 2003학년도 단국대학교 대학연구비의 지원으로 만들어졌다. 이러한 연구결과물이 나올 수 있도록 지원해 준 대학당국에 감사를 표하고 싶다. 자료수집과 편집과정에서 도움을 준 강미희, 정웅재, 석홍재군 등 대학원 도시 및 지역계획학과 학생들에게도 고마움을 전하고 싶다. 마지막으로 미국유학 시절 어려울 때마다 항상 힘이 되어 주었고, 이 책의 출간에 있어서도 졸고를 기꺼이 받아 준 도서출판 지샘의 김종호 선배님에게 지면을 통해서 감사의 마음을 전한다.

한남동 연구실에서
2004년 봄을 앞두고
김호철

차 례

▶▶1장 도시 및 주거환경정비사업 제도

▶▶2장 도시의 쇠퇴와 재생에 관한 논의

▶▶3장 주택재개발사업

▶▶4장 주택재건축사업

▶▶7장 해외사례

▶▶ 8장 향후과제

1

도시 및 주거환경정비사업 제도

- 1. 도시 및 주거환경정비사업의 제도변천
- 2. '도시 및 주거환경정비법' 이전의 관련법 구성과 문제점
- 3. 도시 및 주거환경정비법의 주요 내용

제 1 장에서는

2002년 12월 제정된 '도시 및 주거환경정비법' 이전의 도시 및 주거환경정비사업의 관련법이었던 '도시재개발법', '도시 저소득주민의 주거환경 개선을 위한 임시조치법', '주택건설촉진법'의 변천과정을 살펴보고 '도시 및 주거환경정비법'의 주요 내용을 검토한다. 이를 토대로 '도시재개발법', '도시 저소득주민의 주거환경개선을 위한 임시조치법', '주택건설촉진법'으로 구성되는 구법과 '도시 및 주거환경정비법'이 제도적으로 어떠한 차이가 있는지를 비교한다. 이와 더불어 주택재개발사업, 주거환경개선사업, 주택재건축사업과 도심재개발사업, 공장재개발사업을 포함하는 도시환경정비사업을 제도적으로 비교한다.

1. 도시 및 주거환경정비사업의 제도변천

2002년 말 제정된 '도시 및 주거환경정비법' 이전에는 도시 및 주거환경정비사업이라는 명칭보다는 도시재개발사업이라는 용어가 널리 사용되었다. 도시재개발사업은 기존 시가지 내의 일정 지역에서 건조물이나 설비시설의 노후화, 사회·경제적 환경변화 등으로 인하여 지역 내 주민의 안전, 위생은 물론 도시기능상의 장애가 초래되고 아울러 도시의 쇠퇴화가 우려될 경우에 공공의 목적을 위하여 기존 도시환경의 개선을 도모하는 도시개발사업의 일종이다.[1] 도시재개발사업의 유형에는 '도시재개발법'에 근거하여 도심재개발사업, 주택재개발사업, 공장재개발사업으로 분류되며, 이와 유사한 사업으로 주택재건축사업, 주거환경개선사업이 있다. '도시재개발법'에 의한 3종의 재개발사업과 유사 사업 2종을 합하여 '도시 및 주거환경정비법'에서는 도시 및 주거환경정비사업으로 분류하고 있다.

도시 및 주거환경정비사업은 한국전쟁 이전에는 단순한 도로축조나 하수도정비와 같이 부분적인 정비에 그쳤으며, 한국전쟁 이후에 기본계획에 입각한 종합적인 정비사업이 추진되었다. 이러한 정비사업으로 불합리한 도시공간 구조의 개편이 상당부분 이루어졌으나, 철거 위주의 단순한 사업방식, 경험부족, 제도상의 미비 등으로 많은 문제점을 노출시켰다. 그 결과, 도시의 외형적 성장에 비해 사업결과는 만족스럽지 못한 것으로 평가되고 있다.

우리나라의 도시 및 주거환경정비사업에 관한 제도는 1962년 1월 20일 공포한 '도시계획법'에 일단의 불량지구 개량에 관한 사항을 도시계획으로 결정하여 사업을 시행할 수 있도록 한 것이 최초이다. 1960년대부터 시작한 경제개발에 따른 도시인구 집중으로 각종 도시문제가 나타남에 따라 기존 시가지 내의 협소한 도로, 노후화된 건물 및 주택에 대한 정비가 필요하게 되었다. 이에 1971년 1월 19일 '도시계획법'을

1) 국토개발연구원, 1996, 「국토50년」, p.404, 서울프레스.

개정하면서 재개발사업 시행조항을 삽입하였고, 이로써 '도시계획법' 내에 재개발사업의 근거를 마련하였다. 1973년에는 '건축법' 등 기타 관계법령의 규정에 위반하거나 그 기준에 미달한 건축물을 정비하기 위하여 '도시계획법'상의 재개발사업에 관한 일부 특례를 규정하여 '주택개량촉진에 관한 임시조치법'을 제정하였다. 이 법의 골자는 무허가 주택 밀집지역의 정비를 '도시계획법'에 근거한 재개발지구로 지정하고, 그 지구의 토지에 적용되었던 종전의 도시계획상 용도는 폐지되며, 재개발구역 안의 국유 또는 공유의 토지는 구역지정과 동시에 무상으로 재개발사업 시행자인 지방자치단체에 귀속하도록 하여 재개발사업의 재정으로 충당하게 한 것이다.[2] 당시 정부는 1981년까지 무허가 불량주택의 정리를 마친다는 계획을 가지고 있어서 이 법은 1981년까지 한시적으로 제정되었다.

그 동안 도시재개발사업의 근거법이었던 '도시계획법'은 재개발사업에 관한 재개발구역 지정요건의 불충분, 영세권리자 보호규정의 미흡 등으로 원활한 사업추진에 많은 문제가 있었다.[3] 이러한 문제점을 해결하고 효율적 사업추진을 위하여 '도시계획법'에 있던 재개발관련 규정을 보완하여 1976년 12월 '도시재개발법'을 제정하였다. 이로써 '도시계획법' 속에서 다루어지던 재개발은 '도시재개발법'으로 흡수되었다. 이 법에서는 구분이 모호했던 주택재개발사업과 도심재개발사업을 구분하여 시행할 수 있도록 하였다.

'도시재개발법'은 수차례의 개정이 이루어지는데, 1983년의 개정에서는 토지를 제공하는 주민과 사업비 일체를 부담하는 건설업체가 합동으로 재개발을 함으로써 그 때까지 재개발사업의 핵심적인 장애요소였던 개발재정 문제를 혁신적으로 해결한 합동재개발방식이 도입되었다. 합동재개발방식은 재개발사업을 활성화시키는 계기를 마련하였고, 이 후 재개발사업의 보편적 사업방식으로 자리잡게 되었다. 그러나, 이 방식은 수익성 위주의 고밀도 개발을 전제로 한 것이어서 도시환경

2) 서울시정개발연구원, 1996, 「서울시 주택개량 재개발 연혁연구」, p.85.
3) 건설교통부, 대한주택공사, 2003, 「서민주거안정을 위한 주택백서」, p.170.

악화 등 각종 문제를 발생시켰다. 1995년에는 '도시재개발법'이 전문 개정되는데, 이 때 처음으로 공장재개발사업이 새로운 사업유형으로 등장하게 되었다.

한편, '도시재개발법'과는 별개이나 재개발사업과 유사한 재건축사업과 주거환경개선사업도 근거법이 마련되었다. 재건축사업은 1984년 '집합건물의 소유 및 관리에 관한 법률'과 1987년 '주택건설촉진법'(2003년 '주택법'으로 개칭) 개정으로 사업추진의 근거를 마련하게 되었다. 또한 주거환경개선사업은 1989년 '도시 저소득층의 주거환경 개선을 위한 임시조치법'이 제정됨으로써 탄생하게 되었다. 당초 이 법은 1999년까지의 한시법이었으나, 한정된 기간까지로는 사업추진이 제대로 이루어질 수 없다는 이유로 2004년까지 연장되었다.

이와 같이 도시 및 주거환경정비사업은 근거법이 다르고, 비리와 분쟁, 주민갈등 초래, 도시환경 악화 등 다양한 문제를 만들어 왔다. 이에 정부는 유사한 사업들을 통폐합하여 새로운 도시 및 주거환경정비의 틀을 마련하기 위해 2001년 7월 25일 '도시 및 주거환경정비법'을 입법예고 하였으며, 입법과정 속에 많은 난관을 거쳐 2002년 12월 30일 제정, 공포하였다. 이 법은 2003년 7월 1일부터 시행되면서 도시 및 주거환경정비사업에 많은 변화를 주고 있다.

〈표 1-1〉 도시 및 주거환경정비사업의 제도변천 과정

년도	주 요 내 용
1962	· '도시계획법' 제정
1965	· '도시계획법' 제14조(기타 지구지정) 신설 : 불량지구 개조사업을 촉진하기 위하여 필요한 경우 재개발지구로 지정할 수 있도록 규정
1971	· '도시계획법' 개정 : 도시계획사업의 시행조항에 재개발사업 시행조항을 개정 · 삽입하여 재개발 근거 마련
1972	· '특정지구 개발촉진에 관한 임시조치법' 제정 : 특정가구 정비지구를 지정할 수 있도록 규정
1973	· '주택개량 촉진에 관한 임시조치법' 제정 : 주택개량사업을 별도의 도시계획사업으로 규정, 국 · 공유지를 해당 자치단체에 무상 양여

뒤로 계속 →

→ 앞에서 계속

1976	·'도시재개발법' 제정 : 주택개량재개발사업과 도심지재개발사업을 구분하여 시행할 수 있도록 함
1977	·'도시재개발법 시행령' 제정
1981	·'도시재개발법 및 시행령' 개정 : 도시재개발구역을 지구로 분할하여 사업시행 가능
1982	·'도시재개발법' 개정 : 재개발사업 시행자 범위 확대, 시행자에게 수용권 인정
1983	·'도시재개발법 시행령' 개정 : 합동재개발방식 도입
1984	·'집합건물의 소유 및 관리에 관한 법률' 제정 : 집합건물의 특성을 반영한 건물전체의 재건축 추진근거 마련
1987	·'주택건설촉진법' 개정 : 재건축조합을 결성하여 재건축사업을 추진할 수 있는 법적 근거 마련
1989	·'도시 저소득층의 주거환경 개선을 위한 임시조치법' 제정(1999년까지 한시) : 주거환경개선사업 근거 마련, '건축법', '도시계획법' 등의 기준 완화
1993	·'도시재개발법 시행령' 개정 : 도시재개발기본계획 작성시 공청회 개최 및 5년마다 검토조정을 의무화
1995	·'도시재개발법' 전문개정 : 기본계획수립제도 개선, 공장재개발사업 추가, 공공기관 참여 확대, 순환재개발 도입
1996	·'도시재개발법 시행령' 개정 : 100만 이상 도시 외에도 지자체장이 필요하다고 인정되는 도시도 재개발기본계획 수립 제3개발자의 범위에 민관합동법인 및 부동산신탁회사 추가
1997	·'도시재개발법' 개정 : 주택재개발사업시 지자체의 공공시설 설치 의무화
1998	·'도시재개발법 시행령' 개정 : 지자체가 의무적으로 설치해야 하는 공공시설의 범위 규정
1999	·'도시재개발법' 및 동법 시행령 개정 : 권리의무 승계규정, 지장물 등의 이전요구 규정, 분양받을 권리의 양도통지 규정 등 삭제
2000	·'도시재개발법 시행령' 개정 : 과태료 부과기준 마련
2002	·'도시 및 주거환경정비법' 제정 '도시재개발법'(도심, 주택, 공장재개발사업), '도시 저소득층의 주거환경 개선을 위한 임시조치법'(주거환경개선사업), '주택건설촉진법'(재건축사업) 등 3개법률 통합

2. '도시 및 주거환경정비법' 이전의 관련법 구성과 문제점

2002년 12월 제정된 '도시 및 주거환경정비법' 이전의 도시 및 주거환경정비사업의 관련법은 주택재개발사업, 도심재개발사업, 공장재개발사업을 규정하는 '도시재개발법', 주거환경개선사업의 근거법이 되는 '도시 저소득주민의 주거환경 개선을 위한 임시조치법', 주택재건축사업의 근거가 되는 '주택건설촉진법'으로 나뉘어져 있었다. 주거환경개선사업, 주택재개발사업, 재건축사업 모두 기존 건축물을 철거하고 조합을 구성하거나 사업 시행자가 일괄 매수하여 주택을 건축하는 유사한 사업임에도 각각 다른 법령에 규정되어 각 사업간의 연계성, 사업추진의 일관성과 효율성에 문제가 있었다.

각각의 법의 문제점을 살펴보면, 주택재개발사업의 근거법이었던 '도시재개발법'은 내용적으로 도심재개발 중심으로 제정되어 있어 사회·경제적인 측면이 강한 주택재개발 관련사항을 다루기에는 부적합하였다. 한편 도시기능의 회복을 추구하는 도심재개발과 노후공장의 정비와 산업구조 개편을 이루어야 하는 공장재개발 등 도시정비의 성격이 강한 사업이 주거환경 개선을 추구하며 도시 저소득층의 이해관계가 얽혀 있는 주택재개발과 동일한 시행근거와 절차로 이루어져 본래의 목적을 원활히 수행하지 못하는 결과를 초래하였다.

주거환경개선사업의 근거법이었던 '도시 저소득주민의 주거환경 개선을 위한 임시조치법'은 2004년 12월로 시효가 만료되는 한시법으로 주거환경 개선에 필요한 각종 시책을 다루기에는 역부족이었다. 공공이 주도하는 주거환경개선사업의 특성을 감안할 때 특별법이 아닌 일반법에서 도시 저소득주민의 주거환경 개선에 관련된 각종 제도를 다루어야 할 필요성이 있었다. 또한 주거환경개선사업은 특례적인 규제완화와 양성화조치로 도시환경의 악화를 초래하여 저소득주민의 주거안정에 역행한다는 문제점이 지적되었다.

재건축사업의 근거법이었던 '주택건설촉진법'은 주택공급에 초점을 맞추고 있는 법이다. 1972년 제정된 '주택건설촉진법'은 당시 78%에 불과하던 주택보급률을 2002년말에 100%로 향상시키는 등 주택부족난 해소에는 기여하였으나, 주거환경 정비를 다루기에는 한계가 있었다. '주택건설촉진법'은 '주택법'[4]으로 명칭이 바뀌면서 주거복지, 주택관리 중심으로 개편되었다.

이처럼 도시 및 주거환경정비사업의 유사성과 이들을 규정하는 개별 법의 문제점을 감안할 때 도시정비 관련법을 1개로 통합하여 일관된 원칙에 따라 운영할 필요가 있었다. 효율적인 도시 및 주거환경 정비를 이루기 위해서는 모든 도시정비 관련사업을 통합된 법에서 규정하고, 사업특성과 시행 주체에 따라 분류하여 종합적인 도시 및 주거환경의 개선을 도모하여야 한다는 주장이 학자, 공무원, 현업 종사자 등 많은 관련자들로부터 제기되었다. 이러한 주장이 받아들여져 '도시 및 주거환경정비법'이 제정됨으로써 모든 정비사업은 장기적이고 광역적 차원에서 세워지는 종합계획의 틀 안에서 상호 연관성을 가지고 이루어지게 되었다. 이에 따라 3개 개별법에서 건설업체와 소유자의 이해관계에 따라 사업이 추진되어 발생되었던 교통혼잡, 기반시설 부족, 사업간의 연계성 결여 등 각종 도시문제의 발생이 줄어들 게 되었다. 또한 그 동안 도시 및 주거환경정비사업에서 이루지 못했던 저소득층 거주자의 사회·경제적 여건 개선, 공공지원 확대, 분쟁과 비리 척결 등도 성공적으로 수행될 수 있게 되었다.

3. 도시 및 주거환경정비법의 주요 내용

3.1 도시 및 주거환경정비사업의 분류

도시 및 주거환경정비사업은 주거환경개선사업, 주택재개발사업,

4) '주택건설촉진법'은 2003년 5월 29일에 개정되면서 '주택법'으로 명칭이 바뀌어 공포되었다. '주택법'의 하위법령인 '주택법 시행령'이 국무회의에서 2003년 11월 25일 통과되어 확정됨에 따라 2003년 11월 30일부터 주택법이 시행되었다.

주택재건축사업, 그리고 도시환경정비사업(도심재개발사업, 공장재개발사업 포함)으로 구분한다. '도시 및 주거환경정비법'은 여러 상이한 개별 법에 근거하고 있는 다양한 형태의 노후·불량주거지 정비사업들을 하나의 법체계로 통합함으로써 유사한 사업간의 법 적용의 혼란을 지양하고 정책의 일관성을 제고시킨다.

'도시 및 주거환경정비법'에서는 대상지역, 대상주민, 개발방식, 관리처분방식 등의 성격이 다른 도심재개발사업과 공장재개발사업을 도시환경정비사업으로 묶고, 주택재개발사업, 주택재건축사업, 주거환경개선사업을 구분함으로써 사업시행에 따른 혼란을 방지하고자 하였다. '도시 및 주거환경정비법'에서 규정하고 있는 사업의 정의를 살펴보면 다음과 같다.

- 주거환경개선사업 : 도시저소득주민이 집단으로 거주하는 지역으로서 정비기반시설이 극히 열악하고 노후·불량건축물이 과도하게 밀집한 지역에서 주거환경을 개선하기 위하여 시행하는 사업

- 주택재개발사업 : 정비기반시설이 열악하고 노후·불량건축물이 밀집한 지역에서 주거환경을 개선하기 위하여 시행하는 사업

- 주택재건축사업 : 정비기반시설은 양호하나 노후·불량건축물이 밀집한 지역에서 주거환경을 개선하기 위하여 시행하는 사업

- 도시환경정비사업 : 상업지역, 공업지역 등으로서 토지의 효율적 이용과 도심 또는 부도심 등 도시기능의 회복이 필요한 지역에서 도시환경을 개선하기 위하여 시행하는 사업

〈표 1-2〉는 사업유형별로 구역지정 대상 및 기준, 사업방법, 시행자 등 핵심적인 사항을 법 조문을 근거로 비교해 본 것이다.

〈표 1-2〉 도시 및 주거환경정비법에 의한 사업별 비교

		주거환경개선사업	주택재개발사업	주택재건축사업	도시환경정비사업
지정대상	주민소득수준	• 저소득 (법제2조 제2항 가목)	–	–	–
	정비기반시설	• 매우 열악 (법제2조 제2항 가목)	• 열악 (법제2조 제2항 나목)	• 양호 (법제2조 제2항 다목)	–
	노후불량건축물밀집	• 과도하게 밀집 (법제2조 제2항 가목)	• 밀집 (법제2조 제2항 나목)	• 밀집 (법제2조 제2항 다목)	–
지정기준 (도시 · 주거환경정비기본계획수립지침. 2003. 6.30)		• 노후 · 불량건축물에 해당되는 건축물의 수가 대상구역 안의 건축물 총수의 50% 이상이거나 무허가 주택비율이 20% 이상인 지역 • 개발제한구역으로서 그 구역지정 이전에 건축된 노후 · 불량 건축물의 총수가 당해 정비구역 안의 건축물 총수의 50% 이상인 지역 • 주택재개발사업을 위한 정비구역 안의 토지면적의 50% 이상의 소유자와 토지 또는 건축물을 소유하고 있는 자 총수의 50% 이상이 각각 주택재개발사업의 시행을 원하지 아니하는 지역 • 철거민이 50세대 이상 규모로 정착한 지역이거나 주택밀도가 70호/ha 이상인 지역 또는 총 인구밀도 200인/ha 이상인 지역 • 정비대상 구역 내 4M 미만 도로의 점유율이 40%이 상이거나 주택접도율이 30% 이하인 지역	• 주택밀도가 60호/ha 이상인 지역이거나 총 인구밀도 180인/ha 이상인 지역 • 정비대상 구역 내 4M 미만 도로의 점유율이 30% 이상이거나 주택접도율이 25% 이하인 지역 • 건축대지로서 효용을 다할 수 없는 과소필지, 부정형 또는 세장형 필지 수가 40% 이상인 지역 • 순환용 주택을 건설하기 위하여 필요한 지역	• 기존의 공동주택을 재건축하고자 하는 경우 –건축물의 일부가 멸실되어 붕괴 및 그 밖의 안전사고의 우려가 있는 지역 –재해 등이 발생할 경우 위해의 우려가 있어 신속히 정비사업을 추진할 필요가 있는 지역 –노후·불량건축물로서 기존 세대수 또는 주택재건축사업후의 예정세대수가 300세대 이상이거나 그 부지면적이 1만㎡ 이상인 지역	• 정비기반시설의 정비에 따라 토지가 건축대지로서의 효용을 다할 수 없게 되거나 과소토지로 되어 도시의 환경이 현저히 불량하게 될 우려가 있는 지역 • 건축물이 노후 · 불량하여 그 기능을 다할 수 없거나 건축물이 과도하게 밀집되어 있어 그 구역 안의 토지의 합리적인 이용과 가치의 증진을 도모하기 곤란한 지역 • 인구 · 산업 등이 과도하게 집중되어 있어 도시기능의 회복을 위하여 토지의 합리적인 이용이 요청되는 지역

뒤로 계속 →

→ 앞에서 계속

	주거환경개선사업	주택재개발사업	주택재건축사업	도시환경정비사업
지정기준 (도시·주거환경정비기본계획수립지침. 2003. 6.30) (계속)	• 건축대지로서 효용을 다할 수 없는 과소필지, 부정형 또는 세장형 필지 수가 50% 이상인 지역 • 정비대상 구역 내 주민의 소득수준이 당해 구역 관할 도시의 도시근로자가계 평균소득에 미치지 못하는 자가 2/3 이상인 지역		• 기존의 단독주택지를 재건축하고자 하는 경우에는 기존의 단독주택이 300호 이상 또는 그 부지면적이 1만㎡ 이상인 지역으로서 다음에 해당하는 지역 (다만, 당해 지역 안의 건축물의 상당수가 붕괴 및 그 밖의 안전사고의 우려가 있거나 재해 등으로 신속히 정비사업을 추진할 필요가 있는 지역은 다음에 해당하지 아니하더라도 정비계획을 수립할 수 있음.) －당해 지역의 주변에 도로 등 정비기반시설이 충분히 갖추어져 있어 당해 지역을 개발하더라도 인근지역에 정비기반시설을 추가로 설치할 필요가 없을 것 (다만, 추가로 설치할 필요가 있는 정비기반시설을 정비사업시행자가 부담하는 경우는 그러하지 아니함.) －노후·불량건축물이 당해 지역 안에 있는 건축물수의 2/3 이상일 것 －당해 지역 안의 도로율을 20% 이상을 확보할 수 있을 것	• 당해 지역 안의 최저고도지구의 토지(정비기반시설용지를 제외)면적이 전체토지면적의 50%를 초과하고, 그 최저고도에 미달하는 건축물이 당해 지역 안의 건축물의 바닥면적합계의 2/3 이상인 지역 • 공장의 매연·소음 등으로 인접지역에 보건위생상 위해를 초래할 우려가 있는 공업지역 또는 산업집적활성화 및 공장설립에 관한 법률에 의한 도시형 업종이나 공해발생정도가 낮은 업종으로 전환하고자 하는 공업지역

뒤로 계속 →

→ 앞에서 계속

	주거환경개선사업	주택재개발사업	주택재건축사업	도시환경정비사업
시행방법	• 시장 · 군수가 정비구역 안에서 정비기반시설을 새로이 설치하거나 확대하고 토지 등 소유자가 스스로 주택을 개량하는 방법 • 주거환경개선사업의 시행자가 정비구역의 전부 또는 일부를 수용하여 주택을 건설한 후 토지 등 소유자에게 우선 공급하는 방법 • 주거환경개선사업의 시행자가 환지로 공급하는 방법 (법제6조 제1항 1,2,3호)	• 정비구역 안에서 인가받은 관리처분계획에 따라 주택 및 부대 · 복리시설을 건설하여 공급하거나, 환지로 공급하는 방법 (법제6조 제2항)	• 정비구역 안 또는 정비구역이 아닌 구역에서 인가받은 관리처분계획에 따라 공동주택 및 부대 · 복리시설을 건설하여 공급하는 방법(다만, 주택단지안에 있지 아니하는 건축물의 경우에는 지형여건 • 주변의 환경으로 보아 사업시행상 불가피한 경우와 정비구역안에서 시행하는 사업에 한함.) (법제6조 제3항)	• 정비구역 안에서 인가받은 관리처분계획에 따라 건축물을 건설하여 공급하는 방법, 환지로 공급하는 방법 (법제6조 제4항)
시행자	• 토지 등 소유자의 2/3 이상의 동의를 얻어 시장 · 군수가 직접 이를 시행하거나 주택공사 등을 사업시행자로 지정하여 시행 (법제7조 제1항) • 천재지변 그 밖의 불가피한 사유로 인하여 건축물의 붕괴우려가 있어 긴급히 정비사업을 시행할 필요가 있는 경우 토지 등 소유자 동의 없이 시장 · 군수 또는 주택공사 등을 사업시행자로 지정 (법제7조 제1항, 제2항)	• 조합이 이를 시행하거나, 조합이 조합원의 1/2 이상의 동의를 얻어 시장 · 군수 또는 주택공사 등과 공동시행(법제8조 제1항)	• 조합이 이를 시행하거나, 조합이 조합원의 1/2 이상의 동의를 얻어 시장 · 군수 또는 주택공사등과 공동 시행(법제8조 제1항)	• 조합 또는 토지 등 소유자가 시행하거나, 조합 또는 토지 등 소유자가 조합원 또는 토지 등 소유자의 1/2 이상의 동의를 얻어 시장 · 군수, 주택공사등 또는 한국토지공사(공장이 포함된 구역에서의 도시환경정비사업의 경우를 제외)와 공동 시행 (법제8조 제2항)
조합설립요건	※ 주거환경개선사업은 조합이 시행하는 경우가 없음	• 토지 등 소유자 총수의 4/5 이상 • 건축물 소유자 총수의 4/5 이상 (법제16조 제1항)	• 전체 4/5 및 동별 2/3 이상 (다만, 단독주택의 경우 토지 또는 건축물 소유자 4/5 및 토지면적 2/3 이상) (법제16조 제2항)	• 토지 등 소유자 총수의 4/5 이상 • 건축물 소유자 총수의 4/5 이상 (법제16조 제1항)

뒤로 계속 →

→ 앞에서 계속

	주거환경개선사업	주택재개발사업	주택재건축사업	도시환경정비사업
임시수용시설설치	• 사업의 시행으로 철거되는 주택의 소유자에 대하여 당해 정비구역 내·외에 소재한 임대주택 등의 시설에 임시로 거주하게 하거나 주택자금의 융자알선 등 임시수용에 상응하는 조치를 해야함 (이 경우 사업시행자는 그 임시수용을 위하여 필요한 때에는 국가·지방자치단체 그 밖의 공공단체 또는 개인의 시설이나 토지를 일시 사용할 수 있음) (법제36조 제1항)	• 좌동		

3.2 주요 내용

'도시 및 주거환경정비법'의 기본방향은 주민 권익보호와 부조리를 방지하기 위한 제도적 장치를 마련하는 데 주안점을 두고 이에 따른 사업방식을 개선하고, 주택시장의 여건변화에 부응한 사업활성화 장치를 마련하는 데 있다. 이러한 기본방향에 근거한 '도시 및 주거환경정비법'의 주요 내용을 살펴보면 다음과 같이 요약될 수 있다.[5]

(1) 선계획-후정비의 원칙 적용

주거환경개선사업 및 주택재건축사업에도 주택재개발사업과 같은 「선계획-후정비」의 원칙을 적용하여, 시급 이상의 도시에 대해서는 현행의 재개발기본계획을 발전시킨 도시 및 주거환경정비계획을 수립

5) 김호철외, 2001, "도시정비 관련법의 통합과 과제", 「도시정보」 통권 233호, 대한국토·도시계획학회.

후 사업을 시행하도록 규정함으로써 마스터플랜에 의한 장기적이고 계획적인 정비사업을 추진하고자 한다. 주택재건축사업은 주택재개발사업, 주거환경개선사업과는 달리 기본계획 수립이나 구역지정 절차없이 바로 사업계획을 수립하여 승인을 얻은 후 사업에 착수할 수 있어 도시계획차원의 규제나 통제가 미흡하였던 점이 있었으나, 주택재개발, 주거환경개선사업처럼 도시계획사업으로 포함시켜 도시 및 주거환경정비계획을 수립하여 사업을 시행하도록 하였다. 이를 통해 주택재건축사업으로 인한 도시·교통문제 및 도시미관 저해문제를 계획적으로 해결할 수 있도록 하고, 도시 및 주거환경정비계획에 사업추진 권장시기 및 개략적인 밀도계획을 포함하도록 하여 용적률 및 사업시기 조정문제로 인한 조합과 지자체의 갈등을 최소화한다.

(2) 사업추진절차의 통합과 명확화

주택재개발사업과 주택재건축사업은 기본계획→구역지정→조합인가→사업시행 인가→관리처분→착공 및 분양→준공 및 분양처분→청산의 동일한 순서로 진행된다. 유사한 노후·불량주택정비사업이 지금까지는 각기 다른 절차에 의해 추진되었으나 이제는 동일한 사업절차에 의하게 됨에 따라 조합 집행부나 조합원이 쉽게 이해하고 사업을 추진할 수 있을 뿐만 아니라 행정관청의 지도·감독도 수월해져 이에 따른 인허가 절차나 기간이 간소화되거나 단축된다. 그 동안 하나의 사업에 2~3개의 추진위원회가 난립하여 각기 시공사·설계사를 선정하는 등 각종 분쟁 및 비리의 원인을 제공하였으나, 앞으로는 주민 1/2 이상의 동의를 얻은 1개의 추진위원회만 인정되고 승인되지 아니한 추진위원회를 설립하여 활동하는 경우 강력한 처벌을 받게 된다.

사업추진 방식도 현행의 조합과 시공사 공동시행방식에서 조합의 단독시행방식으로 전환된다. 현행의 공동시행방식은 자본조달의 시공사 의존, 전문성 보완 등의 긍정적 측면이 있었으나, 시공사 부도시 조합원 보증제도 도입의 어려움, 시공사의 일방적인 사업추진 등의 부작용이 있었다. 시공사는 사업시행 인가 후 경쟁입찰을 통한 도급자의 지위만 갖도록 하고, 시공사의 시공보증 제도를 의무화하여 조합원의 권익보호 장치를 강화한다. 이로써 시공사도 초기 사업비의 과다한 투자에 따른 위험(risk)을 덜고, 조합은 필요한 비용을 금융기관 또는 투자자를 통해 차입함으로써 보다 투명한 사업추진이 가능하게 된다. 그리고, 이러한 사업추진 절차가 도입됨으로써 재건축·재개발사업에 있어서 금융기관 등에 의한 프로젝트 파이낸싱(project financing)방식의 사업추진도 활성화될 것으로 보인다.

한편 그 동안 재건축사업을 실질적으로 주도하던 시공사가 사업시행자에서 배제되기 때문에, 전문성이 부족한 재건축조합을 지원하기 위해서 정비사업 전문관리업[6] 제도를 도입하였다. 정비사업 전문관리업자라함은 정비사업을 위탁받거나 컨설팅 용역업을 수행하기 위하여 일정한 자본, 기술인력, 시설, 장비 등을 갖추고 건설교통부장관에게 등록한 업체를 말한다. 대한주택공사, 한국감정원 등 공기업과 법인으로서 일정자격을 갖춘 자는 건설교통부장관에게 등록하여야 한다. 정비사업 전문관리자는 사업추진위원회에서 조합원의 동의를 얻어 선정하도록 하고, 용역대가는 대통령령에서 정하도록 하고 있다.

주택재건축사업에서도 그 동안 조합 자율적으로 운영되어 왔던 관리처분계획과 분양처분이 제도화되었다. 조합원에게 직접적인 경제적 부담을 주는 관리처분계획을 작성 또는 변경하는 경우 지자체의 승인을 받도록 하여 조합 또는 시공사에 의해 좌우되는 총회에서 결정·변

6) 정비사업 전문관리업 제도는 재개발 및 재건축사업의 원활한 추진을 위해서 현재 발생하고 있고, 장래 발생할 수 있는 다양한 문제에 대하여 전문지식과 풍부한 경험을 갖춘 전문가가 가장 합리적이고 효과적인 해결방안을 조언하고 자문하는 것을 말한다. 정비사업 전문관리자의 기술인력 기준은 건축사 또는 도시계획 및 건축분야 기술사와 이와 동등하다고 인정되는 정비사업에 3년 이상 종사한 특급기술자, 부동산의 취득·처분·관리·개발 등의 업무에 5년 이상 종사한 공인중개사 및 금융기관 근무자, 정비사업 관련업무에 3년 이상 종사한 감정평가사, 공인회계사 또는 변호사, 부동산의 취득·처분·관리·개발 또는 자문 등의 업무에 3년 이상 종사한 부동산관련 석사 이상의 자, 대한주택공사, 한국감정원 등에서 5년 이상 근무한 자로서 부동산의 취득·처분·관리·개발 등의 업무에 3년 이상 종사한 자를 5인 이상 확보하도록 하고 있다.

경하여 발생하는 분쟁이 줄어들 것이다.

(3) 조합원 권익보호 제도와 비리근절 대책마련

조합원 권익보호를 위한 제도적 장치와 비리근절 대책을 마련하였다. 과거 재개발사업이나 재건축사업 등은 사업초기단계에 일부 주민이 '사업추진위원회'라는 조직을 결성하여 주민동의 요구, 설계업체 선정, 조합설립 준비 등 본격적인 사업추진에 앞서 선행업무를 맡았으나, 아무런 법적 구성요건이 없는 임의단체에 불과해 나중에 설립되는 조합과의 선행업무 인수인계의 시비, 다수의 추진위원회 난립, 설계업체 및 시공업체 선정시의 불투명 거래 등 조합내부의 분쟁과 갈등 및 비리를 불러일으키는 경우가 많았다. 이러한 문제점을 개선하기 위해 사업추진위원회의 설립요건, 구성 및 역할과 벌칙 등에 대한 법적 근거를 마련함으로써 사업추진위원회의 위법행위가 근본적으로 차단될 수 있도록 하였다. 또한 조합원이 직장 등으로 조합활동에 참여할 수 없을 때, 위임을 통하여 그 배우자가 조합원이 될 수 있도록 하여 조합활동에 적극적으로 참여할 수 있도록 하였다. 조합에서 개최하는 중요한 회의와 총회 등 재정비사업 추진과 관련된 주요한 회의는 녹취하여 보관하도록 의무화하여 거수표결 등 일방적 방법이나 편법에 의한 의사결정 등 조합임원의 횡포를 방지하고, 조합과 관계된 모든 자료를 언제든 조합원이 열람할 수 있도록 하였다.

이와 함께, 시공사 선정과정의 문제점을 개선하기 위해 시공사 선정시기를 조합인가 이후로 하여 시공사를 복수 추천하고 주민총회를 거쳐 최종 결정될 수 있도록 규정하여 추진위원회 간부와 시공사 간의 비리, 유착관계를 사전에 차단하며 시공보증제도를 도입하여 시공사 부도에 따른 선의의 조합원들의 피해발생 등이 개선된다.

(4) 재건축사업의 제도와 절차 보완

재건축사업이 원활하고 합리적으로 추진될 수 있도록 제도와 절차를 보완하였다. 재건축 결의시 상가는 단지 내 모든 복리시설을 하나의 동으로 보아 소유자의 2/3 동의만으로 가능하도록 완화되어 있음에도, 재건축 기간 동안의 영업중단과 사업추진 과정에서 공동주택 소유자에 비해 소수인원으로 총회 의결시 불이익을 우려하여, 과다보상 요구 등으로 상가 소유자의 동의를 얻기가 어려워 사업추진이 수년간 지연되는 사례가 많이 발생하였다.

이러한 문제를 해결하기 위해 상가소유자가 재건축을 하지 아니하고 존치 또는 리모델링을 원하는 경우(상가소유자 4/5 이상의 동의 필요)에도 사업시행 인가가 가능하도록 하고, 어떤 협상에도 동의하지 아니하는 경우에는 토지분할청구권을 조합에 부여하였다. 또한 재건축의 활성화를 위해 상가소유자에게는 제한되었던 공동주택 분양도 가능케 하여 상가소유자의 선택의 폭을 넓혀 주었다.

과거 단독주택은 재해의 우려가 있는 지역과 지자체장이 불가피하다고 인정하는 경우에 재건축이 가능하였으나, 단독주택의 재건축 결의에 대한 규정이 없어 100% 동의 없이는 재건축이 불가능하였다. 현재는 도시 및 주거환경정비계획에 포함되어 있는 지역으로서 300세대 이상이거나 면적이 1만제곱미터 이상인 곳은 단독주택지역도 정비구역으로 지정하여 토지 및 주택소유자 4/5 이상의 동의를 얻으면 재건축이 가능하고 미 동의 세대에 대한 토지 등의 수용도 가능하다.

주택재건축사업의 경우 사업에 반대하는 자에 대한 수용권이 인정되지 않아 철거에 불응할 경우 매도청구 소송 등의 민사소송절차에 의하고 있었으나 소송기간이 길어 사업이 상당기간 지연될 수밖에 없었고, 일부 반대자는 이런 점을 악용하여 조합에 무리한 보상을 요구하는 등 사업추진에 큰 걸림돌이 되어 왔다. '도시 및 주거환경정비법'에서는 재개발과 같이 주택재건축사업에도 수용권이 부여되므로 사업기간 단축은 물론 주민간의 갈등이나 분쟁을 상당부분 해소할 수 있어 사업 활성화에 기여할 것이다. 주택재건축사업을 위한 구조안전진단 절차도 보완하였다. 안전진단기준을 구체적으로 건설교통부장관이 정하여 고시하도록 하며, 결과 또한 시설안전기술공단, 한국건설기술연구원 등 공공기관의 확인을 받도록 하여 검증절차를 둔다.

(5) 사업비지원 확대

대상지역의 물리적 환경뿐 아니라 주민들의 사회·경제적 여건을 고려해서, 특히 공익성이 요청되는 주거환경개선사업의 경우는 지자체, 공사 등 공공기관이 사업주체가 되어 추진하고 주택재개발사업 및 주택재건축사업의 경우는 민간이 사업주체가 되지만 제한된 경우에 한해서 공공기관을 참여시키는 등 종별 대상지역마다 공공과 민간의 참여범위 및 공적자금을 차등적으로 지원하고 있어서 합리적이고 효율적인 사업추진이 가능하다. 또한 국·공유지 임대제도가 있어 주택재개발사업시 세입자 임대주택 건설로 인한 조합과 지자체의 경제적 부담을 덜 수 있다.

〈표 1-3〉은 구법인 '도시재개발법', '주택건설촉진법'의 재건축관련 조항, '도시 저소득층의 주거환경 개선을 위한 임시조치법'과 통합법인 '도시 및 주거환경정비법'의 주요 내용을 비교하여 어떠한 내용이 얼마나 바뀌었는가를 보여주고 있다.

〈표 1-3〉 도시재개발법 등 구법과 '도시 및 주거환경정비법'의 내용 비교

구 분	'도시재개발법' 등 구법	'도시 및 주거환경정비법'
근거법	· 주거환경개선사업-'도시 저소득주민의 주거환경개선을 위한 임시조치법'(1989) · 재개발사업 - '도시재개발법'(1976) · 재건축사업 - '주택건설촉진법'(1987)	· '도시 및 주거환경정비법'
사업의 정의	· 주거환경개선사업 · 재개발사업(주택, 도심, 공장) · 재건축사업	· 정비사업으로 통칭 -주거환경개선사업 -주택재개발사업 -주택재건축사업 -도시환경정비사업(도심, 공장)
노후불량주택정의	· 주거환경-1985.6.30 이전 건축물 · 재건축 -건물훼손 등 안전사고 우려 주택 -20년 경과하고 과다한 수선 또는 현저한 효용증가 예상 -도시미관 등으로 재건축이 불가피하다고 시장·군수가 판단	· 안전사고, 건축물의 효용가치, 철거 필요성에 근거하여 판단 -건물훼손 등 안전사고 위험 건축물 -주거환경불량 및 경제적 효용가치 증가가 예상되는 곳 -구조적 결함 등으로 철거가 불가피한 건축물

뒤로 계속 →

→ 앞에서 계속

구 분	'도시재개발법' 등 구법	'도시 및 주거환경정비법'
기본계획	· 재개발사업만 기본계획 수립 -100만 이상의 시	· 모든 정비사업 기본계획 수립 -특별시장 · 광역시장 · 시장
정비구역	· 재개발사업 및 주거환경개선사업 -구역 도는 지구지정 * 별도의 지구단위계획 수립 -주거환경은 개선계획 별도 수립 · 재건축사업은 구역지정이 필요없고 공동주택에 한하여 시행	· 모든 정비사업 정비구역 지정 (정비계획 동시 수립) *정비계획이 수립된 경우 지구단위계획이 수립된 것으로 간주 *단독주택지역도 재건축 가능
사업시행자	· 주거환경 - 시장 · 군수 또는 주공 * 주민동의 필요없음(지구지정시 동의) · 재개발(도시환경) - 조합+건설업체 * 예외적으로 주공 등 참여 · 재건축 - 조합+건설업체 * 주공 등은 등록업자로 참여	· 주거환경 - 시장 · 군수 또는 주공 *시행자 지정시 주민 2/3 이상 동의 필요 · 재개발, 재건축 - 조합 단독시행 *조합원1/2 이상의 동의로 주공 등과 공동시행 *순환정비방식 등 예외적인 경우 주공 등 단독시행
시공사 선정 방법	· 선정시기 및 방법에 대한 별도의 규정 없음.	· 선정시기 - 사업시행 인가 후 · 선정방법 - 경쟁입찰 * 세부사항은 정관으로 정함.
안전진단 (재건축)	· 안전진단 신청에 의하여 구청장이 안전진단기관을 지정하여 실시 * 사전평가제도 없음.	· 시 · 도지사가 필요한 경우 안전진단 실시여부를 사전평가하여 현행처럼 진단실시
추진위원회	· 명문규정 없음.	· 조합설립추진위원회 구성 -토지 등 소유자 1/2 이상 동의 및 시장 · 군수 · 구청장 승인
조합설립요건 -주민동의 -정관 작성 및 인가	· 재개발 - 토지 등 소유자 2/3 · 재건축 - 전체 4/5(동별 2/3)	· 재개발 - 토지 등 소유자 4/5 · 재건축 - 현행과 같음. *주택단지가 아닌 곳이 포함된 경우 토지 등 소유자 4/5 및 토지면적 2/3 이상 동의 필요
	· 재개발 - 토지 등 소유자 5인 이상이 작성, 인가필요. 다만, 경미한 변경은 신고로 인가 갈음 · 재건축 - 조합원 전원이 동의한 조합규약 작성, 인가필요, 경미한 변경 없음.	· 재개발 - 추진위원회가 작성, 인가 및 경미한 변경 현행과 같음. · 재건축 - 추진위원회가 작성, 인가필요. 다만, 경미한 변경은 신고로 인가갈음
주민대표기구	· 재개발 : 주공 등이 시행할 경우 건교부 지침에 의해 주민대표기구 구성 및 운영	· 주공 등이 단독으로 시행하는 모든 정비사업에 대하여 주민대표기구 구성 및 운영

뒤로 계속 →

→ 앞에서 계속

구 분	'도시재개발법' 등 구법	'도시 및 주거환경정비법'
사업시행 인가	· 재개발 —명칭 : 시행인가 —인가권자 : 시장 · 군수 · 구청장 *동의요건 : 토지면적 2/3, 토지 및 건축물 총수 2/3(조합) · 주거환경 및 재건축 —명칭 : 사업계획승인 —인가권자 : 건교부장관(시 · 도지사 위임)	· 모든 정비사업 인가 절차 통일 —명칭 : 시행인가 —인가권자 : 시장 · 군수 · 구청장 *동의요건 : 토지면적 2/3, 토지 및 건축물 총수 4/5(조합시행 재개발 및 도시환경정비사업)
사업시행 계획서 작성	· 재개발 : 사업시행 인가 신청시 사업시행계획서 작성 *주공 등은 시행규정 작성 · 주거환경 및 재건축 : 사업계획승인 신청시 건축도서 등 작성	· 모든 정비사업 사업시행 인가 신청시 사업시행계획서 작성 —주민 이주대책 —세입자 주거대책 —임대주택 건설계획 —폐기물 처리계획 등 *재건축 : 주민이주, 세입자, 임대주택 부문 제외 *주공 등은 시행규정 작성
사업시행 인가시 주민공람	· 재개발(도심) : 사업시행 인가를 하고자 할 경우 관계서류 30일 이상 공람 · 주거환경 및 재건축 : 규정 없음	· 모든 정비사업에 대하여 인가권자가 사업시행인가를 하고자 할 경우 관계서류 30일 이상 공람
기존 건축물 존치 또는 리모델링	· 규정없음.	· 일부 건축물 존치 또는 리모델링을 포함한 시행인가 가능 —존치 또는 리모델링되는 건축물은 '주택건설촉진법' 및 '건축법'의 일부 규정 완화적용 —존치 또는 리모델링되는 건축물의 소유자 동의필요
분할시행	· 재개발(도심) — 분할시행 가능 · 주거환경 및 재건축 — 규정 없음.	· 2 이상의 구역으로 분할시행 가능 —분할된 지구는 토지소유자 동의, 조합설립, 사업시행 인가, 관리처분계획 등 별개의 사업처럼 운영
순환정비 방식	· 주택재개발사업에만 도입	· 도시환경정비사업을 제외한 모든 정비사업에 대하여 순환정비방식 허용
토지분할 (재건축)	· 규정 없음.	· 주택단지 안의 토지분할 허용 —시행자와 소유자가 협의하되, 협의가 안된 경우 법원에 청구
지상권 등의 효력 (주거환경 제외)	· 규정 없음.	· 조합설립 인가일 이후 체결되는 지상권 · 전세권 설정계약 · 임대차 계약기간 보호받지 못함.

뒤로 계속 →

→ 앞에서 계속

구 분	'도시재개발법' 등 구법	도시 및 주거환경정비법
분양공고 및 신청(관리처분 대상사업)	· 재개발(도심) – 공고 및 신청제도 있음. · 재건축 – 규정 없음.	· 모든 정비사업(주거환경 제외)의 분양공고 및 신청제도 규정 –개략적인 부담금 내역 통보
관리처분계획	· 재개발 – 관리처분계획 수립 · 재건축 – 규정 없음.	· 모든 정비사업(주거환경 제외) 관리처분계획 수립 *관리처분계획 인가 후 기존 건축물 철거
관리처분계획 공람 및 인가	· 재개발 –공람 : 신청 후 인가권자가 공람	· 모든 정비사업(주거환경 제외) –공람 : 시행자가 공람 후 인가신청 –인가 : 인가신청 후 인사권자는 30일 이내에 인가여부 결정
주택공급	· 주거환경 – 시행령에 위임 · 재개발 – 조례에 위임 · 재건축 –'주택공급에 관한 규칙' * 1세대 1주택 공급원칙	· 시행령이 정하는 범위 내에서 시장 · 군수의 승인을 얻어 시행자가 따로 정함. *재건축 – 1세대 2채 이상 주택 소유한 경우 2채 이상 주택공급. 다만, 투기우려 지구 제외
시공보증 (조합시행 사업)	· 규정 없음.	· 시공사 시공보증 의무화 –건교부령이 정하는 시공보증서 : 주택공제조합 등
청산금 징수	· 재개발(도심) – 청산규정 있음. · 재건축 – 규정 없음.	· 모든 정비사업(주거환경 제외) 청산
국공유지 매각 (주거환경 –현지개량)	· 규정 없음.	· 현지개량 방법으로 주거환경개선사업 시행시 국 · 공유지 점유자에게 평가금액의 80%로 매각
국공유지임대 (주거환경 및 주택재개발)	· 규정 없음.	· 지자체 또는 주공 등이 정비구역에서 임대주택을 건설하는 경우 국 · 공유지 임대 –임대종료시 국 · 공유지 관리청에 기부 또는 원상회복하거나 매입 –임대료는 '국유재산법' 또는 '지방재정법'이 정하는 바에 따름.
전문관리업	· 법률규정 없이 지침에 의해 시행	· 법률적 제도화
관련자료의 공개와 보존	· 재개발 – 조합은 사업완료 후 시장 · 군수에게 인계(5년 보관) · 재건축 – 규정없음.	· 조합은 사업완료 후 시장 · 군수에게 인계(5년 보관) · 자료보관 – 추진위원회 · 조합 · 컨설팅업자는 총회 등이 있을 때 속기록 · 녹음 · 영상자료를 만들어 청산시까지 보관

2

도시의 쇠퇴와 재생에 관한 논의

- 1. 대도시 쇠퇴에 관한 논의
- 2. 쇠퇴지구의 생성에 관한 논의
- 3. 쇠퇴지구의 재생에 관한 논의

제 2 장에서는

대도시 쇠퇴는 도시화의 과정 중 역도시화로 설명되며, 1970년대에 영국에서 제기되어 그 후 미국 및 다른 유럽국가들에서 활발한 논의가 이루어진 내부시가지 문제(inner city problem)를 소개한다. 대도시 쇠퇴에서 공간적 범위를 축소시킨 지구쇠퇴(neighborhood decline)는 인간생태학, 경제학, 사회행태학, 그리고 정치·제도적 관점에서 이의 특성, 긍정적, 부정적 측면을 검토하고 각각의 접근방법이 가진 이론적 한계를 지적한다. 대도시 및 지구쇠퇴에 대한 도시재생에 대해서는 주로 미국에서 나타나는 형태를 중심으로 논의를 전개한다. 주택과 관련된 근린지구의 재생의 형태로 젠트리피케이션(gentrification)과 현지개량(incumbent upgrading)이 소개되며, 경제활성화를 통한 지구재생 수법인 지역경제개발(local economic deveolpment)을 설명한다. 마지막으로 도시재생프로그램이 성공적으로 추진되기 위해서 어떠한 측면이 고려되어야 하는가를 살펴본다.

1. 대도시 쇠퇴에 관한 논의

1.1 대도시 쇠퇴의 원인

대도시 쇠퇴에 관하여는 학자들에 따라 다양한 이해와 해석이 내려지고 있다. 우선 도시화 과정의 하나로서 대도시 쇠퇴문제가 설명될 수 있다. Klaassen[1]과 山田浩之[2]는 도시화의 과정을 크게 도시화(집중적 도시화), 교외화(분산적 도시화), 역도시화의 3단계로 구분하고 있다. 1번째 단계인 집중적 도시화에서는 교통기관 및 시설의 미발달 등으로 인구가 도심이나 공장주변에 모이고, 중심도시에 급속하게 인구가 집중하여 도시전체의 인구가 증가하게 된다. 두번째 단계인 교외화 또는 분산적 도시화에서는 중심도시에 도시기능과 인구가 계속적으로 집중하지만, 교외부의 확장이 일어난다. 세번째 단계인 역도시화는 도시 쇠퇴를 의미하는 것으로서 먼저 중심도시의 인구감소가 교외에서의 인구증가를 상회하여 대도시권 전체에서 인구감소가 나타나며, 이러한 현상이 더욱 심화되면 중심도시뿐 아니라 교외에서도 인구감소가 시작되어 도시권 전체의 인구감소가 가속화되는 단계로 발전한다. 이처럼 도시화 과정에 의한 설명은 도시권 전체에서의 인구감소가 대도시 쇠퇴문제의 기본적 지표가 될 수 있다는 것을 의미하고 있다.

한편, 1980년 2월 OECD의 도시문제 특별연구그룹 회의에서는 도시 쇠퇴 분과를 설치하고 미국을 중심으로 하여 도시 쇠퇴문제에 관한 연구를 진행하였다. 그 연구의 결실로서 「OECD국가에 있어서의 도시 쇠퇴문제의 개요」라는 보고서가 발표되었다. OECD의 연구보고서에서는 인구감소와 경제기반의 약화라는 2가지 요소에 의해서 도시 쇠퇴를 설명하였다.[3] 즉, 중심부에서의 인구감소에 따른 전체도시에서의 인구

1) Klassen, L.H., 1981, *Dynamics of Urban Development*, Gower.
2) 山田浩之, 1980, 「都市の經濟分析」, 東洋經濟新報社.
3) 渡辺弘之, 野村 守, 1980, “OECDにおける都市問題の硏究(その2) – 都市衰退問題を中心に”, 「首都圈整備」 78号.

감소와 제조업체의 유출 및 제조업 종사자의 감소에 따른 경제기반 약화가 도시 쇠퇴를 야기시킨다는 것이다. 따라서 OECD의 연구는 도시화 과정에서 나타나는 인구감소에다 경제기반의 약화라는 요소를 추가하여 도시 쇠퇴를 설명하였다.

중심도시에서의 인구감소는 도심공동화 현상으로 발전된다. 도심공동화 현상은 도심지역의 높은 토지가격, 각종 공해, 주거지역에 상업계 용도 침투 등으로 인해 주민들이 도시외곽으로 주거지를 이동하게 되면 도심지역에는 주거지가 감소하고 공공기관, 상업 및 업무시설만 남게 된다. 이에 따라 야간 상주인구가 매우 적게 되어 업무가 끝나는 야간에 도심지역이 비게 되는 현상을 말하며, 도시형태가 도너츠 형태로 바뀐다고 하여 도너츠현상으로도 불리고 있다. 도심공동화 현상은 도시의 자족기능을 상실하게 하고, 도심이 가진 장소성을 퇴색시켜 전체 도시의 쇠퇴로 발전되기도 한다. 도심공동화의 원인으로는 도심부 주요시설의 노후화, 도시정비의 미비, 부도심 및 신시가지 개발, 일자리의 감소 등 다양한 요인이 언급되고 있다. 우리나라의 대전 등 일부 도시에서는 행정기관의 이전으로 도심공동화 현상이 발생하기도 한다.[4]

1.2 내부시가지 문제(inner city problem)

대도시는 많은 기능의 복합체로서 쇠퇴현상이 나타나는 양상도 복잡하다. 대도시 쇠퇴는 도시의 모든 부분에서 일어나는 것이 아니라, 일부지역에서 일어난다고 한다. 미국의 경우 교외화로 야기되는 도시의 중심지역에서의 쇠퇴가 심각하다. 한편, 대도시 쇠퇴를 연구하는 많은 학자들은 국가차원에서 지역간 격차가 발생하듯이 도시 내에서도 시가지간 격차가 발생하기 때문에 대도시 전체적으로는 성장하는 추세에 있더라도 내부적으로 일부지역은 인구감소, 물리적 환경 악화, 개발활동 침체 등의 쇠퇴현상이 나타날 수 있다고 주장한다. 특히, 대도시의 도

4) 오덕성, 2000, "구도심 공동화와 활성화대책", 「도시정보」 통권215호, 대한국토·도시계획학회.

심 주변부에서 인구와 산업의 유출로 지역사회의 황폐 및 쇠퇴가 일어난다고 주장하고 있다. 도심 주변부에 위치하면서 경제, 사회, 공간구조상의 쇠퇴 현상이 집적되는 지역의 문제를 내부시가지 문제(inner city problem)라 정의한다.[5] 도시공간구조에서 볼 때 내부시가지는 도심과 교외 주택지 및 개발지역에 둘러쌓여 있는 지역이라고 할 수 있다.

내부시가지 문제는 1970년대에 영국에서 제기되어 그 후 미국 및 다른 유럽국가들에서 활발한 논의가 이루어지게 되었다. 1977년 6월에 영국 환경성이 1972년에 착수한 대도시 내부시가지에 관한 조사를 바탕으로 「내부시가지 정책」이라는 정부백서를 발표하면서 내부시가지 문제가 본격적으로 부각되기 시작하였다. 영국 환경성의 백서에서는 내부시가지의 문제를 경제적 쇠퇴(economic decline), 물리적 쇠퇴(physical decay), 사회적 불이익(social disadvantage), 소수민족(ethnic minorities) 등 크게 4가지로 분류하여 그 특징을 규명하였다. 첫째, 내부시가지에서 나타나는 경제적 쇠퇴에는 경제상황에 관계없이 높은 실업률, 숙련된 기술자와 관리직의 전출에 의한 높은 미숙련 노동자 비율, 공장의 폐쇄에 따른 고용감소, 신규제조업에 대한 투자 부족, 미숙련 노동자가 종사하기 어려운 신종 서비스 산업 및 사무소의 증가 등이 포함된다. 둘째, 물리적 쇠퇴로는 주택의 노후화, 공가 및 공지의 증가, 높은 인구밀도, 구식 공장과 주택의 혼재 등의 현상이 나타난다. 세째, 사회적 불이익과 관련하여 내부시가지에서 나타나는 현상으로는 높은 실업률과 저임금으로 야기되는 빈곤층의 집중, 많은 노숙자, 알콜·마약중독자의 상주, 비행 청소년의 증가, 지역공동체 의식의 붕괴, 범죄율 증가 등을 들 수 있다. 마지막으로 내부시가지에는 소수민족이 집중하는 경향이 있다.

그러나 상기의 4가지 특성은 도시에 따라 나타나는 정도가 다르다고 이 정부백서는 주장하였다. 어떤 도시에서는 경제적 침체가 주로 나타나고, 어떤 곳에서는 물리적 쇠퇴가 심각한 상황으로 인식되기 때문

5) 神戸都市問題研究所, 1981, 「インナーシティ再生のための政策ビジョン」, 勁草書房.

에 모든 내부시가지에서 4가지 쇠퇴현상이 전부 심각하게 일어난다고 할 수는 없다. 따라서 특정 도시의 내부시가지 문제를 파악하기 위해서는 각 도시의 특성에 따라 쇠퇴를 나타내는 변수를 선별하여 쇠퇴의 정도를 진단하는 세심한 주의가 필요하다.

우리와 도시발전 형태 및 관련제도가 유사한 일본의 경우 대도시 쇠퇴의 문제를 내부시가지 문제로 인식하여 이러한 현상의 존재여부에 초점을 맞추고 있다.[6] 일본에서는 서구국가에서 연구된 내부시가지의 특성을 근거로 하여 자국에서 발생하고 있는 내부시가지 쇠퇴현상을 경제기반의 저하, 도시환경의 악화, 사회구조의 악화로 구분하고 있다. 내부시가지에서 경제기반의 저하를 나타내는 특징으로는 기업의 교외이전, 기업 이전 및 업종 전환에 따른 하청기업과 관련기업의 수주감소, 기업 및 종사자를 대상으로 하는 소비·서비스 산업에서의 고객 감소, 경제구조의 3차 산업화 등을 들고 있다. 도시환경에 관련되는 특징으로는 건축물의 노후화가 나타나며, 주·상·공 혼합과 과밀현상이 나타나는 한편 공장이전 용지도 도시환경 개선에 이용되지 못하고 있다. 또한 해면매립, 고속도로, 기피시설, 공해공장 등이 내부시가지의 주변이나 내부에 입지하여 생활환경을 악화시킨다. 마지막으로 사회환경의 악화로는 거주인구의 감소, 거주민의 고령화와 저소득층화가 나타난다. 이처럼 일본의 대도시 쇠퇴문제는 공장 이전과 인구감소에 따른 경제, 사회, 물리적 쇠퇴를 중심으로 내부시가지 문제에 접근하고 있으며, 자국의 상황에 맞게 서구국가에서 발생되는 소수민족의 집중 등의 문제는 대도시 쇠퇴현상의 특징으로 다루지 않고 있다.

2. 쇠퇴지구의 생성에 관한 논의

도시지역의 경제, 물리적 쇠퇴는 선진국 특히 미국에서 만연된 현

6) 이상대, 1996, 「서울시 내부시가지 쇠퇴현상의 진단에 관한 연구」, 서울대 환경대학원 박사학위논문.

상이다. 지구쇠퇴(neighborhood decline)는 근린지구의 물리적 혹은 사회적 질이 부정적으로 변화하는 것으로 정의될 수 있다.[7] 지구쇠퇴는 다음의 세 가지 변화와 관계되는데, 인구구성에서의 변화, 지구여건에서의 변화, 그리고 거주지에 대한 주민의 태도와 장기적인 기대에서의 변화가 그것이다. 인구구성 변화의 전통적인 유형은 주거지의 인구분포가 백인 중상류 계층에서 저소득층 유색인종으로 바뀌는 것을 말하고, 지구여건 변화는 불충분한 주택 유지관리, 상업 및 공업적인 용도의 주택점유, 증가하는 교통량, 혹은 건물방치 등으로 인한 물리적인 퇴보를 의미한다. 이는 또한 범죄율 증가 또는 근린지구 내 학교들의 질적 하락과 같은 변화들로 나타나는 근린지구의 사회적 환경의 악화를 포함한다. 거주지에 대한 주민의 태도와 장기적인 기대에서의 변화는 현재 살고 있는 주택이 주택시장에서 가격과 가치가 떨어질 것이라는 거주지에 대한 비관적 인식을 말하며, 이것은 다른 변화들에 의해 영향을 받기도 한다. 인구와 계층구성에서의 변화들은 근린지구 여건의 물리적, 사회적 쇠퇴와 밀접한 관계를 가지고, 이들은 근린지구의 미래에 대한 비관적 태도의 원인이 되기도 한다.

지구쇠퇴를 야기하는 요인들은 다양하다. 지구쇠퇴에 대한 각각의 학문적 접근은 서로 상반되는 또는 상호 보완적인 관계를 가지면서 지구쇠퇴를 설명한다. 이러한 학문적 접근에는 인간생태학, 경제학, 사회행태학, 그리고 정치·행정학 등이 포함되며, 이들은 근린지구의 변화와 쇠퇴를 설명함에 있어 서로 다른 관점에 초점을 맞추고 있다. 여기에서 연구대상으로 다루어진 곳은 미국으로서, 도심 및 인근지역에 입지한 슬럼 등의 흑인 밀집지역을 쇠퇴지구로 보았고, 교외주거지를 쇠퇴지구에서 떠난 백인 중산층이 주로 거주하는 곳으로 인식하고 있다. 따라서 우리나라의 실정과 다소 다를 수는 있으나, 지구쇠퇴의 이론적 설명을 이해하는 데에는 큰 문제가 없으리라 사료된다. 다음에서

7) Grigsby, William, Morton Baratz, and Duncan MacClennam, 1983, *The Dynamiccs of Neighborhood Change and Decline*, Research Report Series: No.4. Philadelphia: Department of City and Regional Planning, University of Pennsylvania, p.43.

이들 네 가지 학문적 접근방법이 어떻게 근린지구의 변화와 쇠퇴를 설명하는가를 살펴보기로 한다.

2.1 인간생태학적 관점(human ecological perspective)

동심원이론을 주창한 Burgess 등의 학자와 시카고(Chicago)학파는 생태학적 전이의 개념을 인간생태학에 처음으로 도입했다.[8] 이 개념은 생물학적 생태학의 개념을 빌려와 인간에게 적용한 것이다. 근린지구에서의 침입(invasion)과 계승(succession)을 촉진시키는 힘은 단순히 토지사용을 벗어나 문화적, 경제적으로 특징지어진 집단들간의 경쟁이다.

이러한 침입과 계승은 크게 인종, 소득, 사회계층에 의해 일어난다. 즉, 시간이 경과하여 주택이 노후화되면 주택가격이 하락하여 기존 거주자보다 소득수준이 낮은 계층(주로 흑인 저소득층)이 침입하게 되고, 이에 따라 기존 거주자(백인 중산층)의 주거이동은 가속화된다. 결국 그 근린지구는 주로 유색인종이고, 저소득층이며 낮은 사회·경제적 지위(socio-economic status)를 가진 마이너리티[9]가 계승하게되는 것이다. 그 결과 그 지역에는 빈곤층이 밀집되어 근린지구의 사회·경제적 활력이 저하되어 쇠퇴하게 된다. 침입과 계승의 개념에 따르면, 근린지구는 인구구성 변화와 관련되는 자연적 생애주기를 가지고 있기 때문에, 시간이 경과하여 근린지구가 노후함에 따라 거주자의 소득수준이 서서히 떨어지는 것은 매우 자연적인 현상이라는 것이다. 이처럼 인간생태학에서는 시간의 경과에 따라 주택의 하향적 주택여과 과정(housing filtering process)이 일어나고 지구쇠퇴로 이어지는 것은 인위적인 것이 아니라 생태계에서 나타나는 것과 같은 자연스러운 것이

---

8) Short, J.R., 1978, "Residential Mobility", *Progress in Human Geography*, Vol.2, No.1 pp.419-447.

9) 마이너리티(minority)는 사회의 주류인 머저리티(majority)의 반대개념으로서 주로 유색인종, 저소득층 등 사회·경제적 지위가 낮은 계층을 칭한다.

라고 설명하고 있다. 저소득층의 침입에 의해 퇴거한 중산층들은 거주지를 어딘가에서 반드시 찾아야 하기 때문에, 그들은 인접지역을 향해 밖으로 이동하고 침입과 계승의 과정은 도시의 교외지를 향해 외부로 계속되게 된다. 이것이 중산층 주도로 이루어지는 교외화 현상인 것이다.

그러나, 지구쇠퇴를 설명하는 인간 생태학적 이론이 설명하지 못하는 부분이 있다. Short[10]는 주택이 노후화함에도 불구하고 자기가 살고 있는 지구에 대한 애착이 상류층 가구들의 외부이동을 막는다고 주장한다. 따라서 노후화된다고 반드시 주민구성이 저소득층으로 바뀌어 지구쇠퇴로 이어지지는 않는다는 것이다. 또한 인간 생태학적 이론에서 새 주택은 오로지 고소득 가구들에게만 주어지고, 저소득 가구들은 고소득 가구들이 떠난 후의 공가를 통해서만 주택을 얻을 수 있다고 설명한다. 그러나 현대사회에서는 많은 수의 저소득 가구들이 공공부문이 공급하는 신규주택에 입주할 수 있다. 우리나라의 공공임대주택에 저소득층이 입주하는 것이 이러한 예가 될 수 있다. 인간생태학은 이전에 저소득층이 거주했던 쇠퇴지구에 중산층이 다시 들어와 지구재생이 이루어지는 지구쇠퇴와 반대개념인 젠트리피케이션[11](gentrification)도 설명하지 못한다.

2.2 경제학적 관점(economic perspective)

지구쇠퇴는 정통 경제학 이론으로도 설명된다. 경제학 이론은 공급과 수요에 따라 주택임대료가 결정되는 것처럼 주택시장은 기본적으로 경쟁적이며, 주택시장에서 행동하는 사람들은 경제적으로 합리적인 의사결정을 한다고 가정한다. 또한 주택시장에서도 생산자는 이익을 극

10) Short, J.R., 1978, "Residential Mobility", *Progress in Human Geography*, Vol.2, No.1 pp.419-447.

11) 젠트리피케이션(gentrification)은 도시회춘화 현상 또는 도심회귀 현상 등으로 해석되고 있으나, 이러한 해석이 젠트리피케이션을 충분히 설명하지 못한다고 생각되고 적합한 용어도 없어 여기에서는 원어를 그대로 사용하기로 한다.

대화시키려고 하고, 소비자는 예산의 제약과 기회의 범위 안에서 효용을 극대화시키려고 한다.

경제학 이론에서 쇠퇴의 과정은 지역 시장에서 주택에 대한 수요위축과 주택공급 비용증가에서 비롯되는 낮은 기대수익 때문에 발생한다고 설명한다. 주택수요 위축은 밀어내는 요인(push factor)과 당기는 요인(pull factor)에 의해 일어난다. 내부에서 근린지구 밖으로 밀어내는 요인들에는 범죄 증가, 안전상 불안감, 대기오염 심화, 주거환경 악화, 시설수준 퇴보, 그리고 바람직하지 못한 인구구성의 변화가 있다. 외부에서 근린지구 내의 거주자를 당기는 요인들로는 교외지에 건설되는 신규 주택들, 교외의 새로운 교통수단으로 인한 근무지와 쇼핑지의 근접성을 들 수 있다. 주택수요 위축은 증가하는 공가주택, 낮은 임대료, 임차인의 체납 등의 형태로 나타나게 된다. 이처럼 수요측면에서 근린지구 내에서 밀어내는 요인들과 지구 밖에서 끌어당기는 요인들에 의해 중산층들은 빠져나가고 그 자리를 빈곤층이 차지하게 되면서 지구쇠퇴가 일어난다.

시장의 공급측면에서의 지구쇠퇴는 단위당 주택시설 공급비용이 증가하는 데서 발생된다. 여기에는 유지 및 수리비용 증가, 비싼 화재 및 도난 보험비용, 주택구입 또는 개량시 융자지원이 안되거나, 가능하더라도 고금리와 까다로운 융자조건 등이 포함된다. 이러한 상황은 특정 근린지구에서 주택공급에 대한 신규 투자를 제한하게 하고, 주택구입이나 개량이 원활하게 이루어지지 않게 하여 그 근린지구를 쇠퇴의 길에 접어들게 만든다.

일단 쇠퇴 과정이 시작되면, 근린지구는 쇠퇴의 단계들을 차례대로 밟아가게 된다. 건물 소유주는 저소득층 세입자가 적절한 주택의 유지보수에 필요한 비용을 확보할 수 있는 수준의 임차료를 지불할 여력이 없다고 생각하기 때문에 필요한 수리들을 보류하게 된다. 이와 유사하게, 자가 거주자의 경우는 어찌되었던 자산의 가치는 하락할 것이기 때문에 주택보수를 하지 않으려 한다. 유지보수가 제대로 이루어지지 못하면서 쇠퇴의 과정은 가속화되고, 결국 근린지구는 만연된 주택방치로 주거환경이 점점 악화되어 간다.

정통 경제이론이 지구쇠퇴에 대해 다양한 설명을 하고 있지만, 지구쇠퇴의 주요 원인을 구체적으로 규명하는 데는 한계가 있다고 평가되고 있다. 일단 쇠퇴의 길로 들어서면, 복잡한 경제요소들이 서로 영향을 미치게 되고, 상호 보완관계를 가지게 되면서 실질적인 원인규명이 어렵게 된다. 또한 경제이론은 확고한 인과관계의 기초없이 지구쇠퇴에 관해 설명하려 한다는 비판이 있다. 경제이론을 가지고는 주택의 노후화가 기대수익을 낮게 만드는 것인지, 아니면 낮은 기대수익이 주택의 질 저하를 초래하는 것인지가 뚜렷하지 않다는 것이다.

2.3 사회행태학적 관점(social behavioral perspective)

사회행태학적 관점은 가구의 주거입지 결정을 통하여 지구쇠퇴를 설명하려 한다. 구체적으로 설명하면, 지구쇠퇴 과정은 근린지구 내 인구구성, 소득수준, 가구의 생애주기와 같은 여러 상황에 의하여 이루어지는 가구의 주거이동 결정을 가지고 설명된다는 것이다. Grigsby, Baratz와 MacClennam[12]은 주택의 경과년수가 지구쇠퇴의 주요 원인이라는 일반적 믿음을 비판한다. 지구쇠퇴의 설명에 있어 그들이 주장하는 것은 인간이 주도하는 것이지 인간생태학에서 말하는 것처럼 자연적인 현상이 아니라는 것이다. 이 같은 주장은 주택의 물리적인 노후화가 인종, 소득수준 등에서의 인구구성 변화의 원인이라기보다는 결과라는 것을 의미한다. 왜냐하면 거주자의 인종과 사회경제적 지위에서의 변화가 주택소유자로 하여금 유지보수 등 주택에 대한 투자를 회피하게 하여 근린지구의 물리적 노후화를 조장하기 때문이다.[13]

12) Grigsby, William, Morton Baratz, and Duncan MacClennam, 1983, *The Dynamics of Neighborhood Change and Decline*, Research Report Series: No.4, Philadelphia: Department of City and Regional Planning, University of Pennsylvania.
13) Varady, David P., 1986, *Neighborhood Upgrading: A Realistic Assessment*, p.9, New York: State University of New York Press.

이와 유사하게 Schwab[14]는 가구의 효용 또는 만족은 근린지구 거주자의 소득수준이 높으면 높을수록 높아지고, 근린지구 내 백인이 아닌 사람의 비율이 높으면 높을수록 낮아진다는 모형을 제시하였다. 그는 근린지구 거주자의 인종과 사회경제적 수준은 주거이동의 의사결정에 중요한 변수라고 주장하였다. 또한 이 연구모형은 어느 근린지구의 거주자들이나 인접지구의 빈곤층이 본인 거주지에 점차 침입(invasion)하여 계승(succession)할지도 모른다는 우려 때문에 자신이 속해 있는 근린지구의 변화뿐 아니라 주변 지구의 변화에 대해서도 매우 민감하다고 설명한다.

소수의 유색인종 저소득 가구의 행동학적 특성은 쇠퇴의 정도를 악화시키고, 임대인에게 높은 운영상의 비용을 부담시키며 공공부문에게 추가적 비용을 부담시킨다고 한다.[15] 게다가 이들이 한 곳에 집중하게 되면 소외감과 절망감이 늘어나 빈곤문제를 더욱 심화시키고, 그로 인하여 물리적 쇠퇴는 더욱 가속화된다는 주장도 있다.[16]

인종, 사회 계층의 변화와 관련된 첫 번째 문제는 주택가치의 하락이다. 주택가치 하락은 거주자의 인종변화로 이어지고, 이는 그곳으로부터 백인의 주택수요를 사라지게 한다. 이로 인한 거주자 소득수준의 저하와 계속되는 주택가격 하락은 저소득층 흑인들이 그곳에 들어오는 것을 가능하게 한다. 이 과정이 계속 진행되면서 지구쇠퇴는 가속화된다. 이와 유사한 현상들은 임대시장에서도 일어나게 된다.

두 번째로, 인종의 변화를 동반한 사회적 계층 변화는 종종 주택가

14) Schwab, W.A., 1989, "Divergent Perspectives on the Future of Cleveland's Neighborhoods: Economic, Planning, and Sociological Approaches to the Study of Neighborhood Change", *Journal of Urban Affairs*, Vol.11, No.2, pp.145-146.

15) Grigsby, William, Morton Baratz, and Duncan MacClennam, 1983, *The Dynamics of Neighborhood Change and Decline*, Research Report Series: No.4, p.55, Philadelphia: Department of City and Regional Planning, University of Pennsylvania.

16) Varady, David P., 1986, *Neighborhood Upgrading: A Realistic Assessment*, p.9, New York: State University of New York Press.

격 하락보다 더 심각한 거리 폭력범죄의 증가를 가져오기도 한다. 거주자 인종구성이 변화된 곳에는 범죄를 저지르기 쉬운 젊은 흑인 거주자들이 증가하고, 방황하는 저소득층 청년들을 범죄의 유혹에 빠지게 해 범죄율이 높아지는 경우도 많다.[17] 그러나, 일부의 근린지구들은 높은 범죄율에도 불구하고 쇠퇴하지 않는다는 반론도 있다. 사람들은 위험과 범죄의 공포에서도 계속 거주할지를 두가지 평가기준을 가지고 주관적으로 비교하여 결정한다.[18] 2개의 평가기준은 타 거주지와의 위험정도 비교와 그 근린지구에 살면서 개인이 얻을 수 있는 보상정도와 쾌적성의 가치이다. 사람들은 만약 자기가 거주하는 근린지구의 쾌적성이 그들의 주거 만족도를 충분히 높여줄 수 있고, 경찰력을 증강시켜 타 근린지구보다 방범활동이 강화된다면 높은 범죄발생에도 불구하고 거주지를 떠나지 않는다는 것이다.

흑인들이 어떤 근린지구에 들어옴에 따라 백인들이 빠져나가 인종변화가 발생한다는 전통적인 견해는 널리 받아들여지기는 했지만, 학문적으로 공통적인 지지를 받는 것은 아니다. Goering[19]은 거주지가 역사적으로, 인구학적으로, 사회학적으로 매우 다양하기 때문에 특정 지역이 인종변화를 겪기 시작할 때 어떤 일이 발생할지를 예측하기는 어렵다고 주장했다. 또한 Galster[20]는 백인들의 이주는 반드시 인종변화에 대한 대응이라고 단정할 수는 없다고 역설했다. 그는 주장의 근거로 첫째, 지구 내의 백인 거주자들로 하여금 인종차별적 감정을 느끼게 하여 주거지 이주를 촉발시키는 흑인 거주자들의 인구비율은 경우마다

---

17) 상게서.

18) Taub, R., Taylor, D., Dunham, J., 1984, *Paths of Neighborhood Change: Race and Crime in Urban America*, p.168, The University of Chicago Press.

19) Goering J.M., 1978, "Neighborhood Tipping and Racial Transition: A Review of the Social Science Evidence", *Journal of the American Institute of Planners*, Vol.44, pp.68－78.

20) Galster, G.C., 1990, "White Flight from Racially Integrated Neighborhoods in the 1970s: the Cleveland Experience", *Urban Studies*, Vol. 27, pp.385－399.

그 범위의 차가 매우 크다는 것이다. 둘째, 인종구성과는 별개로 주거이주를 억제시키는 근린지구의 여러가지 특성들이 존재한다는 것이다. 이에 따르면, 어떤 근린지구에서 장기간 거주자, 자가 소유자, 높은 가치의 주택에 거주하는 중년층의 비율이 높으면 인종변화에도 크게 동요되지 않는다는 것이다. 위에서 논의된 주장들을 바탕으로, 특정 주거지역이 저소득층 흑인들의 유입에 의해 중산층 백인이 떠나고 인종변화가 일어나 근린지구가 쇠퇴한다는 주장에 대해서 증거가 있는 것은 사실이지만, 이러한 현상이 어떠한 경우에라도 항상 일어나는 것이 아니라는 사실을 인식할 필요가 있다.

2.4 정치 · 제도적 관점(political and institutional perspective)

정치·제도적 관점은 주택시장에서의 공급측면을 강조한다. 정부의 도시 및 주택관련 정책과 프로그램은 주택 공급과 수요의 결정에 강한 영향력을 발휘해 왔다. 즉, 정부의 개입은 직접적이건 혹은 간접적이건 지구쇠퇴에 상당한 영향력을 미쳤다는 것이다. 이는 공공부문 그 자체가 부분적으로 지구쇠퇴에 책임이 있다는 것을 의미한다.[21] 예를 들어, 쇠퇴지구에서의 임차료 규제, 엄격한 주택규정 적용, 그리고 부동산 세제규제와 같은 일부 정책들은 주택 소유주로 하여금 적절한 유지보수 혹은 개량을 하지 못하게 하였고, 이는 노후주택의 방치와 지구쇠퇴를 초래하였다. 또한 교외화를 장려하는 정부의 주택 및 교통정책(교외지역에 집중되는 신시가지 건설, 도시화고속도로 개설)은 도심부에 입지한 쇠퇴지구의 주택수요를 감소시켜 주택가격 하락을 초래하였다.

주택투자자들과 금융기관들도 지구쇠퇴를 가속화시켰다. 예를 들

21) Grigsby, William, Morton Baratz, and Duncan MacClennam, 1983, *The Dynamics of Neighborhood Change and Decline*, Research Report Series: No.4, pp.59-63, Philadelphia: Department of City and Regional Planning, University of Pennsylvania.

어, 주택융자기관은 쇠퇴지구의 자산가치 하락에 따른 상환불이행에 대비하여 쇠퇴지구 주택에 대해서 신시가지 주택보다 단기의 고금리 융자를 제공하거나, 아예 융자제공을 회피하기까지도 하였다. 이러한 금융기관들의 행태는 주택구매자로 하여금 주택자금 융자가 쉬운 신시가지에서 집을 구하도록 하여 궁극적으로 노후시가지의 지구쇠퇴를 초래하였다.

정치경제학 이론은 정치·제도적 측면을 가지고 지구쇠퇴를 설명하고 있다. 이 이론에 의하면, 자본가들은 그들이 가지고 있는 권력관계를 유지함으로써 생산잉여금의 지분을 최대화하려는 행태를 보이고 있고, 이것이 지구쇠퇴의 근본적 원인이라고 보고 있다. 부동산 소유자, 금융기관, 그리고 부동산 투기꾼들은 유색인종을 지구에 유입시켜 백인에게 불안감을 조성하여 부동산을 싸게 팔게 한다던가, 담보대출이 불가능한 지역을 지정하는 등의 행위를 통하여 지구쇠퇴를 초래하였다고 보고 있다. 이들 지역 자본가들에 의해 좌우되는 시(市) 기관 또한 구시가지에 대한 세금인상, 엄격한 주택규제 적용, 미약한 공공서비스 및 시설 제공을 통하여 지구쇠퇴를 조장하고, 높은 개발이익이 보장되는 신시가지의 개발을 장려하였다. 이러한 사례들은 지구쇠퇴가 전통적인 시장논리에 의해 설명되어지는 것은 아니고, 많은 부분이 정치적·제도적인 환경에 의해 설명되어지고 있음을 분명하게 보여주고 있다.

2.5 소결

지금까지 근린지구의 변화와 쇠퇴를 설명하는 네 가지 관점들을 살펴보았다. 우리는 근린지구의 물리적 상태의 노후화가 지구쇠퇴의 주요 원인이 되고, 일단 어떤 근린지구에 사회계층의 변화가 시작되면 그 추세가 가속화되어 근린지구가 쇠퇴한다는 사실을 알 수 있었다. 네 가지 학문적 접근을 검토하면서, 정치·제도적인 관계, 근린지구에 대한 거주자 개인적 태도 역시 근린지구의 변화와 쇠퇴과정의 본질을 밝혀냄에 있어 매우 중요하다는 것을 인식할 수 있었다. 그러나 Goering[22]

이 주장하듯이, 근린지구의 특성은 역사적으로, 인구학적으로, 그리고 사회적으로 매우 변화되기 쉽다. 이들 네 가지 관점들은 많은 부분에서 상충되고 있으며, 따라서 모든 근린지구의 실체를 설명할 수 있는 어떠한 단일 이론이 존재하기를 기대하기는 어렵다. 또한, 근린지구의 변화와 쇠퇴과정에 대한 어떠한 일반론적인 설명도 얻어질 수는 없다. 그러므로 근린지구의 변화와 쇠퇴에 대한 설명은 그 지역의 조건에 따라 한정적으로 적용될 수밖에 없고, 탄력적임을 이해하는 것이 중요하다.

3. 쇠퇴지구의 재생에 관한 논의

재생이란 쇠퇴한 지역에서 투자에 대한 신뢰회복과 재투자 과정을 나타낸다. 주택과 관련된 근린지구의 재생은 크게 두 가지 형태의 과정으로 나타날 수 있다.[23] 첫째는 젠트리피케이션(gentrification)이라고 불리는 과정으로서, 저소득층 거주지인 쇠퇴지구가 불량주택을 개량하는 중·상류층에 의해 침입되면서 나타난다. 둘째는 현지개량(incumbent upgrading)[24]으로 불리는 것으로서, 현재의 거주자가 노후화되고 있는 자신의 주택을 수선 또는 리모델링하는 등의 재투자를 하는 것이다. 이러한 두가지 형태는 우리나라의 주택재개발, 주택재건축, 주거환경개선사업 등과 유사한 형태라고 보여진다. 또 하나의 도시재생의 형태는 지역경제개발(local economic deveolpment)이라고 할 수 있는데, 다소 차이는 있으나, 우리나라의 경우에 비추어 보면 공장재개발과 유

---

22) Goering J.M., 1978, "Neighborhood Tipping and Racial Transition: A Review of the Social Science Evidence", *Journal of the American Institute of Planners*, Vol.44, pp.68-78.

23) Clay, P., 1980, "The Rediscovery of City Neighborhoods", in S. Laska and D. Spain (eds.) *Back to the City*, pp.13-25.

24) incumbent upgrading은 거주자의 퇴거나 외부인의 침입이 일어나지 않고 현 거주자들이 스스로 개량하는 방식으로 우리나라의 주거환경개선사업에서 사용되고 있는 용어인 현지개량으로 번역하였다.

사한 측면이 있다. 다음에서는 도시재생의 개념과 젠트리피케이션, 현지개량, 지역경제개발의 특성, 도시재생의 성공요인을 살펴보기로 한다.

3.1 도시재생의 개념

도시의 재생은 그 도시가 업무와 투자에 적합한 장소로서 한번 더 비춰지기를 바라는 우리의 바램을 이루게 하는 것이다. 근린지구의 재생에 대하여 살펴보기 전에, 우선 그것이 왜 발생하는지를 이해할 필요가 있다. 미국의 경우, 베이비붐 세대의 출현이 쇠퇴지구 재생의 중요한 요인의 하나로 작용한다.[25] 베이비붐 세대는 상당수의 신규 가구 구성을 통하여 커다란 주택수요를 형성시킴으로써 주택공급 증대가 필요하게 하였다. 신규가구의 젊은 세대주들은 내집 마련을 희망하지만, 그들 중 대다수는 새롭게 건설된 교외지역의 비싼 주택을 구매할 수 있는 경제적 여력이 없다. 쇠퇴지구의 재생은 이러한 주택수요를 부분적으로 충족시키고 있다. 다시 말해, 베이비붐 세대의 출현으로 급격하게 늘어난 가구수로 주택수요가 주택공급을 크게 앞섰다는 것이 쇠퇴지구 재생을 가능하게 한 원동력인 것이다. 우리나라의 경우도 주택재개발이나 재건축이 활발히 일어나는 곳은 주택수요가 많은 곳이다. 따라서 정부의 강력한 시장개입이 없다면 주택수요는 쇠퇴지구 재생을 촉진시키는 요인으로 작용할 수 있다.

상당수의 사람들은 문화적 여건과 위락시설, 편리성 등의 이유로 도심에 살고자 하는 경향이 있다. 즉, 도심이 가지고 있는 매력 때문에 열악한 주거환경에도 불구하고 거주를 희망하는 사람들이 있다는 것이다. 예를 들어, 노후불량지구로 인식되고 도심에 인접한 내부시가지(inner city)에 교육의 질과 놀이공간의 부족에 대한 염려를 하지 않아

---

25) Wilson, B.M. and Hassinger, J.R., 1987, "Urban Planning and Residential Segregation: The effect of a Neighborhood-Based Citizen Participation Project", *Urban Geography*, Vol. 8, No.2, pp.129-145.

도 되는 일부 중산층은 거주하기를 희망하기도 한다. 중산층 중 젊고 자녀가 없는 부부는 직장과 쇼핑 및 위락시설이 가까운 도심 근처에 살려는 경향이 있다는 것이다.

정치경제학적 접근법 역시 도시의 재생을 설명하고 있다.[26] 이 접근방법의 초점은 근린지구의 쇠퇴와 재생을 좌우하는 경제적인 이해관계와 정부정책의 역할에 있다. 투자회피, 융자기피로 근린지구의 쇠퇴에 중요한 역할을 하였던 부동산업자, 기업가, 개발업자, 공무원, 금융기관 종사자들은 쇠퇴지구의 부동산가격이 바닥까지 가고 일부 중산층의 주택매입 조짐이 보이면서 태도의 변화를 보이게 된다. 그들은 쇠퇴지구에서 이익창출 가능성이 보임에 따라 투자를 늘리고 금융지원을 강화하고, 정부의 지역재생 프로젝트를 적극적으로 지지하게 된다. 이처럼 경제적 이익을 추구하는 경제이익집단들과 이들과 연계되어 있는 정책결정자들에 의해 투자가치가 보이기 시작하는 쇠퇴지구는 재생의 길을 걷게 된다는 것이다.

3.2 젠트리피케이션(gentrification)

젠트리피케이션은 대도시의 내부시가지에 입지한 쇠퇴한 근린지구의 물리적 환경개선과 사회적 계층(소득계층)의 상향화를 말한다. 즉, 민간자본에 의하여 쇠퇴지구의 물리적 개선이 이루어지고 사회계층도 저소득층으로부터 중·고소득층화 되는 것이다. 젠트리피케이션은 다음과 같은 가정하에서 정당화된다.[27] 첫째, 젠트리피케이션은 주택의 질을 개선시키고 중산층으로 소득계층이 바뀌면서 세금징수가 늘어나며, 도시의 주요 부분들을 재생시킨다. 둘째, 젠트리피케이션은 불량주택의 방치에 대한 실질적인 치유방법이다. 이처럼 젠트리피케이션은

26) London, B., Lee, B.A., and Lipton, S.G., 1986, "The Determinants of Gentrification in the United States: A City-Level Analysis", *Journal of Urban Affairs Quarterly*, Vol.21 No.3, pp.369-387.

27) Smith, Neil and Williams, Peter, 1986, *Gentrification of the City*, Ch.8 and 9, p.153.

쇠퇴지구의 저소득층 가구를 중산층으로 대치시키며, 새로운 소매활동이 이루어지게 하고 물리적 환경을 개선시키며, 최소의 정부지출로 최대의 민간부문 투자를 유도하여 세원(稅源)을 확대시키는 긍정적 측면이 있다.

젠트리피케이션이 일어나기 시작하는 시기에, 상대적으로 저가의 주택, 지구에 거주하는 다양한 거주계층, 그리고 그 지역의 건축적, 역사적인 매력은 쇠퇴지구에서 중산층 전입자들의 주택매입을 촉진시키는 주요한 요인들이다. 젠트리피케이션이 일어나는 초기단계에서는 싼 주택가격과 고풍의 주택양식을 선호하는 독신자와 자녀가 없는 젊은 부부 등이 쇠퇴지구에 들어오기 시작한다. 이들은 주로 전문직에 종사하며, 대부분 40대 이하의 연령 계층으로서 종전에도 젠트리피케이션이 일어나는 지구가 속한 도시에 거주한 경우가 많다. 젠트리피케이션이 일어나는 지구에서는 흔히 혼합적인 인구구성이 되기 때문에, 새로운 전입자와 장기거주자들(주로 흑인 또는 고령자)사이에 현저한 사회·경제적 차이가 발생하게 된다. 이러한 현상은 쇠퇴지구가 완전하게 젠트리피케이션되는 데 시간이 걸리기 때문에 나타나는 일시적인 것이다.

다음 단계에서는 쇠퇴지구의 문화적, 건축적 매력과 도심에 인접하고 있는 편리한 입지조건과 더불어 장래의 투자가치를 보고 주택을 매입하고 보수하는 사람들(주로 중산층)이 생기면서 부동산 가격이 서서히 상승하기 시작한다. 이 단계에서 수년이 경과하면 저소득층 원주민은 사라지고 중산층 위주로 바뀌면서 부동산 가격이 급등하게 된다. 중산층 거주자들은 강력한 주민조직을 결성하며 행정당국에 사회서비스의 개선을 요구하게 되고, 결국 쇠퇴지구는 재생된다. 젠트리피케이션의 전체 과정에서 나타나는 중요한 변화는 중산층 거주자가 들어오고 주로 빈곤층, 노동자 계층, 유색인종들로 구성되는 기존 거주자들은 빠져나간다는 것이다.[28)]

젠트리피케이션이 해당 도시에 긍정적인 영향을 미치는가 아니면

---

28) Smith, Neil and Williams, Peter, 1986, *Gentrification of the City*, Ch.8 and 9, p.198.

부정적인 영향을 주는가에 대해서 상반된 의견이 존재한다. 만약 젠트리피케이션이 경제적 순이익을 가져온다면, 그것은 노후화된 도시들의 지속적인 재생수단으로서 정당화될 수 있다. 반대로, 만약 젠트리피케이션이 사람들을 거주지에서 퇴거시킬 뿐 도시의 수입증가를 가져오지 못한다면, 젠트리피케이션은 훌륭한 도시정책으로 지지받기는 어려울 것이다.

쇠퇴지구는 젠트리피케이션으로 인하여 물리적, 경제적, 상징적인 이익을 얻을 수 있다.[29] 전입자들에 의해 노후불량거주지가 깨끗하고 정돈된 지구로 바뀌어 물리적 환경개선이 이루어지며, 신규주택 건설 및 재고주택의 개량으로 그 지구의 주택가치가 총체적으로 상승된다. 결과적으로, 인구감소와 소득 하향화 추세는 꺾이고 사무직과 소매업 일자리가 늘어나면서 경제적 이익이 발생한다. 젠트리피케이션으로 인해 상징적인 이익도 얻게 된다. 과거 빈민촌으로 여겨졌던 지구가 중산층 거주지로 자리매김하면서 절망과 퇴보의 이미지에서 희망과 발전의 이미지로 바뀌고 이는 곧 새로운 투자로 이어진다.

지역언론, 선출된 공직자, 투자자 그리고 개발업자들은 젠트리피케이션으로 이익을 얻을 수 있다.[30] 젠트리피케이션이 일어남에 따라 신문부수 증대, 시장확대, 그리고 광고비용(advertising dollars)의 증가를 통해 지역언론은 이익을 취하게 되고, 징수세금의 확대, 도시문제의 감소, 그리고 그 도시로의 투자유치를 통하여 시장 등 선출직 공무원은 이익을 얻을 것이다. 투자자와 개발업자들 역시 투자가 유치되어 주거 및 상업용 건물을 개발함으로써 이익을 취할 것이다.

그러나 젠트리피케이션이 누구에게나 긍정적인 면으로 작용하는 것은 아니다. 젠트리피케이션으로 임대료가 상승하고 재산세 등의 세금이 인상되면서 빈곤층과 고령자 계층은 현 거주지에서 퇴거당하게

29) Lang, Michael, 1986, "Measuring Economic Benefits from Gentrification in the United States: A City-Level Analysis", *Journal of Urban Affairs*, Vol.8 No.4, pp.27-39.

30) Beauregard, R.A., 1985, "Politics and Theories of Gentrification", *Journal of Urban Affairs*, Vol.7 No.4, pp.56-57.

된다.[31] 이렇게 퇴거당한 저소득층 가구는 더 열악한 지구나 젠트리피케이션이 일어나지 않은 주변의 쇠퇴지구에서 주택을 찾게 된다. 젠트리피케이션으로 인한 퇴거로 저소득층 가구의 지역적인 집중이 일어나면서 저소득층이 집중되는 쇠퇴지구는 노후화가 더욱 심화된다. 퇴거당한 가구들이 젠트리피케이션이 발생하지 않은 저소득층 거주지구에 몰리면서, 값싼 노후주택을 놓고 저소득층끼리 경쟁하면서 대부분의 경우 임대료가 상승하게 되는데 이는 그 곳에서 장기간 거주하였던 주민의 반발을 야기할 수 있다. 이처럼 젠트리피케이션은 주변지역의 주민까지 피해를 주게 된다. 우리나라에서도 재개발 또는 재건축이 추진되면서 주변지역의 전세가격이 상승하는 부작용이 나타나는데, 이러한 현상이 젠트리피케이션의 경우와 유사한 것이다.

젠트리피케이션이 일어난 지구에 남아 있는 저소득층 거주자들은 오래동안 지속되었던 지역사회의 사회적·문화적 특성이 중산층의 기호와 가치를 반영하는 방향으로 전환되는 것을 경험하게 된다.[32] 그 결과, 그 지역에 남아 있을 여력이 되는 사람들도 그 지역에 대한 애착을 느끼지 못하게 된다. 우리나라의 경우도 저소득층 주거지였던 주택재개발지구가 사업이 완료된 후 중산층 주거지로 탈바꿈하여 지역의 공동체문화가 완전히 상실된다. 예를 들면 달동네 특유의 상부상조 정신이 사라져 황량한 분위기로 바뀌어 저소득층 원주민들의 이주를 촉진시킨다.

젠트리피케이션에 반대하는 또 다른 관점은 이것이 그 도시의 새로운 이익창출에 공헌하지 못한다는 것이다. 도시가 새로운 전입자인 중산층의 도시환경개선 요구를 받아들이게 되면서 세금증가 등의 새로운 수익은 사회기반시설 설치 및 개량에 투입되어 빠르게 소모된다는 것이다.

---

31) Smith, Neil and Williams, Peter, 1986, *Gentrification of the City*, Ch.8 and 9, p.198.

32) Lang, Michael, 1986, "Measuring Economic Benefits from Gentrification in the United States: A City-Level Analysis", *Journal of Urban Affairs*, Vol.8 No.4, p.27.

젠트리피케이션에 대한 마지막 비판은 정치경제학적 관점에서 언급되고 있다. 젠트리피케이션에서 발생하는 이익은 과거 쇠퇴지구에 대한 투자회피 등으로 지구쇠퇴의 원인 제공자였던 이익집단에게 돌아가게 된다. 금융기관, 개발업자, 투자자들은 방치했던 쇠퇴지구에 수익가능성이 보이자 태도를 바꾸어 투자하고 저소득층 거주자에게 퇴거 등의 피해를 주면서 막대한 이익을 본다는 것은 사회적 정의 차원에서 용납하기 힘들다는 것이다.

상기에서 언급된 젠트리피케이션의 긍정적, 부정적 측면에 대한 반론도 있다. 긍정적인 면에 대한 반론으로 젠트리피케이션은 많은 곳에서 발생하지 않고 그 지역에 투자수준도 그다지 높지 않아, 도시재생 효과가 그렇게 크지 않다는 것이다.[33] 반면에 부정적인 면에 대한 반론으로는, 젠트리피케이션으로 인한 수익증가가 중산층 전입자들의 도시환경개선 요구에 완전히 소모되지 않고, 수익의 일부분은 저소득층의 주택개선을 위한 자금 지원, 임대료 보조, 젠트리피케이션 지구에 남아 있거나 그곳에서 퇴거된 저소득층 가구를 지원하기 위한 기금에 사용되기도 한다고 주장한다.[34] 상기에서 기술한 바와 젠트리피케이션에 대해서는 다양한 논의들이 이루어지고 있기 때문에 이를 지지하거나 반대하는 일방적인 입장을 취하는 것은 바람직하지 않다.

3.3 현지개량(incumbent upgrading)

현지개량은 조용히 추진되기 때문에 젠트리피케이션에 비해 세인의 관심을 크게 받지 못하고 있다. 현지개량은 젠트리피케이션이 일어나는 지구에 비해 거주자 소득수준이 다소 높은 지구의 장기거주자에 의해 주로 이루어진다. 현지개량은 저소득층 거주자의 퇴거가 일어나지 않는

33) Beauregard, R.A., 1985, "Politics and Theories of Gentrification", *Journal of Urban Affairs*, Vol.7 No.4, p.51.

34) Lang, Michael, 1986, “Measuring Economic Benefits from Gentrification in the United States: A City−Level Analysis", *Journal of Urban Affairs*, Vol.8 No.4, pp.27−39.

등 지구의 사회·경제적 특성들이 변화하지 않고 쇠퇴지구의 주거환경을 개선할 수 있다. 그러나 때때로, 현지개량은 젠트리피케이션이 진행되다 중단된 후에 나타나기도 한다. 현지개량의 전형적인 예는 미국의 근린주구 재투자기관(Neighborhood Reinvestment Corporation)이 후원하는 근린주구 주택서비스(Neighborhood Housing Services) 프로그램이다.[35] 이 프로그램의 경험에 의하면, 현지개량에 의한 지구재생은 강한 지역사회조직이 존재하고 높은 자가소유 비율, 그리고 다소 노후화가 진행되고 있지만 젠트리피케이션에 비해 물리적 쇠퇴가 심하지 않은 곳에서 주로 추진되고 있다고 한다. 또한 인구구성은 육체노동자와 약간의 사무직 종사자가 거주하며, 상당수는 자녀를 둔 가구들이다.

현지개량지구에서는 사업시행자, 지방정부, 지구 내 기관들 사이에 마찰이 자주 발생한다. 지방정부와의 마찰은 사업시행자가 그들의 주거환경개선 노력에 대해 더 많은 지원을 얻기 위해서, 또는 공공 재원이나 서비스를 좀 더 할당받기 위한 과정에서 발생한다. 근린지구 내 기관들과의 갈등은 주택개량에 대한 융자를 회피하는 금융기관에서부터 시설확충을 기피하는 병원이나 학교와의 대립까지 다양하다. 즉, 쇠퇴지구에 정부의 지원을 늘리거나 기관들의 투자를 장려하는 과정에서 마찰이 일어나는 것이다.

쇠퇴지구에서 자가 소유자들이 그들의 주택을 개량하는 데에는 여러 가지 어려움이 따른다. 여기에는 몇 가지의 요인이 있는데, 첫 번째가 자금의 부족이다. 저소득층 거주자들은 이미 그들 수입의 상당부분을 주택구입에 지불하고 있기 때문에 그들의 집을 수선하고 개량하는데 필요한 충분한 자금을 가지고 있지 못하다. 또 다른 어려움은 기술과 교육의 부족이다. 주택을 양호한 상태로 유지하기 위해서는 심각한 하자가 발생하기 전에 소유자가 사전예방적 대책인 정기점검이나 소규모 수선에 대한 기술과 지식을 가지고 있어야 한다. 그러나 빈곤층은 대체로 주택의 유지관리에 대한 충분한 기술과 지식을 가지지 못한 경

35) Clay, P., 1980, "The Rediscovery of City Neighborhoods", in S. Laska and D. Spain(eds.) *Back to the City*, p.20.

우가 많다. 열망의 부족 역시 열악한 주택상태를 방치하게 한다. 저소득층 거주자들은 쇠퇴하고 있는 근린지구에 주택개량 등의 투자로 황폐화를 막으려는 의지가 없으며, 주택의 유지관리 필요성에 대해서도 비관적이다. 따라서 상당수의 쇠퇴지구 거주자들은 근린지구의 재생에 참여하기를 원하더라도 상기의 어려움으로 추진하지 못하고 주거환경의 악화를 방치하게 된다.

3.4 지역경제개발(local economic development)

1970년대와 1980년대에 걸쳐 유럽 및 미국 등 선진국가에서는 국가경제의 침체로 야기된 도시의 쇠퇴현상과 이에 따른 불량주거지역의 증가가 심각한 사회문제로 대두되었다. 이들 국가의 많은 주와 시정부들은 지역경제 활성화정책(local economic development policy)을 통하여 쇠퇴지구의 재생에 힘을 기울였다. 지역경제 활성화정책은 경제, 사회, 물리적으로 쇠퇴한 지구에 세제혜택, 장려금, 저리융자, 규제완화 등의 많은 인센티브를 제공함으로써 산업을 유치하고자 하는 것이다. 이 정책은 지역경제의 부흥에만 그치는 것이 아니라 실업률을 줄이고 주민들의 소득수준을 높여서 이들에게 소요되는 사회복지 비용을 줄이고 새로이 유치되는 산업들로부터 세금을 거두어드리는 효과를 볼 수 있다. 이 결과, 시재정이 강화되어 쇠퇴지역의 물리적 환경 개선에 투자할 수 있는 경제적 여력이 생김으로써 쇠퇴지구의 재생에 많은 노력이 가능하게 된다. 이러한 점에서 지역경제 활성화정책은 쇠퇴지구의 재생을 목적으로 하는 도시재생정책의 하나로 인식될 수 있다.

지역경제개발의 성공적인 시행을 위해서는 해당 지역사회로부터의 적극적인 노력이 수반되어야 한다. Green 과 Brintnall[36]은 지역경제 활성화정책을 해당 지역의 자생적 노력으로 보고, 이러한 정책의 제안 및

36) Green, R.E. and Brintnall, M., 1987, "Reconnoitering State-administered Enterprise Zones: What's in a Name", *Journal of Urban Affairs*, vol. 9, pp.159-170.

시행과정에서 지역전체가 주도적 역할을 하여야 하며 이로 인한 혜택 역시 해당 지역이 누려야 한다고 주장하고 있다. 따라서 지역경제 활성화정책의 시행과정에서 해당 지역의 인적, 조직적, 재정적 자원이 적극적으로 활용되어야 한다.

지역경제개발의 이론적 배경은 쇠퇴지구의 물리적, 사회적, 경제적 환경은 산업의 유치를 통하여 개선될 수 있다는 것이다. 새로이 유치된 산업은 지역주민에게 고용의 기회를 제공하여 소득수준을 높이게 한다. 정부의 입장에서 지역의 경제성장은 쇠퇴지구의 공공시설에 대해 좀더 많은 투자를 가능하게 하고, 결국 해당 지역의 물리적, 사회적, 경제적 환경을 개선시키게 한다.

지역경제개발은 산업유치(business attraction)에 관련된 논의들과 입지이론(location theory)을 가지고 설명될 수 있다. 산업유치에 관련된 논의에서 산업의 입지와 투자 결정은 정부가 제공하는 다양한 유도수단들에 의하여 영향을 받는다고 한다. 공공이 제공하는 유도수단들은 산업이 유치되면서 강화되는 시재정과 고용효과, 그리고 이에 따른 쇠퇴지구 재생이라는 긍정적 결과 때문에 당위성을 갖게 된다. 이러한 유도수단들은 산업유치와 관련된 세제혜택, 저리 융자, 기반시설에 대한 투자, 사회 서비스 개선 등의 다양한 형태로 나타난다. 해당 지역에 입지하려는 산업에 대한 정부의 인센티브는 투자의 일종이라고 볼 수 있다.[37] 인센티브의 제공으로 대상 지역은 다른 지역에 비해 상대적으로 입지성이 좋은 지역으로 인식되어서 산업유치에 있어서 유리한 위치에 설 수 있다는 것이다. 결국, 산업유치에 비용은 들었지만 세수증대와 고용창출이라는 보상을 받을 수 있기 때문에 이러한 투자는 궁극적으로 정책적 이득을 얻게 한다.

이와 더불어 산업유치에 관련된 논의들은 지역경제개발의 성공을 위하여 단순히 인센티브를 제공하는 이상의 노력이 필요하다고 설명한다. 그 의미는 재정적 지원 이외에도 지역사회 내부로부터 산업유치를

37) Mulkey, D. and Dillman, B.L., 1976, "An Analysis of State and Local Industrial Development Studies", *Growth and Changes*, vol. 7, pp. 37-43.

위한 적극적인 노력이 필요하다는 것이다. 관-민 협력체제는 지역경제 활성화정책의 시행과정에서 매우 중요하다.[38] 해당 지역의 시정부, 민간기업, 지역사회단체(community organization), 주민 등이 지역경제개발 프로그램에 적극적으로 참여하는 것이 필요하다는 것이다. 시정부는 토지, 인력을 사용할 수 있고 세금징수, 채권발행, 용도지역 지정 등에 관한 권한이 있기 때문에 지역경제개발 프로그램을 행정적, 재정적으로 지원하기 쉬운 위치에 있다. 지역의 사업체 소유자들은 지역경제가 활성화되어 경기가 좋아지면 그들의 사업도 번창할 수 있기 때문에 기꺼이 지역경제개발 프로그램을 지원한다. 지역사회 단체나 주민들은 지역의 사정을 가장 잘 알고 있기 때문에 프로그램의 운영과정에서 많은 조언을 할 수 있고 프로그램이 자신들과 직접적인 관련이 있기 때문에 자원봉사 등을 통한 자발적 참여를 하게 된다. 이처럼 지역사회에 관련된 기관들은 지역경제개발 프로그램의 시행과정에서 각각의 특성들을 가지고 중요한 역할을 할 수 있기 때문에 이들 사이의 협력은 프로그램의 성공적 수행을 위해서 필수 불가결한 것이라고 할 수 있다.

입지이론은 신고전학파 경제학에 근거하여 기업은 이윤을 극대화하고 비용을 최소화 할 수 있는 곳에 입지하려는 경향이 있다고 설명한다. 이 이론을 다룬 많은 연구들은 시장 및 원자재로부터의 거리와 노동력 등의 전통적인 경제요소들을 가지고 산업입지를 설명한다. 그러나, 최근의 입지이론에 의하면, 산업의 입지결정은 단지 이윤극대화의 논리에만 국한되어 있지 않다.[39] 즉, 좀 더 다양한 요소들이 산업의 입지에 영향을 미치는데 구체적인 예로 세율, 교육수준, 사업여건, 기반시설의 상태 등을 들 수 있다. 산업을 유치하기 위해서는 이러한 요소들을 개선하여야 하므로 지역경제개발에서는 산업유치에 앞서 이들 요소를 개선시키려는 노력이 필요하다.

---

38) Blakely, E.J., 1990, *Planning Local Economic Development*, SAGE.
39) Blair, J.P., 1987, "Major Factors in Industrial Location: A Review", *Economic Development Quarterly*, vol. 1, pp. 72-85.

3.5 도시재생의 성공요인

(1) 지역사회 구성원들의 참여와 역할

도시재생 프로그램이 효과적으로 시행된 지역에서는 다수의 재개발사업에 적극적으로 참여하는 지역사회의 행위자들(local actors)이 존재한다. 쇠퇴지구를 재생하기 위해서는 지방정부, 주민, 비영리단체 등의 협조가 필수적이다. 지방정부는 재정 및 행정적 지원과 공공시설의 개선을 통하여 도시재생 프로그램에 참여한다. 전통적으로 공공부문은 주로 재원을 제공함으로써 도시재생사업에 참여해 왔다. 쇠퇴지구에 대한 공공부문의 투자는 민간부문의 투자를 촉진할 수 있다. Vardy[40]는 공공지원이 그 자체만으로도 근린지구 쇠퇴방지에 도움을 줄 뿐 아니라, 근린지구 내 자산 소유자들의 거주환경 개선노력을 유도할 수 있다고 주장하였다. 즉, 공공지원은 현재와 장래의 주택 소유자들에게 거주지의 장래에 대한 낙관론을 심어줄 수 있고, 그로 인해 그들의 투자를 촉진시킬 수 있다는 것이다.

지방정부는 자체적인 재원조성 방법을 통하여 마련된 재원을 가지고 도시재생 프로그램을 운영하는 지역사회단체에 대한 재정적 보조를 할 뿐만 아니라, 도로, 상하수도, 주차장 등의 공공시설 정비에 투자한다. 지역경제개발의 경우 지방정부는 재정지원과 기반시설 투자 외에도 사업면허비 감면, 주차장 기준 완화, 건축선 후퇴, 고도제한의 완화, 사업 인·허가의 간소화 등을 통하여 지역경제 개발계획을 행정적으로 지원한다. 지방정부의 행·재정적 지원은 고용창출, 교육환경개선 등 사회·경제적 대책과 결합되어야 그 효과가 더욱 커질 수 있다. 대부분의 쇠퇴지구는 단순히 열악한 물리적 환경의 문제가 아니라 저소득층 문제와 결부되어 있기 때문이다.

지방정부의 재정적, 행정적 지원은 도시재생에 적극적으로 참여하는 지역사회단체가 존재할 때 그 가치를 제대로 발휘할 수 있다. 그들

40) Varady, David P., 1986, *Neighborhood Upgrading: A Realistic Assessment*, p.18, New York: State University of New York Press.

은 저소득층 거주자의 요구를 반영하여 젠트리피케이션에 의한 퇴거를 방지함으로써 주거안정을 도모하기도 하며, 지역경제 개발계획에서는 산업유치 프로그램에 관한 정보를 지역의 내·외부에 알려서 많은 산업체들의 관심을 끌게 하는 등 프로그램의 홍보 및 마케팅에도 적극적이다. 도시재생이 성공적으로 이루어진 곳에서는 지역사회단체가 도시의 종합적인 재개발계획을 이끌어가고 있고, 직접 도시재생 프로그램을 운영하기도 한다. 이러한 단체들은 다수의 도시재생사업에 참여하여 왔기 때문에 사업시행에 충분한 경험과 노-하우를 가지고 있다. 이들 단체는 주민들에게 도시재생사업의 중요성을 알리면서 주민들의 요구를 수렴하기 때문에 주민들로부터의 지원 및 협력을 쉽게 유도할 수 있다. 지역사회단체는 근린지구 내 거주자들을 결집시키고 지구재생 과정에서 거주자들의 참여를 유도한다. 주민이 참여함으로써 근린지구의 재생이 이루어지고 개인의 재산상 이익도 보호될 수 있다. 이처럼 주민참여는 근린지구와 거주자의 상호이익을 증가시키기 때문에 쇠퇴지구 재생에 필수적인 요인으로 작용한다.

선진 외국의 경우 지역사회단체들은 지방정부와의 긴밀한 협조체제를 이루고 있기 때문에 도시재생 사업에 대한 지방정부의 지원을 쉽게 얻는다. 지역사회단체는 해당정부가 제공하는 인센티브를 효과적으로 이용하여 도시재생사업이 본연의 목적을 달성할 수 있도록 한다. 이처럼 지역사회단체는 주민과 지방정부를 도시재생 사업에 참여하도록 유도하여 관-민 협력이 이루어지도록 하고 주민의 자발적 참여나 지방정부의 재정적, 행정적 지원을 바탕으로 도시재생사업이 효과적으로 시행되는 데 크게 공헌하고 있다.

(2) 재원조달

충분한 재원은 공공정책의 성공에 필수 불가결한 요소이다. 도시재생에서도 예외가 될 수는 없다. 도시재생 프로그램이 성공적으로 시행되지 않은 지역에서는 자금의 부족이 사업이 효과적으로 시행되지 못한 가장 큰 이유로 알려지고 있다. 자체적인 재원이 확보되지 않은 지역의 경우, 시공무원들은 재원의 부족으로 인하여 프로그램 운영에 적극성을 띄지 못하고 단순히 정부에서 제공하는 인센티브를 소개하거나 보고서 작성 등의 일상적인 업무만을 수행하게 된다. 반면에, 도시재생 프로그램이 효과적으로 시행된 지역의 경우에는 시정부 차원에서의 재원조성과 시정부로부터의 보조금, 그리고 지역주민이나 기존 사업체로부터의 재정적 지원을 통하여 충분한 자금을 확보한 경우가 많다. 이러한 지역에서는 충분한 자금을 가지고 프로그램의 홍보, 기반시설 정비, 다양한 도시개발사업 추진, 실업자에 대한 직업교육 등 다수의 지역개발 프로그램을 시도할 수 있다.

도시재생 프로그램의 시행을 위한 재원은 외부로부터 지원된 것이 아니라 지역사회 내부로부터 조성된 것이라야 그 가치가 더욱 크다고 한다. 이는 외부에 의존한 재원 조달은 상황이 바뀜에 따라 중단될 위험성이 크고, 그러할 경우 사업이 지속되지 못하기 때문이다. 도시재생 프로그램이 효과적으로 시행된 지역에서는 사업자금을 자체 조달할 수 있는 재원조성에 힘을 쏟는다. 시정부는 도시재생 프로그램의 시행주체에게 권한을 위임하여 자체적인 재원조성이 가능하도록 한다. 미국의 경우 재개발구역 내에서 사업시행으로 발생한 재산세 증가분을 다시 재개발사업에 재투자하도록 하는 재산세 증가분을 이용한 재원조성(tax increment financing)[41]제도를 적극적으로 활용하고 있다.

(3) 종합적 재개발계획과의 연관성

효과적인 도시재생이 이루어지기 위해서는 시의 종합적 재개발계획의 틀 안에서 각각의 도시재생 프로그램들이 상호관련을 가지고 추

41) 재산세 증가분을 이용한 재원조성(tax increment financing)은 도시재개발사업에서 시정부 차원의 재원확보 방법이다. 재산세 증가분을 이용한 재원조성의 방법은 재개발사업이 시행될 구역에서 재개발사업으로 발생되는 재산세의 증가분을 향후 재개발사업에 소요되는 비용으로 사용하는 것이다. 재산세 증가분을 이용한 재원조성의 내용은 재개발사업이 인가를 받은 연도의 해당구역에 부과된 재산세를 계산하여 매년 증가된 부분만을 일정기간(예, 20년) 동안 따로 징수하여 재개발사업비로 이용하는 것이다.

진되어야 한다. 미국의 경우 시 차원의 도시재개발계획에는 공공주택개발, 도심정비계획, 지역사회개발 프로그램, 지역경제개발 프로그램 등이 포함되는데 이들은 쇠퇴지역의 재생이라는 공통의 목적을 가지고 있고 지정된 구역도 중복되는 경우가 많기 때문에 서로 밀접하게 관련되어 있다. 기존의 경제, 사회, 물리적 환경을 적극적으로 개선하려는 지역사회에서는 하나의 도시 재생 프로그램이 종합적 재개발계획의 틀 속에서 다른 재개발 사업들과 유기적인 관계를 유지하면서 시행되고 있다.

종합적 재개발계획과 연계되어 시행되는 경우, 도시재생 프로그램은 재개발사업에 참여하는 다수의 지역사회 관련 단체로부터의 협조, 시정부로부터의 재정적 보조, 행정적 지원, 기반시설 정비, 사회서비스 개선 등의 혜택을 누리기 쉽다. 지역사회로부터의 지원 및 협조는 도시재생 프로그램의 운영에 중요한 요소로 작용되어 프로그램이 성공적으로 수행되는 데 커다란 공헌을 하고 있다.[42] 반면에 종합적 재개발계획이 존재하지 않는 지역이나 관련성이 약한 지역의 경우, 도시재생 프로그램은 지역사회로부터의 지원이나 협조없이 단순히 정부가 제공하는 인센티브에 의존하는 수동적 자세로 운영되기 때문에 쇠퇴지구를 재생시키는 효과가 미약하다.

42) 김호철, 1995, "지역사회로부터의 노력이 엔터프라이즈 존 프로그램의 성공에 미치는 영향", 「국토계획」 제30권 제5호, 대한국토・도시계획학회.

3 주택재개발사업

제 3 장에서는

우리나라에서 대표적인 주거환경정비사업으로 알려진 주택재개발사업에 대하여 목적, 사업절차, 사업시행방식을 중심으로 살펴보며, 제 1장에서 대략적으로 언급되었던 제도적 변천과정을 구체적으로 설명한다. 주택재개발사업의 현황에 대해서는 시기별, 지역별 추진실태를 보면서 어떠한 특징이 나타나는가를 분석한다. 주택재개발사업의 문제점에 대해서는 주택재개발사업의 대표적 사업방식인 합동재개발방식으로 인하여 나타난 문제를 도시계획적, 사회·경제적, 제도·운영적 측면에서 분석한다. 마지막으로 향후 발전방향에 대해서는 수익성 위주의 재개발사업에 대응하는 새로운 방식으로서 지역사회에 기반을 둔 재개발사업(community-based urban renewal)을 제시하고, 이 방식의 개념 및 특성, 예상되는 문제점, 성공적 시행을 위한 정책적 대응방안을 검토한다.

1. 주택재개발사업의 개요

1.1 목 적

주택재개발사업은 도시 내 노후·불량한 주거 밀집지역의 주택을 개량·건설하고 도로 등 공공시설을 정비하는 도시계획사업의 하나로서 주민조합과 민간부문이 사업파트너가 되어 주로 시행해 왔다. 주택재개발은 다양한 측면의 목적을 가지고 있다. 우선, 도시계획측면에서 토지의 효율적 이용과 도시기능의 회복이라는 공익적 목적에서 출발한다. 그러나 급격한 도시화로 인한 주택부족으로 주택가격 및 전·월세 급등 등 사회경제적 피해가 커짐에 따라 공동주택의 건설을 통한 주택공급 확대라는 주택공급측면의 목적이 강조되어 왔다. 그 결과 공익성을 최우선으로 하는 주택재개발사업이 택지고갈로 주택공급에 어려움을 겪던 서울 등의 대도시에서 중산층 주택공급수단으로 전락되었다는 많은 비판을 받게 되었다.

주택재개발사업의 대상지역에는 많은 저소득층이 거주하고 있고, 그 중에는 빈곤층 세입자의 비율이 매우 높은 것으로 알려지고 있다. 따라서 저소득층 원주민 특히 무주택 세입자에 대한 주거대책을 강구하기 위한 사회복지적 측면의 목적이 강화되고 있다. 이와 관련하여 재개발지구 내에는 세입자용 임대주택이 건설되고 있다. 최근 정부에서는 저소득층 주거안정을 중시하는 방향으로 정책을 전개하고 있어 사회복지적 측면의 목적은 향후 더욱 강화되리라 생각된다.

1.2 사업시행절차

주택재개발사업의 사업절차는 기본계획수립에서 출발하여 구역지정, 조합설립, 사업시행인가, 관리처분계획, 분양 및 청산으로 진행된다. 단계별 주요 내용은 [그림 3-1]을 보면 알 수 있다.

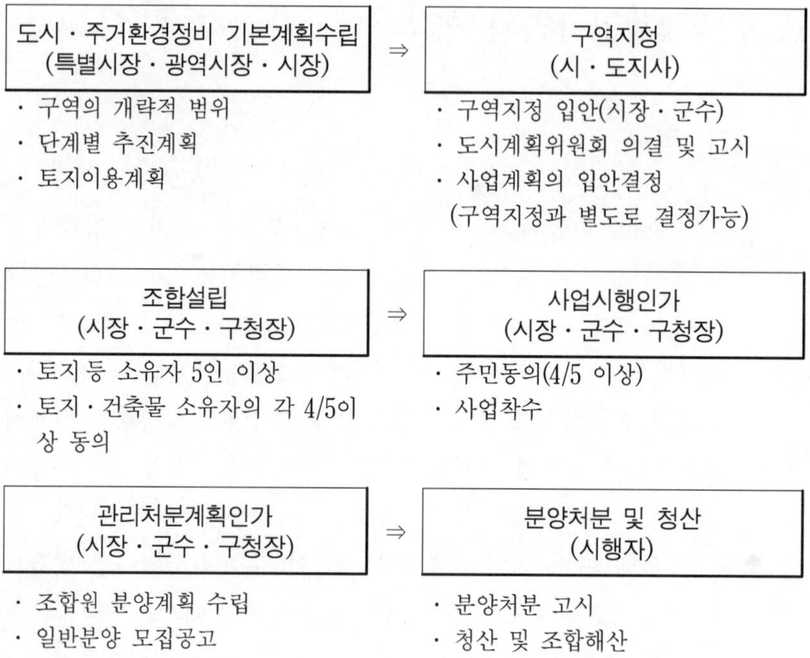

도시 · 주거환경정비 기본계획수립 (특별시장 · 광역시장 · 시장)	⇒	구역지정 (시 · 도지사)
· 구역의 개략적 범위 · 단계별 추진계획 · 토지이용계획		· 구역지정 입안(시장 · 군수) · 도시계획위원회 의결 및 고시 · 사업계획의 입안결정 (구역지정과 별도로 결정가능)
조합설립 (시장 · 군수 · 구청장)	⇒	사업시행인가 (시장 · 군수 · 구청장)
· 토지등 소유자 5인 이상 · 토지 · 건축물 소유자의 각 4/5이상 동의		· 주민동의(4/5 이상) · 사업착수
관리처분계획인가 (시장 · 군수 · 구청장)	⇒	분양처분 및 청산 (시행자)
· 조합원 분양계획 수립 · 일반분양 모집공고		· 분양처분 고시 · 청산 및 조합해산

[그림 3-1] 주택재개발사업 시행절차

주택재개발사업은 도시계획사업이므로 구역지정이 이루어져야 사업이 추진될 수 있다. 건축물이 노후·불량하여 그 기능을 다할 수 없거나 건축물의 과도한 밀집으로 인하여 그 구역 내 토지의 합리적인 이용과 가치의 증진을 도모하기 곤란한 경우 등에는 주택재개발구역으로 지정될 수 있다. 주택재개발사업은 정비구역 안에서 관리처분계획에 따라 주택 및 부대·복리시설을 건설하여 공급하거나, 환지로 공급하는 방법으로 추진되나, 대부분의 사업은 관리처분계획에 의하여 시행된다. 관리처분계획은 사업 착수 전에 평가된 권리가액에 따라 건립 예정인 주택평형을 배정하고, 일반분양분을 결정하는 권리변환 계획을 말한다. 관리처분계획시의 분양기준은 종전 권리가액을 참조하여 1세대 1주택을 분양원칙으로 하며, 공유지분 토지의 경우 각각의 지분면적이 대지 최소면적 이상인 경우 등에만 분양받을 수 있다. 세부기준에 대해서는 지자체 조례로 규정하도록 되어 있다.

주택재개발사업으로 공급되는 주택평형의 비율은 시·도의 조례에서 규정하여 일반화시킬 수는 없다. 참고적으로 서울시 조례에서는 80% 이상을 전용면적 85m^2 이하로 건설하고, 40% 이상을 전용면적 60m^2 이하로 건설하게 되어 있다.

1.3 사업시행자

주택재개발사업은 토지 등 소유자로 구성되는 조합이 시행하거나, 조합이 조합원의 2분의 1 이상의 동의를 얻어 시장·군수 또는 주택공사 등과 공동으로 시행할 수 있다. 그러나, 시장·군수는 특별한 경우[1]에 있어서는 직접 정비사업을 시행하거나, 지정개발자[2] 또는 주택공사 등을 사업시행자로 지정하여 정비사업을 시행하게 할 수 있다. 또한 시장·군수는 조합 또는 토지 등 소유자가 시행하는 정비사업을 당해 조합 또는 토지 등 소유자가 계속 추진하기 어려워 정비사업의 목적을 달성할 수 없다고 인정하는 때에는, 당해 조합 또는 토지 등 소유자를 대

---

1) ① 천재·지변 및 그 밖의 불가피한 사유로 인하여 긴급히 정비사업을 시행할 필요가 있다고 인정되는 때
② 조합이 정비구역 지정고시가 있은 날부터 2년 이내에 사업시행인가를 신청하지 아니하거나 사업시행인가를 신청한 내용이 위법 또는 부당하다고 인정되는 때
③ 지방자치단체의 장이 시행하는 도시계획사업과 병행하여 정비사업을 시행할 필요가 있다고 인정되는 때
④ 순환정비방식에 의하여 정비사업을 시행할 필요가 있다고 인정되는 때
⑤ 사업시행인가가 취소된 때
⑥ 당해 정비구역 안의 국·공유지 면적이 전체 토지면적의 1/2 이상인 때
⑦ 당해 정비구역 안의 토지면적의 1/2 이상의 토지소유자와 토지소유자의 2/3 이상에 해당하는 자가 시장·군수 또는 주택공사 등을 사업시행자로 지정할 것을 요청하는 때

2) 지정개발자가 사업시행자가 되는 경우는 위에서 서술한 특별한 경우의 ①, ②에만 해당됨. 지정개발자의 요건은 정비구역 안의 토지면적의 50% 이상을 소유한 자로서 토지 등 소유자의 50% 이상의 추천을 받은 자, '사회간접자본시설에 대한 민간투자법'에 의한 민관합동법인으로서 토지 등 소유자의 50% 이상의 추천을 받은 자, 정비구역 안의 토지면적의 1/3 이상의 토지를 신탁받은 부동산신탁회사임.

신하여 직접 정비사업을 시행하거나 지정개발자 또는 주택공사 등으로 하여금 정비사업을 시행하게 할 수 있다. 과거 '도시재개발법'에서는 민간건설업체가 주민조합의 조합원으로 참여하여 주도적으로 사업을 시행하였으나, '도시 및 주거환경정비법'의 제정으로 민간건설업자는 단순히 도급자로서 시공기능만을 담당하게 되었다.

1.4 사업시행방식

(1) 자력재개발

자력재개발 방식은 시가 공공시설을 설치하고, 주민은 주택을 개량하는 방법이다. 이 방식에서는 토지구획정리사업의 기법이 이용되었는데, 환지를 할 때 가능한 대지규모가 50평이 넘도록 하여 다수의 소유주가 공동으로 토지를 소유하여 소형 연립주택의 형태인 협동주택이 건립되었다. 시는 주민 스스로의 주택개량을 지원하기 위하여 건축자재 알선, 표준설계도 제공, 주택자금 융자 알선 등의 노력을 하였다. 이 방식은 주택개량 과정에서 발생한 주민의 재정상 곤란과 시정부의 공공시설 지원에 대한 재원부족으로 기대한 만큼의 성과를 거두지 못하고 1983년 합동개발 방식이 도입되면서 현재는 거의 사용되지 않고 있다.

(2) 차관재개발

차관재개발 방식은 재개발사업의 재정문제를 해결하기 위하여 외국으로부터 돈을 빌려 재개발사업을 추진하는 것이다. 서울의 경우 1976년 AID차관 약 60만달러를 도입하여 옥수 3구역에 대한 차관재개발을 시도하였고, 그 후 1981년까지 총 10개 구역 약 23만평에 차관재개발이 시행되었다. 이러한 자금은 주민들의 토지매입 및 주택개량에 융자되었고, 시의 공공시설 투자비용에도 융자되었다. 차관재개발 사업은 저소득층 무허가 정착지를 대상으로 하여 주민참여를 통해 철거는 최소화하고 기존상태를 정비 또는 개량하는 방향으로 추진되어 점진적인 지구수복을 목표로 하였다. 즉, 철거가 최소화되고 기존시설이 최대한 활용되었으며, 가능한 한 거주민이 사업지구를 떠나지 않도록 하는 방식이었다. 그러나 도시정비의 효과는 상당히 떨어지는 것이었다.

한편 기존주택을 개량하여 합법화하는 것은 건축법의 개정을 필요로 하는 것이어서 법적 문제가 걸림돌이 되었으며 90% 이상의 주민참여 또한 현실적으로 어려움이 따르는 것이었다. 결국 이 방식은 1970년대 후반에 이르러 재검토되었고 추가적 사업추진이 이루어지지 않았다.

(3) 위탁재개발

재개발추진시 기존의 영세필지를 20~30가구의 주택을 건설할 수 있는 300평 내외의 대지로 환지함으로써 대지분할 규모를 대형화하여 공동주택을 건립하는 방식이다. 시는 법적 시행자로서 행정지원을 하고 사업주체는 주민으로 구성된 공동주택건립 추진위원회가 맡음으로써 주택건립을 주민 자력으로 하도록 하였다. 그러나, 시가 사업주체에게 건실한 주택사업자를 선정해 줌으로써 민간건설업체가 참여하게 되며, 선정된 업체는 공동주택 또는 아파트를 건립한 후 지구주민에게 분양 또는 임대하도록 하였다. 재원부담 능력이 없는 주민들은 사업시기 연장, 융자조건 개선, 시유지 불하대금 감액 등을 요구하였고, 강제적인 공동소유 환지, 시공자 선정권, 감보율 등에 대하여 반발함으로써 사업추진에 어려움을 겪었다.

(4) 합동재개발

합동재개발 방식은 토지를 제공하는 주민과 사업비 일체를 부담하는 건설업체가 합동으로 재개발을 하는 방식으로서, 그 동안 재개발 추진의 핵심적 장애요소였던 개발재정 문제를 획기적으로 해결한 것이었다. 이 방식은 건설업체가 시공사로 참여하는 위탁재개발과 달리 주민과 건설업체가 합동으로 자립재정을 도모할 수 있다. 즉, 주민은 사업비용을 부담할 필요가 없고, 건설업체는 거주민을 수용할 수 있는 주택 이외의 잔여세대에 대한 일반분양을 통하여 사업수익성을 확보하게 된다. 따라서 주택시장에 매각할 수 있는 추가적 주택건립으로 인하여 이 방식은 높은 밀도의 개발을 필연적으로 수반하게 된다.

이 방식은 그 동안 부진하던 주택재개발사업을 활성화시키는 계기를 마련하였으며, 1984년 이후 주택재개발사업의 대표적 사업방식으로 자리잡게 되었다. 그러나 수익성 위주의 사업추진으로 도시경관 악화, 원주민 재정착 곤란, 기반시설 부족 등 다양한 사회·경제적 문제를 야기시켰다는 평가를 받고 있다.

(5) 순환재개발

순환재개발 방식은 사업시행자가 이미 가지고 있는 주택을 활용하거나 재개발구역 인근에 주택을 건립하여 재개발구역의 철거주민을 부분적으로 이주시키고, 그 주민들이 살던 불량주택지 만큼을 우선적으로 재개발한 다음 입주시키며, 같은 방식으로 순차적으로 개발함으로써 재개발사업을 마치는 방식이다. 이 방식은 원주민이 사업기간 동안 임시거주를 마련하는 과정에서 생기는 경제적 어려움뿐만 아니라 재정착이 어려워지는 문제를 완화시킬 수 있으며, 가옥주에게 지원하는 입주비를 지불하지 않아도 되고 세입자를 이주단지에 입주시킬 수 있는 장점이 있다.

1.5 주거대책 및 금융지원

주택재개발사업 추진시에는 주거대책이 마련되고 금융지원이 이루어진다. 주거대책은 가옥주와 세입자로 구분되어 마련된다. 주택이 철거되는 가옥주에 대하여는 사업시행자가 임시 수용 대책을 마련하도록 하고 있으나, 사업시행자가 지급한 이주비로 다른 지역에 이주하고 준공 후 재입주하는 경우가 일반적이다. 세입자의 경우, 사업시행인가 고시일 3개월 이전부터 당해 구역에 거주한 무주택 세입자에게 임대주택이 공급된다. 그러나 세입자의 대부분은 빈곤층이어서 상대적으로 저렴한 공공임대주택의 관리비조차 부담스러워하는 경우가 많다. 따라서 임대료보조나 주거비지원 등의 추가적인 주거지원 대책이 요구되고 있는 실정이다.

금융지원의 경우 주로 국민주택기금에 의하여 이루어지며 주택의 규모에 따라 대출조건이 차등화된다. 전용 $60m^2$ 이하 주택은 2,500만원까지 융자되며, 금리는 2002년 기준으로 연 9.0%, 1년거치 19년 분할상환의 조건이다. 전용 $60 \sim 85m^2$ 이하의 주택은 3,000만원을 연 9.5%, 1년거치 19년 분할상환의 조건으로 융자해 준다.

주택재개발사업 등 도시 및 주거환경정비사업을 지원하기 위하여 도시·주거환경정비기금이 적립된다. 도시 및 주거환경정비기본계획을 수립하는 특별시장·광역시장 또는 시장은 정비사업의 원활한 수행을 위하여 도시·주거환경정비기금[3]을 설치하여야 한다. 정비기금은 이 법에 의한 정비사업 외의 목적으로 사용하여서는 아니되며, 정비기금의 관리·운용과 개발부담금의 지방자치단체의 귀속분중 정비기금으로 적립되는 비율 등에 관하여 필요한 사항은 시·도조례로 정하도록 되어 있다.

2. 주택재개발사업의 제도변천

주택재개발사업은 1962년 '도시계획법'의 제정과 함께 시작되었으나, 도시계획사업으로서 실질적인 틀을 갖추게 된 것은 '주택개량촉진

---

3) 정비기금은 다음의 금액을 재원으로 조성한다.
① 도시계획세 중 대통령령이 정하는 일정률 이상의 금액(10%인 경우가 대부분임)
② 부담금 및 정비사업으로 발생한 '개발이익환수에 관한 법률'에 의한 개발부담금 중 지방자치단체의 귀속분의 일부
③ 정비구역(주택재건축구역을 제외한다) 안의 국·공유지 매각대금 중 대통령령이 정하는 일정률 이상의 금액
④ 그 밖에 시·도조례가 정하는 재원

에 관한 임시조치법'이 제정되면서부터이다. 이 법에 의해 재개발구역 내 공공시설의 설치는 시가 담당하고, 주민들은 자력으로 주택을 개량할 수 있게 되었다. 1976년에는 도시화 과정에서 기성 시가지에 나타난 각종 도시문제에 대하여 제도적 틀을 갖추고 적극적으로 대처하기 위하여 '도시재개발법'을 제정하게 된다. 이 법에서는 도심지재개발사업과 주택개량재개발사업으로 구분하여 도시정비를 시행할 수 있도록 하였는데, 주택개량재개발사업에서는 양성화, 현지개량, 전면철거 등의 다양한 사업방식이 시도되었다.

'도시재개발법'은 도시기능의 회복과 불량한 주거지역의 주거환경 개선에 이바지하였으나, 법 체계가 도심재개발을 중심으로 기술되어 주택재개발을 수행할 때에 당해 지역 거주민들의 생활 및 주거안정을 확보할 수 있는 지원체계가 미흡하였다. 이 때문에 편의적인 업무지침으로 운영되어 법 체계상에도 많은 모순이 야기되어 왔다. 1983년 합동재개발방식이 도입됨에 따라 토지를 제공하는 주민과 사업비 일체를 부담하고 사업을 주도적으로 수행하는 건설회사가 합동으로 불량주택에 대한 재개발을 수행하게 되었다. 사업시행자가 경제적 이윤동기에 의해 사업을 시행하다보니 경제성을 우선시하여, 개별단지중심의 무분별한 개발이 이루어져 공공시설 부족 등의 문제가 발생하였고, 이로 인해 균형적인 도시발전이 저해되었다. 또한 개발이익을 확보하는 과정에서 시공업자와 주민조합 등 이해 당사자간의 갈등이 조장되어 사회적 불신을 심화시켰다. 이러한 갈등으로 불량주거지 정비가 지연되거나 방치되어 효율적인 주택재개발사업이 이루어지지 못하는 경우도 발생하였다.

이러한 문제점을 시정하고, 시행과정에서 나타난 제도적 미비점을 보완하고자 2002년 '도시 및 주거환경정비법'이 제정되었다. '도시계획법' 제정부터의 주택재개발사업 제도의 주요 변천과정[4]을 보면 다음과 같다.

---

4) 건설교통부 · 대한주택공사, 2003, 「서민주거안정을 위한 주택백서」를 참조하였음.

■ '도시계획법'에 근거한 재개발사업 (도시계획법 제정 : 1962. 1. 20)

1934년 6월 20일 제령 제18호 조선시가지계획령에 포함되어 있던 내용 중 건축분야는 별도로 '건축법'으로 규정하고, 토지구획정리사업 분야는 '도시계획법'으로 규정하여 재개발사업도 동법에 근거하여 시행할 수 있게 되었다.

■ '도시계획법' 내 재개발 근거 마련(1971 .1. 19)

공업화 및 산업화정책에 따른 도시인구 집중, 도시팽창 등의 도시문제를 해결하기 위해 기존 시가지 내 도로가 협소하고 건물이 노후화된 불량지구의 정비 필요성이 커졌으며, 재개발사업의 집행절차에 관한 규정을 신설하여 '도시계획법' 내에 재개발사업을 실시할 수 있는 근거를 마련하였다.

■ 주택개량사업을 별개의 도시계획사업으로 규정(1973. 3. 5)

'건축법' 등 기타 관계법령의 규정에 위반하거나 그 기준에 미달한 건축물을 정비·개량하기 위하여 '도시계획법'상의 재개발사업에 관한 일부 특례를 규정하여 '주택개량촉진에 관한 임시조치법'을 제정하였으며, 동법은 1981연말까지의 한시법으로 하였다.

■ '도시재개발법' 제정(1976. 12. 31)

그 동안 도시재개발사업의 근거법이었던 '도시계획법'은 재개발사업에 관한 재개발구역 지정요건의 불충분, 영세권리자 보호규정의 미흡 등으로 재개발사업의 원활한 추진에 많은 문제가 있었다. 이러한 문제점을 해결하고 보다 효율적인 사업수행을 확보하기 위하여 현행 도시계획법에 규정되어 있는 재개발사업 관계조항을 보완하여 새로운 법률로 '도시재개발법'을 제정하였으며, 주요 내용은 다음과 같다.

- 재개발사업계획의 입안 및 결정절차
- 재개발사업은 토지 등의 소유자 또는 그들이 설립하는 재개발조합이 시행하도록 하되, 일정한 사유가 있을 때에는 지방자치단체, 제3개발자도 시행가능
- 재개발사업의 시행절차 및 건설부장관과 도지사의 감독권한 명문화

■ 도시재개발사업의 주민참여 강화 ('도시재개발법' 개정 : 1981. 3. 31)

주민참여와 재산권 보호와 관련하여, 지구분할 시행을 허용하는 한편 토지소유자 동의 요건을 강화(토지소유자 총수의 2분의 1 이상 → 3분의 2 이상, 건축물 소유자 총수의 3분의 2 이상에 해당하는 자의 동의)하고, 주택철거에 대한 이주대책 또한 강화하였다.

■ 재개발사업 시행자 범위 확대 등 ('도시재개발법' 개정 : 1982. 12. 31)

토지소유자 등 이외에 사업시행자의 범위를 확대하고, 종전에는 사업시행자가 지방자치단체 등인 경우에만 재개발사업을 위한 토지 등 수용권을 인정하였으나, 모든 시행자에게 토지 등 수용권을 인정하도록 하였다.

■ '도시재개발법 시행령' 개정(1983. 3. 31)

'도시재개발법'의 개정(1982. 12. 31)에 따라 그 시행에 관하여 필요한 사항 등을 정하고, 아울러 현행 규정의 운영상 나타난 미비점을 정비·보완하려고 다음과 같은 내용을 개정하였다.

- 토지 등의 소유자, 대한주택공사 및 제3개발자 등이 작성하는 규약 및 사업시행계획서에 재개발사업의 시행에 필요한 비용의 부담에 관한 규정이 포함되도록 함으로써 비용부담에 관한 분쟁의 소지 제거
- 인구 100만인 이상인 시가 재개발사업기금으로 매년 적립하는 금액을 당해 연도에 징수한 도시계획세 총액의 5퍼센트 이상에서 10퍼센트 이상으로 인상 조정함으로써 지방자치단체의 재개발사업기금 재원 확충

■ 도시기본계획작성 등('도시재개발법 시행령' : 1993. 12. 31)

도시재개발기본계획을 작성할 때에는 먼저 공청회를 개최하도록 의무화함으로써 주민의 의견이 재개발기본계획에 반영될 수 있도록 하였으며, 주요 내용은 다음과 같다.

- 재개발기본계획은 국토이용계획·도시계획 등 상위계획에 적합하게 작성하도록 하고, 시장·군수는 도시기본계획의 타당성 검토주기에 맞추어 재개발기본계획을 5년마다 검토·조정하도록 의무화하였음.
- 시장·군수가 재개발기본계획을 작성하고자 하는 경우 먼저 공청회를 개최하여 주민의견을 최대한 반영할 수 있도록 함으로써 지역주민의 반발로 사업시행이 지연되는 사례를 사전에 방지할 수 있도록 함.
- 원칙적으로 토지·건축물의 소유자가 시행하되, 예외적으로 지방자치단체나 대한주택공사·한국토지공사 등이 시행할 수 있도록 하고, 제3개발자에 의한 시행도 가능토록 시행자 범위를 확대함. 제3개발자는 재개발구역 내 토지면적의 2분의 1 이상을 소유한 자로서 토지소유자 총수의 3분의 2 이상의 추천을 받은 자에 한하고 있었으나, 앞으로는 도시개발사업의 시행을 목적으로 설립된 도시개발공사 등

도 제3개발자가 될 수 있도록 추가하여 재개발사업 활성화를 도모하였다.

■ '도시재개발법 시행령' 전문개정(1996. 6. 29)

'도시재개발법'이 전문개정(1995. 12. 29)됨에 따라 동법에서 위임된 사항과 그 시행에 관하여 필요한 사항을 정하고, 다음과 같은 내용을 개정하였다.

- 인구 100만 이상의 도시 외에 당해 지방자치단체의 장이 필요하다고 인정하는 도시의 경우에도 재개발 기본계획을 수립할 수 있도록 함.
- 사업시행자로서 제3개발자의 범위를 당해 재개발구역 전체 토지의 2분의 1 이상을 소유한 자 외에 민관합동법인 및 부동산신탁회사를 추가
- 토지소유자·재개발조합 또는 제3개발자인 시행자는 관리처분계획 인가일 및 공사 완료일로부터 60일 이내에 공인회계사의 감사를 받도록 함.

■ '도시 및 주거환경정비법' 제정(2002. 12. 30)

정부는 2001년 7월 24일 당·정회의를 통해, 그 동안 비리와 분쟁, 주민마찰의 온상이 되어 왔던 재개발·재건축 등 노후불량 주거단지 정비제도를 재검토하여 새로운 주거단지 정비의 틀을 마련하기 위해 '도시 및 주거환경정비법'을 제정키로 하고, 이를 위해 2001년 7월 25일 입법예고 하였으며, 지난 2002년 12월 30일 동법을 제정·공포하였다.

3. 주택재개발사업 현황

1973년 3월 5일 '주택개발촉진에 관한 임시조치법'이 제정된 이후 본격적으로 추진된 주택재개발사업은 많은 사회경제적 부작용을 일으켰다는 비판에 직면하고 있으나, 도시지역에 형성된 무허가 불량주택을 포함한 노후·불량주택을 철거하여 전반적인 주거환경정비에 공헌하였다는 긍정적인 평가도 받고 있다. 주택재개발사업은 물리적 환경정비 외에도 저소득층 주민의 주거안정이라는 사회복지적 성과와 건설경기 활성화를 통한 고용창출이라는 경제적 효과도 발생시켰다. 1973년 이후 2002년 말까지 주택재개발 구역은 총 404개소가 지정되었으며, 시행면적은 1,742만m^2이고 건립가구수는 28만 6,108세대에 이른다.

연도별 주택재개발사업 시행현황을 살펴보면, 1970년대는 철거와 현지개량에 의한 다양한 방식으로 사업이 추진되었고, 1983년 합동재개발이 도입되면서 주택재개발이 활성화되었다. 그 결과 1973년부터

〈표 3-1〉 연도별 주택재개발사업 현황

(2002.12.30)

구 분	구역수	시행면적(m^2)	건립가구(호)	철거대상(동)
총 계	404	17,424,380	286,108	145,640
'73~'90	279	13,074,321	199,280	104,531
'91	7	429,654	10,997	4,208
'92	15	599,000	17,643	6,201
'93	10	462,405	11,905	4,106
'94	11	333,930	8,082	2,596
'95	12	658,388	14,299	7,269
'96	9	206,000	4,219	1,711
'97	4	230,484	5,023	2,007
'98	10	227,907	4,770	1,768
'99	15	360,000	5,031	3,586
'00	12	234,250	3,002	3,015
'01	14	438,849	1,857	2,891
'02	6	169,192	-	1,751

자료: 건설교통부, 2003주택업무편람

1990년간 연평균 15개 구역이 지정되었다. 1992년 건축법 개정으로 용적률이 400%까지 허용되면서 주택재개발 단지가 고밀도로 개발될 수 있어 활발한 추진이 이루어지게 된다. 그러나 1997년 외환위기 이후 주택시장이 급격히 침체되면서 매우 적은 건립호수를 기록하게된다. 소위 IMF사태로 주택시장이 냉각되자 정부에서는 주택경기 활성화를 위하여 분양가 자율화, 소형주택 의무공급비율 폐지 등 각종 규제완화조치를 취하면서 1998년부터 다시 구역지정수는 증가하게 되지만, 건립호수는 여전히 침체된 상태를 벗어나지 못하고 있다.

최근에 이르기까지 주택재개발로 공급되는 주택건립호수가 크게 상승되지 못하는 이유는 지하철 역세권과 강남지역 등의 입지여건이 좋은 지역은 이미 주택재개발이 시행되었고, 주택재개발사업보다 수익성이 높아진 주택재건축사업이 활성화되면서 상대적으로 주택재개발사업의 실적이 저조하게 된 것으로 해석된다. 그러나 2003년 부동산가격 급등으로 재건축사업의 수익성에 치명적인 타격을 가하는 조치들이 취해지면서 주택재개발사업에 대하여 재차 관심이 기울여지고 있는 상황이다.

2002년말 기준으로 총 404개 구역 중 약 70%에 해당하는 282개 구역이 완료된 상태이고, 약 21.6%인 87개 구역이 시행중에 있으며, 35개 구역만이 미시행으로 남아 있다. 현재 재개발구역 중 90%를 넘는 지역이 완료 또는 시행중에 있어 주택재개발사업은 매우 높은 추진율을 보이고 있다. 지역별로 살펴보면, 구역수 기준으로 서울이 전체의 약 83%인 334개 구역이 지정되어 있고, 면적으로 보면 약 85%인 1,473만m^2를 차지하고 있어 주택재개발사업은 서울을 중심으로 이루어져 왔음을 알 수 있다. 서울의 뒤를 이어 부산이 37개 구역 약 154만m^2, 대구가 18개 구역 약 31만m^2를 차지하고 있어 3개의 대도시가 주택재개발사업의 대부분을 차지하고 있음을 보여 주고 있다.

지역별 주택재개발사업 추진현황을 살펴보면, 전국적으로 완료된 282개 구역 중 78.4%인 221개 구역이, 시행면적으로도 78.6%인 약 893만m^2가 서울에 위치하여 있다. 현재 사업이 시행중인 구역도 94%

〈표 3-2〉 지역별 주택재개발사업 추진현황

(2002.12. 30 기준)

구	분	구역수	시행면적(m²)	철거대상(동)	건립가구(호)
계	계	404	17,424,380	145,588	285,973
	완료	282	11,357,363	92,679	192,916
	시행중	87	5,180,780	45,429	93,057
	미시행	35	886,237	7,480	-
서울	계	334	14,733,800	126,557	265,629
	완료	221	8,926,972	75,753	176,318
	시행중	82	5,038,882	44,170	89,311
	미시행	31	767,946	6,634	
부산	계	37	1,586,420	10,685	8,677
	완료	35	1,537,662	10,333	8,064
	시행중	1	26,388	209	613
	미시행	1	22,370	143	
대구	계	18	309,346	2,948	4,287
	완료	17	299,498	2,826	3,915
	시행중	1	9,848	122	372
	미시행				
인천	계	4	163,040	1,497	3,074
	완료	1	50,800	566	900
	시행중	2	87,391	773	2,174
	미시행	1	24,849	158	
광주	계	1	34,822	429	-
	완료				
	시행중				
	미시행	1	34,822	429	
경기	계	3	319,610	1,168	1,052
	완료	2	283,360	1,052	1,052
	시행중				
	미시행	1	36,250	116	
강원	계	1	18,271	155	587
	완료				
	시행중	1	18,271	155	587
	미시행				
전북	계	4	183,625	1,054	1,751
	완료	1	50,800	566	900
	시행중	2	87,391	773	2,174
	미시행	1	24,849	158	
경남	계	1	34,822	429	-
	완료				
	시행중				
	미시행	1	34,822	429	

자료: 건설교통부, 2003 주택업무편람

인 82개 구역, 97.3%인 약 504만m^2가 서울에 있어 현재 시행중인 주택재개발사업도 서울에서 집중적으로 시행되고 있음을 보여 준다. 부산, 대구의 경우도 완료 또는 시행중인 구역과 시행면적이 거의 100%에 육박하고 있다. 그 외의 지역은 이제 주택재개발사업의 초기단계에 있고, 앞으로 본격적인 추진이 기대되고 있다.

대도시, 특히 서울을 중심으로 주택재개발사업이 추진되는 이유는 사업방식 때문이다. 그 동안 주택재개발사업의 대표적 사업방식이었던 합동재개발방식에서는 주택재개발구역의 토지 등의 소유자가 토지를 제공하고, 건설업체가 사업비 전체를 부담하면서 사업이 추진된다. 건설업체는 재개발구역을 전면적으로 철거한 후 기존의 세대수를 초과하는 고층아파트를 건설하고 잔여 세대를 일반분양하여 사업비를 충당하게 된다. 따라서 합동개발방식은 주택을 분양받고자 하는 중산층의 주택수요가 충분히 있을 때에만 가능한 사업방식이다. 이러한 이유로 합동재개발방식에서는 주택수요가 높아 분양이 잘 되는 지역, 즉 서울같이 주택수요에 비해 공급이 적은 곳이 유리하다. 그 결과 대도시지역을 중심으로 주택재개발사업이 추진되었던 것이다.

4. 주택재개발사업의 문제점

4.1 도시계획적 측면

(1) 고밀도 개발에 따른 경관악화와 안전문제 발생

① 과도한 개발로 인한 도시경관의 악화

주택재개발구역의 많은 부분은 구릉지에 입지하고 있는데, 이러한 곳에 고층의 주택재개발 아파트가 난립하여 도시경관상 심각한 문제를 나타내고 있다. 서울의 경우 과거 일반주거지역에 대하여 높이제한이 없이 일률적으로 용적률 400%까지를 허용하였는데, 그 결과 구릉지와 한강변에 고층아파트가 난립하게 되었다.

② 자연지형을 무시한 개발로 붕괴위험

구릉지에 입지한 재개발구역에 대규모 고층아파트를 건설하면서 기존지형을 과도하게 절개하여 옹벽과 축대 등의 인공구조물을 설치하게 된다. 이러한 구조물은 장마시 붕괴할 위험성이 있어 주민의 안전을 위협하고 있다.

③ 녹지공간 훼손으로 인한 자연환경 악화

재개발구역은 국·공유지의 공원 및 녹지를 무단으로 점거한 경우가 많다. 재개발사업이 추진되는 과정에서 자연공원과 근린공원 등의 녹지공간이 훼손되는 경우가 자주 발생한다.

(2) 도시기반시설 과부하로 인한 생활불편

① 집단적 고밀도 개발로 인한 공공시설 부족

주택재개발 대상지역은 도로, 학교 등의 공공시설이 일반주택지에 비하여 부족한 경우가 많다. 이러한 지역에 세대수의 대폭적인 증가가 수반되는 고층·고밀도 개발이 이루어져 공공시설 부족현상이 심화되고, 사업 후 지구 내 주민은 물론 주변지역 주민까지 피해를 보게 된다.

② 개별사업단위 허가로 인한 공공시설 부족

재개발사업에서의 공공시설 설치는 인·허가되는 계획세대수에 따라 시설의 면적과 종류가 달라진다. 사업지구 단위별로 공공시설이 설치되다 보니, 각각의 지구 차원에서는 큰 문제가 없으나 구역전체 차원에서 필요한 도로와 학교, 공원 등이 증가세대수만큼 추가 확보가 이루어지지 못해 지역주민들이 생활상 불편을 겪게 된다.

③ 분할시행으로 공공시설 부족

재개발사업의 원활한 추진을 위하여 재개발구역을 2개 이상의 지구로 분할하여 시행하는 것이 가능하다. 진입도로의 확보가 어려운 경우 편의상 2개의 지구로 분할하여 사업을 추진한 결과 사업후 자동차 교통량이 급격하게 증가하여 좁은 진입로로 인한 극심한 교통 정체를 겪게 되기도 한다.

(3) 연계성을 무시한 개발로 문제발생

① 주변지역과의 단절 및 부조화

주변지역과의 연계성을 고려하지 않고 사업이 추진된 결과 사업 후 도로망 및 보행동선이 주변지역과 단절되거나, 저층 주거지역에 고층아파트가 들어서서 스카이라인이 조화를 이루지 못하고 돌출되는 경우가 발생한다. 또한 인접주택지에 대하여 일조권과 조망권의 침해문제가 발생하기도 한다.

② 간선도로 교통환경 악화

지역차원에서의 교통계획이 수립되지 않은 가운데 재개발사업단위로 지구 내 진입로의 위치를 무분별하게 결정함으로써 간선도로의 교통흐름에 막대한 지장을 주는 경우가 발생한다.

(4) 주택공급 위주의 사업추진으로 주거환경 악화

① 초과밀 개발로 인한 주거환경 악화

주택재개발 대상지는 일반주택지에 비해 과밀하여 주거환경이 열악함에도 불구하고 일반분양을 위한 추가적 주택건립과 세입자용 임대주택 건립으로 초과밀 개발이 이루어진다. 그 결과, 일조권, 채광, 통풍의 확보가 어려워 주거환경을 악화시키게 된다.

② 건축법 완화적용으로 주거환경 악화

200만호 건설계획 당시 용적률, 건폐율, 인동간격 등의 기준이 완화되어 주택공급 측면에서는 가시적인 성과를 거두었지만, 주거환경이 악화되는 원인을 제공하였다. 수익성 위주의 합동재개발이 주를 이루는 주택재개발사업지구에서는 초고밀도 개발이 이루어져 오픈스페이스의 부족과 더불어 일조, 통풍, 조망권의 확보가 어려워져 주거환경이 악화되고, 이는 인접주택지까지 피해를 끼치게 한다.

4.2 사회 · 경제적 측면

(1) 수익성 위주의 재개발로 인한 부작용

① 특정계층의 개발이익 독점

재개발지구 내 주민들은 복잡한 사업을 추진할 능력이 부족하여 사업시행을 건설업자에게 맡기고 있다. 그 결과 개발이익만을 위한 사업추진으로 고밀도 개발과 대형평형 위주의 사업이 되고 있다. 이 과정에서 건설업자와 일반분양을 통하여 입주하게 되는 일부계층에게 개발이익이 돌아가게 되고, 교통혼잡, 전세 폭등, 일조권 침해 등의 도시문제는 주변 주민들이 감수하고 있다.

② 저소득층 주택난 심화

사업시행자는 소형아파트에 비해 평당 건축비는 싸고 분양가는 높은 중·대형아파트 건립을 선호한다. 그 결과 저소득층 원주민의 생활수준에 적합한 소형주택의 재고는 감소하고 이로 인하여 소형주택의 가격과 임대료가 상승하게 되면서 저소득층의 주거비 부담은 늘어나게 된다.

③ 원주민 퇴거

중·대형평형 위주의 아파트건립으로 저소득층 원주민은 과도한 건축비 추가부담과 유지관리비에 대한 부담으로 재정착을 포기하게 된다. 그 결과 저소득층 원주민의 생활권이었던 재개발지구는 원주민은 퇴거하고 일반 중산계층을 위한 주택지로 탈바꿈된다.

(2) 소득계층의 상승에 따른 부작용

① 자가용 급증으로 인한 교통환경 악화

주택재개발 대상지의 대부분은 저소득층 주민이 주로 거주하고 있어 자가용 보급률이 일반주택지보다 훨씬 낮고, 접근도로가 취약하며 주차장도 확보되지 않은 곳이 많다. 그러나 재개발사업이 완료되면 중산층 이상의 소득계층으로 바뀌어 자동차 보급률이 급격히 증가하게 된다.[5] 이처럼 교통량이 엄청나게 증가했음에도 불구하고 진입로 확장 등의 교통환경 개선은 이루어지지 않아 지구 내 교통혼잡은 물론 간선도로의 교통환경까지 악화되고 있다.

② 동시다발적 인구이동에 따른 지역사회 붕괴

주택재개발사업이 대규모 또는 일정한 범위 내에서 동시 다발적으로 실시되는 지역에서는 많은 지구 내 주민들이 일시에 인근 주택지 등으로 이동하게 되면서 사업기간 중에 상주인구의 급격한 감소가 일어난다. 이러한 급격한 인구감소는 기존 커뮤니티의 와해와 지역경제의 침체를 가져오게 한다.

4.3 제도 및 운용적 측면

(1) 용도지역제의 교란

① 특별법 적용으로 도시공간 질서 혼란

주택재개발사업은 정책사업이라는 미명하에 특별법의 적용을 받아 기존 용도지역제를 교란시키고 있다. 그 결과 주택재개발사업이 도시공간계획의 질서를 혼란시키고 도시의 건전한 발전을 저해하는 결과를 초래하기도 하였다.[6]

---

5) 서울 성동구 금호동 일대의 경우 재개발사업 후 가구수는 2.3배 늘어난 반면 자동차는 7.7배 늘어난 것으로 조사되고 있다(서울특별시, 1998, 「서울특별시 주택재개발 기본계획」, p.50).

② 일반주거지역에서의 주거환경 악화

과거 일반주거지역 내에서는 높이의 규제없이 용적률 400%까지 허용되어 건축면적이 큰 주택재개발사업에서 저층주택지 내에 고층아파트가 건립되어 인접 주택지의 주거환경을 악화시키기도 하였다. 현재 이러한 문제는 일반주거지역의 종세분화[7] 등의 조치로 해결의 실마리를 찾고 있다.

(2) 도시계획사업 및 상위계획과의 연계성 부족

① 도시계획사업 및 민간개발사업과의 상충

주택재개발사업과 관련성이 있는 각종 도시계획사업이 사업지구내외에서 다양하게 실시되고 있지만, 관련부서와 사전에 긴밀한 협조가 이루어지지 않은 채 개별사업으로 실시되어 정비효과가 저하되고 있다. 특히 재개발사업과 관련이 높은 도시계획도로의 개설과 확장사업 등에 있어서도 정비의 방향이 서로 상충되는 경우가 발생하게 된다.

② 상위계획과의 연계성 부족

주택재개발사업은 사업지구 내 주거환경을 개선하고 민간에 의존하여 주택공급을 하기 위한 사업으로 취급되어 국지적으로 보면 주거환경이 개선되나, 도시차원에서 보면 과도한 개발로 인한 문제를 양산시키는 등의 부작용이 크다. 도시차원의 문제해결과 지역발전에 공헌하기 위해서는 상위계획과의 연계가 이루어져야 하나 그렇

6) 서울 성북구 아리랑길에 면한 풍치지구에서 상단부에 입지한 불량주택지에 15층 이상의 고층아파트 건립이 허용되어 하단부에 위치한 풍치지구의 지정취지를 퇴색시켰다(서울특별시, 1998, 「서울특별시 주택재개발기본계획」, p.52).

7) 서울의 경우 2003년 후반기부터 일반주거지역을 세분화하여 제1종 일반주거지역은 용적률 150%, 4층 이하의 저층주택, 제2종은 용적률 200%, 7층이나 12층 이하의 중층주택, 제3종은 층수 제한없이 용적률 250% 이하의 중고층주택의 건설이 가능하도록 하였다.

지 못한 것이 현실이다.

(3) 불합리한 구역설정

① 비효율적 토지이용 초래

주택재개발 사업지구의 범위를 설정하는 데 있어 주민동의에 의존한 결과 사업지구의 형태가 선형이거나 부정형인 경우가 많아 효율적인 토지이용이 어렵게 된다. 또한 구역설정시 조합원의 지분배분을 고려하여 대로변에 면한 필지의 대부분은 비싼 지가 때문에 제외되는 경우도 발생한다. 이 역시 토지의 효율적인 이용을 저해하게 된다.

② 양호한 주택지 포함

구역설정시 법적인 주민동의 요건에 의존하는 결과 개발이익의 극대화와 조합원의 재개발 지분을 늘리기 위해 대상지에 인접한 양호한 주택지까지 포함시키는 사례도 발생하고 있다.

5. 주택재개발사업의 발전방향

5.1 새로운 개발방식의 도입 필요성

정부는 1983년 지지부진하던 재개발사업을 활성화하기 위하여 개발재정 문제를 자체적으로 해결하였다고 평가받는 합동개발방식을 도입하게 되었고, 이 방식은 그 후 주택재개발사업의 대표적 사업방식으로서 자리잡게 되었다. 그러나 합동개발방식에 의한 주택재개발사업은 민간주도로 행하여지고 경제적 수익성이 중요시됨으로써 도시기능의 회복이나 저소득층 주거안정이라는 중요한 요소가 희생되는 결과를 초래하였다. 수익성 위주의 재개발사업에서 발생하고 있는 물리적, 사회·경제적 문제를 해결하기 위해서는 새로운 방식을 검토할 필요가 있다.

주택재개발사업의 전 과정에서 지역사회의 적극적 참여가 이루어지는 자조적 재개발방식이 장래의 주택재개발 사업방식으로 제시될 수 있다. 이 방식은 주민, 지역사회 비영리단체, 관할 행정기관 등 지역사회의 구성원들이 주택재개발을 주도적으로 추진하는 것이다. 따라서 주민들의 욕구를 사업에 가장 잘 반영할 수 있을 뿐 아니라 주민들이 근린지역사회의 개발에 공동으로 참여하는 과정에서 상호 협력과 협조가 이루어져 공동체 의식을 고양하는 데 효과적이다. 또한 지역사회의 물리적, 경제적, 사회적 환경을 개선하는 데 있어서 효율적이어서 합동개발방식에 의한 문제점을 완화시킬 수 있다. 지역사회가 적극적으로 참여하는 주택재개발사업에서는 지역주민이나 지역사회의 비영리단체들이 스스로 주택을 개량, 개축하고 관할 행정기관이 행·재정적으로 사업을 지원하는 등 지역사회의 구성원 전체가 협력하여 주택재개발사업을 추진하므로 이 방식을 지역사회에 기반을 둔 재개발사업[8](community-based urban renewal)이라고 부른다.

5.2 지역사회에 기반을 둔 재개발사업

(1) 개념 및 특징

지역사회의 환경은 고정적인 것이 아니라 생성기와 성숙기를 거쳐 결국 쇠퇴하는 과정을 밟게 되고 이 변화 과정에서 근린공동체는 도시재생이나 재개발을 추진하는 주체가 된다.[9] 지역사회에 기반을 둔 재개발사업은 미국에서 근린재생을 위하여 활발히 사용되고 있는 지역사회

8) 김호철, 1999, "지역사회 참여를 통한 주택재개발사업 개선에 관한 연구", 「지역사회개발연구」 제24집 1호, 한국지역사회개발학회.

9) Goering, J.M., 1979, "National Neighborhood Movement: A Preliminary Analysis and Critique", *Journal of the American Planning Association*, 45(4), pp.506-514.

에 기반을 둔 주택(community-based housing)정책과 같은 뿌리를 두고 있다. 지역사회에 기반을 둔 주택정책은 저소득층이 밀집되어 있는 대도시의 내부시가지(inner area)에 있어서 지역사회의 의지와 행동에 의하여 주택을 공급하는 방식이다. 이 주택정책은 지역사회의 구성원들이 주택생산, 개량, 관리를 위하여 함께 협력하는 것이다. 이 정책의 특징적 형태는 건설된 주택의 소유권과 관리가 지역사회에 살고 있는 개인들의 손에 달려 있다는 것이다.[10] 이 방식은 주택공급뿐 아니라 사회서비스 강화, 고용창출, 경제활성화 등의 활동을 통하여 지역사회의 물리적, 사회적, 경제적 환경을 개선하고자 하는 목표를 가지고 있다.

지역사회에 기반을 둔 재개발사업은 지역사회의 자조적(self-help) 노력으로 이해될 수 있다. 자조적 주택공급의 긍정적 효과는 크게 3가지로 정리될 수 있다.[11] 첫째, 지역주민의 자발적 노동참여는 주택공급의 저비용화를 이루게 한다. 둘째, 지역주민 자신들이 주택공급에 관련되어 있어서 양질의 주택공급과 적절한 주택관리에 강한 동기와 관심을 갖게 되므로 결국 주택의 물리적 상태, 관리수준 등에 있어서 질적인 향상이 이루어질 수 있다. 셋째, 저소득층 거주자들이 주택건설에 직접 참여하는 과정에서 건설 및 관리기능의 습득, 노동능력의 향상이 이루어져 저소득층의 생활을 강화시키는 역할을 한다. 따라서 지역사회의 자조적 노력에 의한 재개발사업은 많은 비용이 소요되고, 부실공사가 이루어지기도 하며, 물리적 개선만이 이루어지고 사회·경제적 문제는 무시되고 있는 현재의 우리나라 주택재개발사업에 긍정적인 영향을 미칠 수 있다고 판단된다.

10) Bratt, R.G., 1989, *Rebuilding a Low-Income Housing Policy,* Temple University Press.

11) 平山洋介,1993,「コミュニテイ・ベースト・ハウジング: 現代アメリカの近隣再生」, p.p.147-148, ドメス出版.

(2) 참여주체

지역사회개발은 지역사회 전체의 적극적 참여로 사회·경제적 조건을 개선하고자 하는 과정으로 설명된다. 지역사회 전체의 적극적 참여라는 관점에서 지역사회에 기반을 둔 재개발사업에서는 지역사회의 인적, 행정조직적, 재정적 자원이 충분히 활용되어야 한다. 지역주민, 지역사회단체, 행정공무원 등 지역사회의 인적 자원이 합심하여 재개발사업에 협력하여야 한다.

지역주민이나 지역사회단체들은 지역의 사정을 가장 잘 파악하고 있기 때문에 사업시행 과정에서 많은 조언이 가능하고, 추진되는 사업이 자신들과 직접 관련이 있으므로 자발적인 참여가 이루어진다. 관할 행정기관은 토지활용, 조세, 용도지역 지정 등에 관한 권한이 있기 때문에 재개발사업을 행·재정적으로 지원하기 쉬운 위치에 있다. 이러한 점에서 지역사회 구성원들의 역할분담은 지역주민 스스로가 주택을 개량 또는 건설하고, 지역사회의 자발적인 비영리단체들(non-profit community organizations)은 지역주민의 활동을 기술적으로 지원하고 주택의 건설에도 직접 참여하며, 해당 관청은 지역주민이나 지역사회단체의 자발적 노력을 행정적, 재정적으로 지원하는 형태로 나타난다. 이들 지역사회 구성원들이 각자의 역할을 훌륭히 수행하여야만 지역사회에 기반을 둔 재개발사업은 성공을 거둘 수 있다.

특히, 지역사회의 비영리단체들의 역할은 지역사회 재생에 필수 불가결한 요소로 작용한다. 주택재개발사업은 단순히 불량주택의 물리적 개선을 이루는 것이 아니라 지역사회의 사회·경제적 문제를 다루어야 한다. 따라서 지역사회의 각종 문제와 주민들의 의견 등을 자세히 파악할 수 있는 사업주체가 필요하다. 지역사회의 문제를 충분히 이해하고 지역주민과 밀접한 관련이 있는 비영리단체들은 주택재개발의 사업주체로서 적합하다고 판단된다. 비영리단체는 비영리를 목적으로 구성되어 있어서 공공적 성격이 강하고, 민간이 주체가 되어 운영되므로 민간부문의 성격을 가지고 있다. 이러한 특성 때문에 사회적 이익을 추구하면서 유연하고 창의적인 발상으로 주택재개발사업을 추진할 수 있다.

이들 단체는 지역주민과 행정기관의 연결고리가 되어 양자의 의견을 수렴, 전달하는 역할을 할 뿐 아니라, 정부의 행·재정적 지원을 받아 지역사회의 발전을 위하여 재개발사업을 직접 추진하는 등 주도적 역할을 한다. 재개발사업에 참여하는 기회가 늘어나면서 기술적, 경영적 능력이 축적되어 사업시행에 대하여 상당한 전문성을 가지기도 한다. 또한, 정책결정자의 의사결정에 영향을 미칠 수 있는 정치적 응집력을 발휘하여 사업추진 과정에서 발생되는 어려움을 정책적 지원으로 해결하기도 한다.

미국에서는 이들 단체들이 쇠퇴지역의 저소득층 주택공급에 커다란 공헌을 하여 왔고, 저소득층 주택공급의 주요한 주체로 평가받고 있다. 특히, 지역사회개발단체(Community Development Corporation)는 주택공급 뿐 아니라 쇠퇴지역의 경제활성화 등 다양한 도시재개발사업에서 적극적 활동을 펼치고 있다. 이들은 수익성을 중시하는 민간기업이 관심을 기울이지 않는 특정한 지역, 즉 대도시 내에 위치하는 쇠퇴지역의 재생에 적합한 단체로 인식되고 있다.[12] 쇠퇴지역이나 불량주거지역의 재생에 주도적인 역할을 하고 있는 비영리단체들이 주택재개발사업에 활발히 참여하지 않고는 지역사회에 기반을 둔 재개발사업이 제대로 운용되기는 어려울 것이다.

(3) 예상되는 사업형태

지역사회에 기반을 둔 재개발의 사업형태를 예상하여 보면 지역전체를 철거하고 주택을 건설하는 방식보다는 비교적 양호한 건물은 존치시키고, 노후불량의 정도가 심한 주택은 개축 또는 개량시키는 지구수복형 재개발이 주류를 이룰 것이다. 그러나 도로개설, 노폭확충, 선형변경 등이 불가피할 경우나 공원 및 주차장의 설치가 필요할 경우 부분적 철거가 이루어질 수도 있다. 재개발사업 후 나타나는 주택의 형태는 단독주택의 건설이나 개량 또는 소규모 영세필지를 몇 세대가 합하여 공동으로 개발하는 저밀도의 개발방식이 될 것이다. 따라서, 현재

12) Blakely, E.J., 1990, *Planning Local Economic Development* SAGE.

주택재개발의 전형적 형태인 고층아파트의 건설은 특별한 경우가 아니고는 나타나기 어려울 것이다.

지역사회에 기반을 둔 재개발사업에서는 지역의 주민이나 비영리단체가 거주자를 대상으로 사업을 추진하게 되므로 사업 후 재개발구역의 세대수 증가는 일어나지 않을 것이다. 주택재개발에서 건립가구수의 대폭적 증가는 고층아파트 건설이라는 고밀도 개발의 결과이므로 저밀도 개발이 주를 이루게 되는 이런 방식의 재개발사업에서는 고층·고밀도 개발로 야기되는 각종 문제가 완화될 것이다. 또한 이 사업방식에서는 원주민의 재정착율이 높아질 수 있다. 이 방식에서는 재개발구역에 거주하는 주민이 직접 살집을 개량, 개축하거나 저소득층 거주자를 대신하여 비영리단체가 주택을 공급하므로 재개발사업으로 인하여 거주지에서 퇴거당하는 주민의 수는 거의 없을 것으로 판단된다.

5.3 성공적 시행을 위한 정책적 대응방안

(1) 예상되는 문제점

지역사회에 기반을 둔 재개발사업은 우리나라에서 생소한 것이 아니다. 우리나라에서 주택재개발사업 시행 초기에 시도된 적이 있는 자력재개발방식과 현재 시행중인 주거환경개선사업의 현지개량 방식은 공공기관 지원과 주민의 자조적 개발이라는 점에서 지역사회에 기반을 둔 재개발사업과 그 개념이 유사한 것이다. 우리나라에서 지역사회에 기반을 둔 재개발사업이 이루어질 경우 예상되는 문제점을 살펴보기 위해서는 주민자조적 재개발인 자력재개발방식이나 주거환경개선사업의 현지개량 방식과 관련지어 검토할 필요가 있다.

과거의 경험으로 미루어 볼 때 주민자조적 재개발방식의 성공여부는 어떻게 개발재정을 확보하는가에 달려 있다. 우리나라에서 시행되었던 주민자력재개발의 경우 법적인 사업시행자는 지방자치단체이지만, 실제적으로는 주민이 대부분의 비용을 마련하여야만 하였다. 주택개량 및 개축, 국·공유지 매입, 세입자 전세금 반환 등에 소요되는 비용의 일부는 개량자금융자를 통하여 조달될 수 있으나, 장기저리의 융자조건도 아니었고, 융자로 조달되지 못하는 나머지 비용은 스스로 조달하여야 하므로 저소득층 주민의 재정능력으로는 사업을 감당하기 어려웠다. 시의 경우에 있어서도 공공시설 정비비용을 마련하는 데 어려움을 겪었다. 그 결과 사업이 제대로 추진되지 못하고 중단되는 상황을 초래하였다. 이러한 사실은 저소득층 주민 스스로의 주택건립 비용 마련과 시의 공공시설 설치비용 확보가 충족되지 않고서는 주민자조적 재개발사업이 제대로 추진되지 못한다는 것을 보여주는 것이다.

한편, 주민자력재개발사업은 재정문제로 인하여 소기의 성과를 거두지 못하고 오히려 구역지정 후 행위제한으로 인하여 민원만 발생하여 사업이 장기화되었다는 지적도 있다. 주택재개발사업에서의 사업장기화는 사유재산권 제한, 주민의 생활불편 가중, 주거시설 확보 지연, 재고주택의 노후화, 도시환경 악화 등의 문제점을 야기시켰다. 자조적 재개발에서의 사업장기화는 실질적으로 개발재정 확보라는 현실적 벽을 넘지 못한 결과이다.[13] 따라서 지역사회에 기반을 둔 재개발사업이 충분한 재정확보가 이루어져 재정적 지원이 제대로 이루어진다면 전면철거 방식보다 건설기간이 짧을 수 있고, 대규모의 이주가 일어나지 않아 사업기간을 단축시킬 수도 있다.

자조적 재개발에서 예상되는 다른 문제점으로는 주거환경 개선 정도가 미흡하다는 것이다. 현재 주거환경개선사업의 현지개량 방식은 관련법의 완화 적용으로 불량주택을 합법화하거나 개선효과가 확실하지 않아 재불량화의 위험이 있다는 비판을 받는다. 불량주거지에 대한 주택기준의 완화는 미국에서도 이루어지고 있는 것으로 주택개량시 노후·불량주택의 법적 기준을 일반주택과 다르게 적용함으로써 저소득층 거주자의 경제적 부담을 경감하려는 조치이다. 이 제도의 근본취지는 불량주택을 그대로 존치시키는 것이 아니라, 위생적이고 안전한 주택의 최소 기준을 유지시키고자 하는 것이다. 따라서, 자력으로 주택

13) 김호철, 1997, “주택개량재개발 사업에서의 사업소요기간에 영향을 미치는 요인분석”. 「도시행정학보」 제30집, pp.45-62, 한국도시행정학회.

개량이 힘든 저소득층 주민이 일정한 수준 이상의 주거환경을 갖출 수 있도록 충분한 재정적 보조를 제공하는 한편, 이에 상응하는 규제를 함으로써 재불량화를 초래하는 일은 반드시 방지하여야 한다.

지역사회에 기반을 둔 재개발사업에서는 그 동안 재개발사업 추진과정에서 심각하게 나타났던 세입자문제가 발생될 수 있다. 재개발사업에 있어서 세입자에 대한 배려는 1986년 11월 주거대책비 지급으로부터 시작되었기 때문에 자력개발방식으로 주로 사업이 추진되던 시기에는 세입자들에 대한 대책이 없었고, 현재 추진 중인 주거환경개선사업의 현지개량 방식의 경우 세입자문제는 가옥주와 임대차계약 또는 상호협의에 의해 자율적으로 처리하도록 하고 있다. 가옥주와 세입자간의 자율적 해결은 양자 간의 첨예한 이해관계로 인하여 심각한 갈등을 야기시킬 수 있고, 이는 사업추진의 걸림돌로 발전될 수 있다. 이러한 상황에 대비하여 지역사회에 기반을 둔 재개발사업에서도 적절한 세입자 대책의 마련이 필요하다.

지역사회에 기반을 둔 재개발사업에서의 세입자 대책은 현재 사용되고 있는 세입자용 임대주택 건설에 주택임대료 보조제도(rent supple-ment program)를 추가시키는 방안이 검토될 수 있다. 서울시의 경우 1989년 재개발사업에서의 최대문제로 인식되어 온 세입자 문제의 보완대책으로서 기존의 3개월분 주거대책비에 세입자용 임대주택 입주권을 추가하여 세입자로 하여금 양자 중 하나를 선택하도록 하였다. 세입자용 임대주택은 사업시행자에게 소규모의 세입자용 임대주택을 건설토록 한 후 시가 이를 매입하여 세입자에게 임대하는 방식과 국·공유지에 시가 직접 임대주택을 건설하는 방식으로 제공되거나, 도시개발공사나 주택공사가 건립하는 공공임대주택에 우선적인 입주권을 주는 방식으로 이루어진다. 그러나 저소득층 세입자들의 경제적 여건은 임대아파트 관리비도 부담하기 힘든 경우가 많기 때문에 그 곳에서의 정착을 포기한다는 비판이 제기되고 있다.[14] 이러한 비판을 수용하여 저소득층 주거안정 대책의 일환으로서 재개발사업지구의 세입자가 사업 후

14) 서울시정개발연구원, 1996, 「서울시 주택개량재개발 연혁 연구」.

추가로 부담하여야 하는 임대료에 대해서 정부가 일정부분 이상을 보조해 주는 제도를 추가적으로 도입하는 것을 검토할 필요가 있다.

(2) 정책과제

지역사회에 기반을 둔 재개발사업 시행시 예상되는 사업장기화, 재불량화, 세입자 문제 등은 충분한 재정을 확보하지 않고는 해결하기 힘든 것들이다. 따라서 지역사회에 기반을 둔 재개발사업의 원활한 시행을 위해서는 재원확보 방안을 마련하여 재원조달이라는 현실적 문제를 우선적으로 해결하여야 한다. 그러나 현재 재개발사업에 관련된 재원은 절대적으로 부족한 실정이며, 재개발사업에 대한 공공의 비용부담도 규정은 있으나 제대로 시행되지 못하고 있다. 재개발사업의 주요 재원인 재개발사업기금은 '1973년 '주택개량에 관한 임시조치법'에 의하여 지방자치단체에게 무상양여된 국·공유지 매각대금의 일정비율과 매년 징수되는 도시계획세의 10%가 대부분을 차지하고 있다. 국·공유지는 단기간 내에 현금화하기가 힘들며, 구역지정 해제시 국가에 반환된다. 또한, 도시계획세 징수총액의 10%로 적립되는 재원으로는 주택재개발사업에 대한 충분한 재정지원이 어렵다.

재개발사업기금에 의존하는 기존의 재원조달 방식으로는 현재 법에서 규정하고 있는 기초조사비, 공공시설 설치비, 행정지원비, 세입자용 임대주택 매입비 등에 대한 재정지원도 힘든 상황이며, 현재의 방식보다 훨씬 많은 공공기관의 재정적 지원이 필요한 지역사회에 기반을 둔 재개발사업을 추진하기 위해서는 막대한 재원을 확보하여야 한다. 여기에다 최근 서울 등 대도시 지역에서 택지고갈로 인하여 주택신규공급의 대부분을 차지하고 있는 주택재개발사업의 수요증가까지 고려하면 추가적인 재원조성 방안의 마련은 절대절명의 과제라고 생각되어진다.

우선적으로 생각되는 안정적 재원확보의 방안으로는 정부의 일반예산에 재개발사업 지원비를 포함시키는 것이다. 일본의 경우 재개발사업의 재정적 보조를 정부의 일반예산에서 책정하고 있고, 자조적 재개발이 성공적으로 수행되고 있는 미국의 경우도 연방정부나 주정부가 예산을 확보하여 민간금융시장으로부터 대출을 받기 어려운 저소득층 주민에게 연 이율 3%로 자금을 제공하는 등 직·간접으로 재개발사업을 지원하고 있다. 외국의 사례로 미루어 볼 때, 현재 각종 문제를 야기시키고 있으며, 향후 그 수요가 더욱 증가할 것으로 예상되는 주택재개발사업의 재정지원을 위하여 예산을 책정하는 방안이 심각하게 검토되어야 할 것이다.

중앙정부 차원에서의 재원조성 방안과 별도로 지방자치단체에서 활용할 수 있는 재원조달 방안으로는 세수 증가분을 이용한 재원조성(tax increment financing)을 생각할 수 있다. 이는 도시재개발사업과 관련있는 저소득층 주택건설이나 도시정비사업을 수행하기 위하여 시정부 차원에서 사용하는 재원확보 방법으로서, 재개발사업 인가시 해당 구역에 부과된 재산세를 파악하여 사업 후 매년 증가되는 부분만을 일정기간 동안 별도로 징수하여 향후 재개발사업에 소요되는 비용으로 사용하는 것이다.[15)]

지역사회에 기반을 둔 재개발사업을 성공적으로 시행하기 위해서는 우선적으로 충분한 재정이 확보되어야 하나, 운용적인 측면에서는 주민조직, 사회단체 등 지역사회의 자발적인 비영리단체들의 적극적인 참여가 반드시 필요하다. 현행 재개발사업에서는 건물 및 토지소유자가 설립하는 재개발조합이 사업시행자가 되므로 외형상으로는 주민조직의 적극적 참여가 이루어지는 것으로 보인다. 그러나, 조합의 임원은 구역 내 대규모 토지 소유자, 건설업자, 부동산 중개사, 법무사 등을 겸하는 경우가 많아 저소득층들의 생활실정을 제대로 고려하지 못하고 있으며, 각종 비리로 잡음을 일으키고 있다. 이러한 상황에서 저소득층의 주거안정과 지역사회의 바람직한 주거환경 개선을 목적으로 하는 건전한 주민단체의 적극적 참여가 요구된다.

지역사회는 본질적으로 주민집단이나 이들에 의하여 구성되는 주

15) Bloch, S.E., 1988, *Tax Increment Financing: A Tool for Community Development*. Washington, DC: Neighborhood Reinvestment Corporation.

민조직에 의하여 형성되기 때문에 지역사회의 건전한 발전을 목적으로 하는 주민조직의 역할은 매우 중요하다.[16] 주택재개발사업에서 주민조직의 역할을 강화시키기 위해서는 지역사회 발전에 공헌하려는 자발적 참여만을 기대할 것이 아니라 이들의 적극적 참여를 유도할 수 있는 정책적 배려가 필요하다. 미국의 경우, 지역사회의 발전을 추구하는 비영리단체들이 도시재생에 자발적으로 참여하여 주도적 역할을 수행하고 있다. 많은 비영리단체들이 지역사회의 발전을 위하여 공헌하고 있는 것은 국가나 지방정부의 노력없이 이루어진 것이 아니라, 정부 차원에서 주민조직을 육성하기 위하여 지역사회활동프로그램(community action program)이나 지역사회개발보조금(community development block grant)과 같은 지원프로그램을 마련한 결과이다.[17]

최근 우리나라에서도 비영리단체들의 정치, 경제, 사회분야에서의 참여가 증가하고 있는 추세이나, 재개발사업처럼 지역사회의 안정과 발전에 관련있는 분야에 직접 참여하는 경우는 드문 상황이다. 지역사회의 안정적 발전을 위하여 지역사회의 비영리단체가 주택재개발사업에 관심을 가지고 참여하기를 원하더라도 이들이 주도적으로 사업을 추진할 수 있는 현실적 여건이 갖추어져 있지 않다. 따라서 재개발사업에 있어서 비영리단체의 자발적인 참여를 유도하기 위해서는 중앙정부나 지방자치단체가 건전한 주민조직이 육성될 수 있도록 적극적인 지원책을 강구하여야 하며, 이들이 재개발사업에 실질적으로 참여할 수 있도록 관련제도를 정비하여야 할 것이다.

---

16) 전경구, 1998, "주민참여형 근린개발과 도시근린공동체", 「지역사회개발연구」 제23집 2호, pp.103-128, 한국지역사회개발학회.

17) Clavel, P., J. Pitt, and J. Yin, 1997, "The Community Option in Urban Policy", *Urban Affairs Review,* 32(4): 435-458.

4

주택재건축사업

■ 1. 주택재건축사업의 개요

■ 2. 주택재건축사업 제도변천

■ 3. 주택재건축사업의 추진현황

■ 4. 주택재건축사업의 문제점

■ 5. 향후 정책방향

제 4 장에서는

교통문제, 주택가격 폭등, 환경오염 등의 부정적 파급효과로 많은 비판을 받고 있으며, 최근 부동산가격 급등으로 사회적 관심이 집중되고 있는 주택재건축사업을 대상으로 정의와 사업절차 등 제도를 중심으로 살펴보며, 제도적 변천과정을 구체적으로 설명한다. 주택재건축사업의 현황에 대해서는 시기별, 지역별 추진상황에서 나타나는 특징을 파악한다. 주택재건축사업의 문제점에 대해서는 조기노후화, 고밀도 개발로 인한 공공시설 부족, 환경오염 및 부동산가격 상승 등의 부정적 측면을 중심으로 분석한다. 향후 발전방향에 대해서는 앞으로의 주택재건축사업의 주요 대상이 될 고밀도 고층아파트의 재건축대책 필요성, 예상되는 사업형태, 정책방향 등을 검토한다.

1. 주택재건축사업의 개요

1.1 정의

주택재건축사업은 노후·불량한 주택을 철거하고 그 대지 위에 주택을 건설하기 위하여 기존 주택의 소유자가 조합을 결성하여 주택을 건설하는 사업이다. 노후·불량한 주택을 유지관리 또는 수선하여 사용할 경우 수선복구비나 관리비용이 철거한 후 신축하는 것보다 더 소요될 경우 재건축이 이루어지게 된다. 주택재건축은 노후화된 연립주택이나 아파트를 재건축하여 주거환경 개선을 목적으로 하는 동시에, 주택공급을 목적으로 한다. 특히, 대도시 내의 택지고갈로 주택공급이 어려워지자, 주택재건축은 새로운 주택공급수단으로 각광을 받기 시작하였다.

'도시 및 주거환경정비법'이 제정되기 전의 주택재건축사업은 주택소유자가 자율적으로 조합을 결성하여 시공권이 있는 건설업자와 공동사업주체가 되어 주택을 건설하는 순수 민간개발사업이었다. 그 과정에서 전면철거 방식의 고밀도 개발이 이루어져 교통문제, 주택가격 폭등, 환경오염 등의 부정적 파급효과로 많은 비판을 받았다.

주택재건축사업은 '도시 및 주거환경정비법'이 제정되면서 시의 정비기본계획에 따라 구역지정이 되면 주민조합이 주도하여 사업이 추진되는 도시계획사업으로 변모되어 공공성이 강화되고 있다. 2002년도부터의 부동산가격 급등에 주택재건축이 영향을 미친다는 주장이 제기되었고, 급기야는 주택재건축이 부동산투기의 온상으로 지목되면서 주택재건축에서의 공공성 문제는 주요 이슈로 떠오르고 있다.

부동산가격이 폭등하였던 2003년에는 주택재건축에 대한 강력한 규제조치[1]가 마련되는 등 주택재건축에 커다란 사회적 관심이 집중되

1) 2003년 재건축 규제제도
- 재건축 안전진단의 기준과 절차 강화: "재건축 판정을 위한 안전진단 기준"을 제정
- 재건축 후분양제: 투기과열지구 내 재건축아파트 일반분양분은 시공 후 공정이 80% 이상 돼야 분양가능

고 있는 상황이다. 주택재건축에 대한 규제조치로 최근 재건축시장이 급랭하여 침체국면에 있으나, 주택재건축사업은 주택이 지어지는 한 언젠가는 추진되어야 하는 필연적인 사업이다. 주택재고가 꾸준히 증가하고 있는 상황에서 앞으로 주택재건축사업은 지속될 것이고 이에 따라 주택재건축에서 공공성 증대는 더욱 강해질 것이다.

1.2 사업대상

주택재건축은 1960년대 말부터 대량으로 건설되기 시작한 노후 공동주택[2)]을 주요 대상으로 하고 있으나 특별한 경우 단독주택도 가능하다. 기존의 공동주택을 재건축하고자 하는 경우는 다음의 경우이다.

- 건축물의 일부가 멸실되어 붕괴 및 그 밖의 안전사고의 우려가 있는 지역
- 재해 등이 발생할 경우 위해의 우려가 있어 신속히 정비사업을 추진할 필요가 있는 지역
- 노후·불량건축물로서 기존 세대수 또는 주택재건축사업 후의 예정 세대수가 300세대 이상이거나 그 부지면적이 1만m^2 이상인 지역

· 재건축 허용연한 강화: 재건축연한이 준공 연도에따라 20~40년 이상으로 차등적용
· 재건축 아파트 중·소형 평형 의무건설 비율 확대: 300가구 이상을 지을 경우 평형별 비율을 18평 이하 20%, 18~25.7평 40%, 25.7평 초과 40%, 그리고 20~300가구는 25.7평 이하 60%, 25.7평 초과 40%.
· 조합원분양권 전매제한: 조합원지위 양도금지 조치는 재건축이 집중된 일부 지역을 중심으로 나타나는 투기과열 현상을 차단하기 위한 것으로 조합설립인가를 받은 단지와 사업승인이 난 단지에 적용. 2003년 7월부터 지역·직장 조합원의 지위양도 역시 금지되고 있음.
· 주택재개발, 재건축사업시 조합원의 광역교통시설 부담금 증가: 주택재개발 및 재건축사업시 조합원 분양분에 대하여 기존 소유건축 연면적만 기득권을 인정하고 증가한 분양면적에 대해서는 해당 광역교통시설부담금을 부과키로 함.

2) 공동주택은 아파트, 연립주택, 다세대주택으로 분류된다. 분류기준은 다음과 같다.
· 아 파 트 : 5층 이상의 주택
· 연립주택 : 동당 건축 연면적이 660m^2를 초과하는 4층 이하의 주택
· 다세대주택 : 동당 건축 연면적이 660m^2 이하인 4층 이하의 주택

기존의 단독주택지를 재건축하고자 하는 경우에는 기존의 단독주택이 300호 이상 또는 그 부지면적이 1만m^2 이상인 지역으로서 다음에 해당하는 지역이다.

- 당해 지역의 주변에 도로 등 정비기반시설이 충분히 갖추어져 있어 당해 지역을 개발하더라도 인근지역에 정비기반시설을 추가로 설치할 필요가 없을 것. 다만, 추가로 설치할 필요가 있는 정비기반시설을 정비사업시행자가 부담하는 경우는 그러하지 아니하다.
- 노후·불량건축물이 당해 지역 안에 있는 건축물수의 2/3 이상일 것
- 당해 지역 안의 도로율을 20% 이상 확보할 수 있을 것

다만, 당해 지역 안의 건축물의 상당수가 붕괴 및 그 밖의 안전사고의 우려가 있거나 재해 등으로 신속히 정비사업을 추진할 필요가 있는 지역은 위에 해당하지 아니하더라도 정비계획을 수립하여 주택재건축을 추진할 수 있다.

1.3 사업절차

주택재건축사업의 절차는 주택재개발사업과 원칙적으로 동일하나, 안전진단 등이 포함되고 단계별 내용에 있어서 차이가 있다. [그림 4-1]은 주택재건축사업의 전체적인 절차를 보여준다.

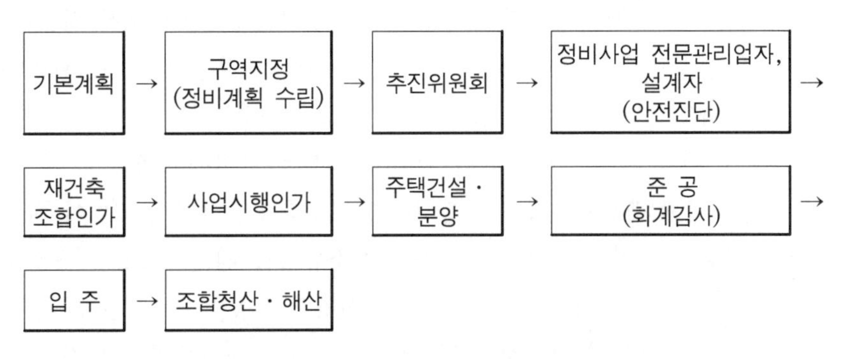

[그림 4-1] 주택재건축사업의 주요절차

주택재건축사업 시행에 있어 주요한 절차들을 살펴보면, 도시 및 주거환경정비 기본계획이 수립되고, 이에 따라 구역이 지정되면 토지 등 소유자 1/2 이상의 동의를 얻어 추진위원회가 구성된다. 재건축추진위원회는 재건축 결의를 추진하고, 재건축에 대한 결의가 이루어지면 주택이 노후 또는 부실함을 입증하는 절차인 안전진단 절차를 거쳐야 한다. 안전진단은 재건축 여부를 결정하는 핵심적인 추진단계이다. 재건축을 결의한 기존 노후·불량주택 등 소유자는 재건축을 하기 위하여 시장 등에게 안전진단을 신청하여야 한다. 시장 등은 현지조사와 건설안전 전문가의 의견청취 등을 거쳐 안전진단 실시여부를 결정하게 된다. 안전진단기관으로는 '시설물의 안전관리에 관한 특별법'의 규정에 의한 안전진단 전문기관 및 시설안전기술공단, 그리고 '건설기술관리법' 규정에 의한 한국건설기술연구원이 포함된다.

시장 등은 이들 기관에 의한 안전진단 결과와 도시계획 및 지역여건 등을 종합적으로 검토하여 재건축 허용여부를 결정하게 된다. 과거 안전진단의 기관선정과 진단결과에 대해 의문이 제기된 결과 '도시 및 주거환경정비법'이 제정되면서 기준과 절차가 개선되었다. 2003년도에는 예비안전진단의 명확한 기준이 없고 정밀안전진단의 설비성능이나 주거환경, 경제성 평가 등에 대한 기준도 허술하다는 지적에 따라 "재건축 판정을 위한 안전진단 기준"을 제정하게 되었다. 안전진단에 대해서는 종전에는 조합이 신청하면 기초자치단체장이 안전진단기관에 의뢰하는 것으로 되어 있었으나, '도시 및 주거환경정비법'에 의하면 필요한 경우 광역자치단체의 장이 사전평가를 할 수 있도록 하였다. 또한 안전진단의 결과도 재건축여부만이 아니라 일상적인 유지관리나 리모델링도 결정항목에 포함하였다. [그림 4-2]는 '도시 및 주거환경정비법' 제정 이후의 안전진단 절차의 개선을 보여주고 있다.

주택재건축사업이 추진되려면 재건축조합이 설립되어야 하므로 재건축 대상이 되는 노후·불량주택 소유자는 재건축조합을 구성하여 관할 시장 등에게 조합설립 인가를 신청하여야 한다. 재건축조합 설립인가를 신청하기 위해서는 공동주택의 경우 각 건물별 구분소유자 및 의

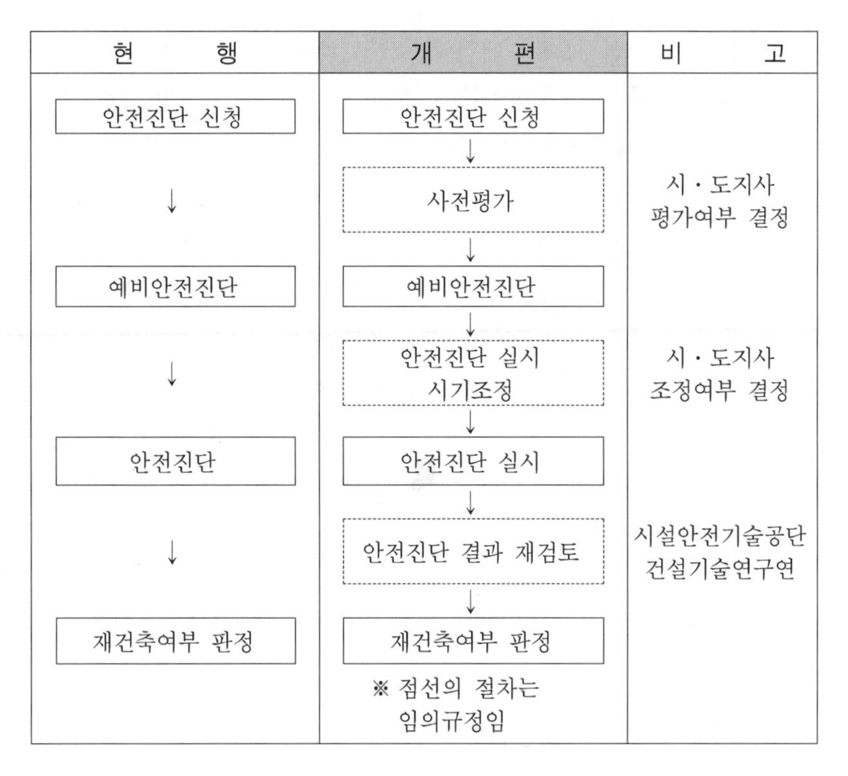

[그림 4-2] '도시 및 주거환경정비법' 제정 후 안전진단 절차 개선

결권의 각 2/3 이상, 전체 구분소유자 및 의결권의 각 4/5 이상의 동의가 있어야 한다. 재건축조합의 구성원 자격기준은 노후·불량주택(당해 주택에 부속되는 대지포함)의 소유자와 복리시설(당해 복리시설에 부속되는 대지포함)의 소유자이다.

재건축조합설립의 인가를 받은 후에는 사업시행 인가를 받아야 한다. 20세대(호) 이상의 주택건설은 사업시행 인가대상이 된다. 사업시행 인가를 받고자 하는 자는 사업계획을 작성하여 시장·군수의 인가를 받아야 한다.

주택건설·분양의 단계에는 거주자 이주 및 구조물 철거가 포함된다. 기존주택 철거는 사업계획승인 후 철거 예정일 7일 전까지 시장 등에게 신고하여야 한다. 주택건설은 사업계획승인의 내용, '주택건설기준 등에 관한 규정' 등에 의거하여 시행된다. 주택재건축에서 주택의 분양은 우선적으로 재건축 조합원에게 공급되고 남은 주택이 20세대 이상인 경우는 '주택공급에 관한 규칙'에 따라 일반에게 분양된다. 실제로는 일반 분양분이 많을수록 조합원의 부담은 적어지고 건설업자의 수익도 커지게 때문에 정해진 밀도하에서 최대한 많은 가구의 주택을 건설하려는 경향이 강하다.

사용검사(준공)는 사업계획 내용대로 적합하게 시공되었는지의 여부를 확인하는 작업이다. 사용검사권자는 시장 등이며, 사업이 완료된 경우에 시행된다. 사업계획승인을 받은 주택, 부대·복리시설 및 대지 등이 그 대상이 된다. 건축물의 경우 특히 필요하다고 인정하는 때에는 사업완료 이전에 완공부분에 대하여 동별 사용검사의 신청도 가능하다. 사용검사를 받아야만 '건축법' 관련규정에 의한 사용승인을 받은 것으로 간주되기 때문에 사용검사를 받은 후가 아니면 주택 등의 사용은 불가능하다. 사용검사가 완료된 후 조합원 등은 입주가 가능하다.

1.4 사업방법 및 사업시행자

주택재건축사업은 정비구역 안 또는 정비구역이 아닌 구역[3]에서 관리처분계획에 따라 공동주택 및 부대·복리시설을 건설하여 공급하는 방법에 의한다. 주택재건축사업의 시행자는 주택재개발사업과 동일하므로 여기에서는 생략하기로 한다.

---

3) 정비구역이 아닌 구역에서의 주택재건축사업의 대상은 '주택건설촉진법'에 의한 사업계획승인 또는 건축법에 의한 건축허가를 얻어 건설한 아파트 또는 연립주택 중 노후·불량건축물에 해당하는 것으로서 다음에 해당하는 것을 말한다.
① 기존 세대수가 20세대 이상인 것. 다만, 지형여건 및 주변 환경으로 보아 사업시행상 불가피한 경우에는 아파트 및 연립주택이 아닌 주택을 일부 포함할 수 있다.
② 기존 세대수가 20세대 미만으로서 20세대 이상으로 재건축하고자 하는 것. 이 경우 사업계획승인등에 포함되어 있지 아니하는 인접대지의 세대수를 포함하지 아니한다.

2. 주택재건축사업 제도변천

1960년대 이후 건설된 아파트의 노후화로 문제가 발생하자 주거기능의 저하와 사고의 위험이 내재되어 있는 관련 규정을 정비할 필요성이 대두되었다. 1984년 '집합건물법'의 제정과 1987년 '주택건설촉진법' 개정을 통해 재건축제도의 기초적 틀이 마련되었다. 1992년 '건축법' 개정으로 개발 용적률 한도가 400%까지 허용되면서 1990년대 중반 이후 투기적 수요에 의해 재건축시장의 과열양상이 나타나기 시작하였다. 주택재건축사업은 사업 효과면에서 도시계획에 의한 주택재개발사업과 거의 차이가 없다고 할 수 있으나, 순수 민간사업으로 용이하게 추진되는 제도적 이점이 있었다. 이로 인해 1997년 이후 무분별한 재건축사업의 난개발 문제와 투기적 수요 억제를 위한 규제강화 조치가 부분적으로 도입되었다. 그러나 1997년말 외환위기 이후 급격한 건설시장 침체기를 맞이하여 국민의 정부는 다양한 경기부양 조치들을 도입하였으며, 재건축제도와 관련해서도 역시 사업활성화를 위한 여러 조치들이 잇따르게 되었다.

빠른 속도로 경제가 회복되면서, 그 동안 규제완화 조치에 따른 난개발문제 등이 2000년부터 사회문제로 대두되었으며, 이에 민간사업으로 추진되는 재건축제도 전반의 개선 등도 함께 논의되었다. 마침내 2002년 12월 30일 '도시 및 주거환경정비법'의 제정을 통해 주택재건축사업도 도시계획사업체계로 편입하게 되었다. 재건축사업제도의 주요 변천과정[4)]을 살펴보면 다음과 같다.

■ 재건축결의
(1984. 4. 10 '**집합건물의 소유 및 관리에 관한 법률**' 제정)

단독주택과는 성격이 다른 집합건물(아파트, 연립주택 등)의 특성을 반영하여, 건물전체에 대한 재건축을 추진할 수 있는 법적 근거를

4) 건설교통부 · 대한주택공사, 2003, 「서민주거안정을 위한 주택백서」를 참조하였음.

마련하였다.

■ 사업의 법적 근거 신설(1987. 12. 4 '주택건설촉진법' 개정)

'주택건설촉진법'을 개정하여 재건축조합을 결성하여 사업을 추진할 수 있는 법적 근거를 신설하였다. 그 동안 주택조합은 도시재개발구역 내 무주택 주민과 동일직장 내의 무주택 근로자의 경우에 한하여 설립할 수 있었으나, 이후 기존의 노후·불량주택을 철거하여 그 대지 위에 새로운 주택을 건설하고자 하는 경우에도 주택조합을 설립할 수 있도록 하였다.

■ 재건축허용기준 및 조합원 자격 강화
(1993. 2. 20 '주택건설촉진법 시행령' 개정)

무분별한 재건축 추진을 방지하기 위해 노후·불량주택의 범위를 변경하여 원칙적으로 단독주택을 건축대상에서 제외하고, 공동주택 중 동당 연면적이 660m^{2}를 초과하는 주택을 재건축대상으로 하였다. 또한 주택건설사업계획승인을 얻은 후에는 조합원을 교체하거나 신규가입할 수 없고, 다만 조합원의 사망 및 해외이주 또는 2년 이상 해외거주를 하게 되는 경우에만 교체가 가능하도록 규정하였다.

■ 안전진단 규정강화(1994. 1. 7 '주택건설촉진법' 개정)

'주택건설촉진법 시행령'에 규정되어 있던 「안전진단에 관한 규정」을 '주택건설촉진법'으로 격상시키고, 안전진단의 대상·기준·실시기관·수수료 및 기타 필요한 사항을 '건설교통부령'으로 정하는 규정을 신설하였다.

■ 사업활성화를 위한 사업계획승인 및 조합설립기준 완화
(1994. 7. 30 '주택건설촉진법 시행령' 개정)

단독주택의 재건축도 가능하도록 하고, '주택건설촉진법' 제33조의

규정에 의한 주택건설 사업계획승인을 얻어 건설한 주택으로서 20세대 미만의 노후·불량주택도 재건축조합의 구성이 가능하도록 하였다. 사업계획승인 후에도 노후·불량주택의 소유자가 추가로 가입할 경우 신규조합원 가입이 가능하도록 하였으며, 재건축조합이 건설하는 주택은 주택의 규모별 공급비율 적용을 제외시키는 등의 사업활성화 조치가 있었다.

■ 사업자의 범위확대 및 투기방지 (1997. 12. 13 '주택건설촉진법' 개정)

재건축의 난개발 문제가 대두되면서, 재건축사업의 공공성 확보, 무분별한 재건축방지 방안 등을 마련하게 되었다. 주택조합에 대한 회계감사제 도입, 무분별한 재건축 방지를 위한 안전진단 절차의 강화 등이 그 결과이다. 1세대가 2주택 이상을 소유하거나 1주택을 2인 이상이 공유지분으로 소유한 경우에도 1주택만 공급하도록 규정하였으며, 대규모 재건축사업에 대한 지방자치단체장의 노력의무를 명시하였다.

■ 사업결의 요건의 완화(1999. 2. 8 '주택건설촉진법' 개정)

외환위기 이후 사업활성화를 위해 사전결정 절차 폐지 등 주택건설절차를 간소화하였고, 주택의 전매행위 제한규정을 삭제함으로써 주택전매행위를 허용하였다. 여러 동의 건물로 이루어진 집합건물의 경우 주택단지 안의 각 동별 구분소유자 및 의결권의 2/3 이상의 동의와 전체 구분소유자 및 의결권의 4/5 이상의 동의로 재건축을 할 수 있도록 재건축결의 요건을 완화하였다.

■ 조합구성 및 결의요건 완화 (1999. 12. 7 '주택건설촉진법 시행령' 개정)

조합원의 수가 20인 미만이더라도 노후·불량한 소규모 연립 및 다세대주택을 재건축하여 20세대 이상의 공동주택 건설이 가능한 경우에는 조합원이 10인 이상이면 주택조합을 구성할 수 있도록 허용하였다.

■ **사업추진 용이화(2000. 1. 28 '주택건설촉진법' 개정)**

아파트단지 내 소규모상가가 여러 동이 있는 경우 각 동별로 소유자의 2/3 이상이 동의가 있어야 노후 아파트단지의 재건축이 가능하였으나, 아파트단지 내에 있는 여러 개의 상가, 유치원 등 복리시설을 하나의 동으로 보도록 규정하여 노후 아파트의 재건축을 촉진하고 서민들의 불편을 해소하려 하였다.

■ **'도시 및 주거환경정비법' 제정에 따른 재건축사업 근거법 변경 (2002. 12. 30 '도시 및 주거환경정비법' 제정)**

'도시 및 주거환경정비법'의 제정을 통해 조합시행에 따른 재건축사업의 많은 문제점을 개선하는 등 주택재건축사업이 주택재개발사업 및 주거환경개선사업과 함께 도시계획적 사업으로 관리될 수 있도록 대대적인 제도개편이 이루어졌다.

3. 주택재건축사업의 추진현황

주택재건축사업의 전체적인 추진현황을 보면, 2002년 말까지 총 1,786개의 조합이 인가되었고, 이 중 720개 조합(40.3%)의 재건축이 완료되어 약 18만 천 호의 주택이 새롭게 공급되었다. 또한 563개 조합(31.5%)의 약 18만 호가 시행중에 있으며, 503개 조합(28.2%)의 약 21만 호가 조합인가만 받고 미착수 상태에 있다.

〈표 4-1〉의 연도별 추진현황을 살펴보면 주택재건축사업은 관련 제도의 변화에 민감하게 반응한다는 것을 알 수 있다. 주택재건축사업 시행초기에는 수도권 5개 신도시 건설 등 전반적으로 신규택지를 활용

〈표 4-1〉 연도별 주택재건축 추진현황(1989~2002. 12. 31)

지역	계			조 합 인 가			사업계획승인			준 공		
	조합	기존주택	공급주택	조합	기존주택	공급주택	조합	기존주택	공급주택	조합	기존주택	공급주택
계	1,786	321,662	571,320	503	130,204	208,361	563	108,627	181,888	720	82,831	181,071
1989	1	101	146	1	101	146						
1990	1	175	295	1	175	295						
1991	6	524	2,179	3	257	1,625	1	139	299	2	128	255
1992	13	2,342	4,445	4	394	768	2	575	1,257	7	1,373	2,420
1993	35	3,749	8,909	9	644	2,186	9	962	2,211	17	2,143	4,512
1994	30	5,522	13,561	9	858	2,904	2	1,221	2,641	19	3,443	8,016
1995	83	11,921	23,034	32	5,444	10,087	10	2,624	4,147	41	3,853	8,800
1996	102	13,977	30,239	32	5,913	13,640	19	4,642	8,936	51	3,422	7,663
1997	151	16,756	39,339	37	5,049	10,642	29	4,520	9,892	85	7,187	18,805
1998	150	26,695	54,373	31	10,654	16,547	17	4,314	8,522	102	11,727	29,304
1999	191	40,401	78,329	22	8,953	14,511	52	15,479	27,051	117	15,969	36,767
2000	329	52,805	94,586	94	16,192	27,309	160	25,271	44,423	75	11,342	22,854
2001	281	58,558	90,058	70	31,772	45,409	132	19,523	29,907	79	7,263	14,742
2002	413	88,136	131,827	158	43,798	62,292	130	29,357	42,602	125	14,981	26,933

자료: 건설교통부, 2003 주택업무편람

한 주택건설이 이루어지고, 재건축이 가능한 준공 후 20년 이상 경과된 노후 공동주택단지가 많지 않아 주택재건축사업이 활발히 추진되지 않았다. 이러한 추세가 지속되다가 1993년 큰 폭으로 증가하게 되는데, 이는 1993년 2월 20일 '주택건설촉진법 시행령'의 개정으로 노후·불량 주택의 범위를 변경하여 공동주택의 재건축 허용기준이 대폭 완화되었기 때문이다. 그 후 꾸준한 증가세를 보이다가 1999년의 '주택건설촉진법' 개정과 '주택건설촉진법 시행령' 개정으로 사전결정 절차를 폐지하여 주택건설 절차를 간소화하고, 조합원 구성기준을 하향 조절하는 등 기준 완화로 1999년도에 증가추세가 강해지다가 2000년도에는 재건축 추진이 급증하게 된다. 2000년 7월 1일 '도시계획법 시행령' 개정으로 일반주거지역 세분화[5]지정이 의무화되면서 주거지역의 용적률이 축소

〈표 4-2〉 지역별 주택재건축사업 실적(1989~2002. 12. 31)

지역	계			조합인가			사업계획승인			준 공		
	조합	기존주택	공급주택	조합	기존주택	공급주택	조합	기존주택	공급주택	조합	기존주택	공급주택
계	1,786	321,662	571,320	503	130,204	208,361	563	108,627	181,888	720	82,831	181,071
서울	1,282	169,129	303,433	299	56,898	86,060	400	55,172	91,962	583	57,059	125,411
부산	67	15,311	30,110	33	7,210	13,127	15	4,250	7,609	19	3,851	9,374
대구	41	12,950	20,357	12	1,969	3,069	11	6,632	9,217	18	4,349	8,071
인천	61	23,487	39,843	15	13,789	20,798	28	7,591	14,484	18	2,107	4,561
광주	3	1,652	2,454	2	432	913	1	1,220	1,541	–	–	–
대전	10	5,626	10,022	2	852	1,410	4	3,550	5,991	4	1,224	2,621
울산	11	5,883	12,611	3	1,029	1,724	6	3,482	6,179	2	1,372	4,708
경기	238	60,788	103,234	102	32,087	51,337	82	20,254	35,046	54	8,447	16,851
강원	17	3,455	10,092	10	2,576	7,325	2	116	394	5	763	2,373
충북	6	1,204	1,711	2	730	1,167	2	408	429	2	66	115
충남	6	2,115	4,180	3	1,313	2,532	–	–	–	3	802	1,648
전북	6	1,699	2,815	2	1,220	1,867	3	440	725	1	39	223
전남	7	4,028	5,915	2	1,250	2,097	5	2,778	3,818	–	–	–
경북	10	6,535	13,730	4	2,378	6,453	2	2,660	4,322	4	1,497	2,955
경남	21	7,800	10,813	12	6,471	8,482	2	74	171	7	1,255	2,160
제주	–	–	–	–	–	–	–	–	–	–	–	–

자료: 건설교통부, 2003 주택업무편람

됨으로써 2001년도에는 재건축추진이 감소세로 돌아서게 된다. 그러나 2003년 7월 재건축을 규제하는 내용이 다수 포함된 '도시 및 주거환경 정비법'의 본격적인 시행을 앞두고 2002년도에는 사상최대의 재건축 추진이 이루어지게 된다.

〈표 4-2〉의 지역별 주택재건축사업 실적을 보면 조합수 기준으로

5) 일반주거지역 세분화란 지역의 입지특성과 주택의 유형, 개발밀도를 반영하여 도시의 건전한 발전과 주거환경확보를 목표로 제1종, 제2종, 제3종 일반주거지역으로 세분·지정하는 것을 말한다.

71.8%가 서울에서 추진되어 주택재건축사업은 주택이 부족한 서울[6]에서 집중적으로 추진되고 있음을 알 수 있다. 서울 다음으로는 경기도가 238개 조합으로 13.3%, 부산 67개 조합 3.8%, 인천 61개 조합 3.4%, 대구 41개 조합 2.3%의 순으로, 대부분 수도권 및 대도시를 중심으로 추진되고 있다는 사실을 보여주고 있다. 대도시에서의 주택수요는 지속적으로 발생되고 있으나, 신규주택 건설을 위한 가용택지가 거의 고갈된 상태여서 이들 지역에서 주택재건축이 주택공급수단으로 활용되고 있기 때문에 이러한 결과가 나타나는 것이다. 수도권 및 대도시지역을 제외한 지역에서는 주택보급률이 높아 주택의 신규수요가 적기 때문에 입지성이 뛰어난 곳에서만 소수의 조합이 결성되어 사업이 추진되고 있다고 판단된다.

4. 주택재건축사업의 문제점

4.1 조기 노후화

주택재건축에서 건물의 물리적 수명이 남아 있음에도 불구하고 추진되는 조기 재건축은 국가재산과 자원의 낭비를 초래한다. 이러한 조기 재건축의 근본적 원인은 과거 주택재건축의 근거법이 되는 '주택건설촉진법'과 깊은 연관이 있다. 이 법 시행령에 의하면 재건축이 가능한 경우를 건물이 준공된 후 20년이 경과되어 건물의 가격에 비하여 과다한 수선유지비나 관리비용이 소요되는 주택, 건물이 준공된 후 20년이 경과되고 부근 토지의 이용상황 등에 비추어 주거환경이 불량한 경우로서 건물을 재건축하면 그에 소요되는 비용에 비하여 현저한 효용증대가 예상되는 주택 등으로 하고 있다. 다수의 연구자는 이 조항이

6) 서울의 경우 1980년부터 2000년 20년간 가구수가 125만 가구가 늘어난 반면, 공급된 주택은 99만 호에 지나지 않기 때문에 만성적인 초과주택수요 상태에 있어 일반분양을 통하여 사업비가 충당되어 온 재건축이 추진되기 쉽다.

조기 재건축을 촉진시켜 엄청난 국가적 손실을 초래한다고 지적하고 있다.

〈표 4-3〉의 서울에서 조합설립인가를 받은 재건축조합의 준공년도별 현황을 보면, 2002년을 기준으로 준공년도 1976~1980년 즉 경과년수가 22~26년 된 주택의 재건축 비율이 54.2%로 가장 높고, 전체적으로 경과년수 22년 이상이 되어 재건축을 추진하는 비율이 66.8%를 차지한다. 한편, 경과년수 17~21년 된 주택의 재건축 비율이 31.4%, 경과년수 12~16년이 1.9%로 경과년수 21년 이하이면서 재건축을 시도하는 사례가 33.3%에 이르고 있다. 이는 철근 콘크리트 건축물의 내용년수 50년에 턱없이 모자라는 기간에 재건축이 일어나고 있음을 보여주고 있다. 주택재건축에 따른 엄청난 경제적 손실로 서울 등의 지역에서는 재건축 허용 최저년수를 주택의 유형에 따라 40년까지로 늘리고 있다.

〈표 4-3〉 서울시 준공년도별 주택재건축 추진빈도

	1960 이전	1961~1970	1971~1975	1976~1980	1981~1985	1986~1990	합계
빈도	21	66	61	642	372	22	1,184
%	1.8	5.6	5.2	54.2	31.4	1.9	100

자료: 서울시 주택국 재건축정보센터

4.2 공공시설 부족

주택재건축으로 특정 지역에 세대수가 증가하게 됨으로써 도로, 공원, 학교 등 공공시설에 대한 수요도 함께 늘어나게 된다. 주택재건축이 가장 빈번하게 일어나는 연립주택단지의 경우 단지의 규모가 작기 때문에 공공시설을 설치할 수 있는 최소한의 여유를 가지지 못한다. 최근에 재건축된 단지 중에는 학교시설은 물론 어린이 놀이터나 녹지 등이 제대로 갖추어지지 못하고 단지 내의 빈 공간은 주차공간으로 사용되는 곳이 매우 많은 실정이다. 또한 세대수 증가에 따른 교통혼잡문제는 재건축단지에서 심각하게 발생한다. 고밀도로 개발된 단지 내 주민과 건설업자는 많은 개발이익을 얻지만, 주변지역의 도로확장이나 신설 등에 투자가 이루어지지 않기 때문에 기존도로의 용량을 훨씬 초과하는 교통량의 발생으로 교통혼잡이 가중되고 있다. 주택재건축은 주변지역의 공공시설까지 정비를 하는 사업이 아니므로 세대수 증가에 따라 공공시설의 과부하가 일어나며, 결국 주변지역의 주민들에게까지도 피해를 주고 있는 것이다.

4.3 환경오염

재건축 공사과정에서는 대량의 건축폐기물이 발생한다. 13평형의 5층 아파트 13동(약 800세대)에서 발생하는 콘크리트 폐기물량은 약 25,000－30,000m^{3}에 달한다고 한다.[7] 단순한 계산으로 하여도 13평 한 채의 아파트에서 약 35m^{3}의 폐기물이 발생한다는 것이다. 운반비용도 크지만, 운반이나 건물의 철거 및 건축폐기물 처리과정에서 발생하는 먼지 등에 의한 대기환경오염은 더욱 심각하다.

4.4 도시경관 훼손

과거 재건축사업이 수익성 위주의 민간개발사업이었기 때문에 개발이익을 극대화하기 위해서 획일적으로 고층아파트를 건설하였다. 그 결과, 저층 주거지의 경우 재건축으로 작은 단지에 한 두채의 고층아파트가 건설되어 주변과 조화를 이루지 못하고 도시경관을 훼손시키는 사례가 많다.

7) 대한주택공사, 1996, 「고층아파트 유지관리제도 개선방안 연구」.

4.5 부동산가격 상승

주택재건축사업은 부동산가격을 상승시켰다는 비판을 받고 있다. 10여평의 저층 노후아파트를 재건축하면 훨씬 큰 평수로 분양을 받는 경우가 있어, 투기성 자본이 몰려 서울 일부지역의 경우 평당 수천만의 거래가격[8]이 형성되기도 한다. 그 결과 주변지역의 주택가격도 동반 상승하여 전체적인 집값 급등을 주도하기도 한다. 2002, 2003년 서울 및 수도권에서 나타났던 부동산가격 급등의 진원지로 재건축사업이 지목되기도 하였다. 또한 재건축이 본격화되면 주변지역에 전세난이 발생한다. 특히, 규모가 큰 단지의 경우 전세수요가 급증하여 해당 지역뿐 아니라 인근 지역의 전세가격도 올리는 경우가 많다. 이러한 이유로, 2003년부터 소형평형건립 의무비율, 재건축 후분양제 등의 조치가 시행되고 있고 2004년 초부터는 광역교통시설부담금 부담까지 늘어나게 되었고, 재건축 차익을 환수하기 위한 개발이익 환수제도까지 곧 도입될 전망이어서 주택재건축은 높은 수익성을 보장하는 투자처에서 모든 주택관련 규제가 적용되는 종합 규제대상으로 변화하고 있다.

4.6 노후 고밀도아파트의 방치 가능성

고밀도 고층아파트의 경우, 용적률이 높아 기존의 용적률을 높여 사업성을 확보하는 기존의 사업방식으로는 재건축이 불가능하다. 특히, 입지성이 떨어지거나 거주자의 소득수준이 높지 않아 재건축 소요비용을 부담하기 어려운 지역은 재건축이 추진되지 못하고 장기간 방치될 경우 점점 슬럼화되어 심각한 도시문제로 발전될 수 있다. 아직 높은 용적률로 건설된 노후 고층아파트는 그 수가 적어 재건축 문제가 심각하게 인식되고 있지는 않으나, 시간이 경과할수록 노후화되는 건물의 수가 급격히 늘어날 것이므로 그 심각성은 매우 크다.

8) 서울 서초구 반포저밀도지구 내 16평형 아파트의 경우 5억7천만원 안팎에 시세가 형성되어 있다고 보도되었다(한국경제, 2004년 1월 28일자).

5. 향후 정책방향

5.1 고밀도아파트[9] 재건축 대책의 필요성

주택재건축사업은 대량의 신규주택 공급에 몰두했던 1970, 1980년대에는 큰 관심을 끌지 못하다가, 1987년 '주택건설촉진법' 개정을 통해 제도적 기반이 마련된 후 1990년대에 들어서면서 대도시 내의 주택공급수단으로 활성화되기 시작하였다. 1992년 '건축법' 개정으로 개발용적률 한도가 400%까지 허용되자, 투기적 수요에 의한 과열현상이 나타나기 시작하는 등 주택재건축사업이 활발하게 추진되면서 집값, 전세값 상승, 자원낭비 등 주택재건축사업의 피해가 사회문제로 대두되었다.

주택재건축이 시작되었던 시기부터 지금까지 주택재건축사업의 주요 대상은 연립주택이나 저층아파트였으나, 앞으로의 주요 대상은 고밀도의 고층아파트이다. 이들 고밀도아파트는 연립주택이나 저층아파트에 비해 가구수가 월등히 많아 사회적 파급효과가 크며, 고밀도로 개발되어 있어 수익성확보가 어렵다. 지금까지의 재건축사업은 저밀도단지를 대상으로 현재의 용적률을 증가시켜 개발이익을 확보하는 방법으로 사업을 추진하였다. 즉, 재건축 후 늘어난 세대수를 분양하여 건설비를 충당함으로써 주택소유자나 건설업체가 모두 경제적 이익을 향유할 수 있었다. 그러나 앞으로 주택재건축사업의 주요 대상이 되는 고밀도아파트의 경우는 이미 개발이익을 확보할 수 없는 용적률로 건설되었기 때문에 기존의 방법으로 재건축을 추진하기 어렵다.

고밀도로 지어진 아파트는 1980년대부터 본격적으로 공급되기 시

9) 일반적으로 고층아파트 단지의 경우 용적률이 높아지지만, 모든 고층아파트 단지를 고밀도로 볼 수는 없다. 고층아파트로 건설이 되어도 인동간격이나 공지확보율 등에 따라 용적률은 낮아질 수 있다. 고층아파트의 경우라도 용적률이 낮을 경우에는 용적률을 높여 사업성을 확보하는 방법으로 재건축이 가능하다. 즉, 노후아파트 재건축사업의 수익성은 층수에 의해서 보다는 용적률에 의하여 영향을 받는다. 따라서, 여기에서는 고층아파트라는 용어대신 고밀도아파트의 명칭을 사용한다.

작하여 현재 신규 아파트 공급물량의 높은 비율을 차지하고 있다. 이러한 추세가 계속된다면, 향후 고밀도아파트가 우리나라 전체 주택재고에서 차지하는 비중은 상당히 높아질 것은 자명한 일이다. 1980년대 아시안 게임이나 올림픽을 전후하여 건설된 많은 아파트와 200만호 건설계획의 일환으로 1990년을 전후하여 사업이 시작되어 단기간에 완료된 수도권 5개 신도시의 아파트가 노후화되는 시점에서는 엄청난 규모의 동시다발적 재건축사업으로 우리 사회는 심각한 후유증을 앓을 것이다. 고밀도아파트는 양적인 규모뿐 아니라, 도시공간에서 차지하는 비율이 높으며, 대규모단지로 건설된 경우가 많기 때문에 문제점이 발생할 경우 부정적 파급효과는 클 수밖에 없다. 고밀도아파트가 양적으로 급속히 증가하고 있는 현 시점에서 고밀도아파트 재건축에서 발생되는 문제점을 최소화시킬 수 있는 정책방향을 시급히 마련할 필요가 있다.

5.2 가능한 고밀도아파트 재건축 사업유형

현실여건을 감안하여 고밀도아파트에서 추진 가능한 재건축 사업방식을 세대수를 늘리는 방식, 세대수를 유지하는 방식, 주상복합건물을 신축하는 방식 등 크게 3가지로 살펴보기로 한다.

(1) 세대수를 늘리는 방식

기존의 세대수 이상으로 아파트를 신축함으로써 생기는 잔여세대를 일반 분양하여 현 거주자의 주택건설비에 사용하는 방법으로 기존 저밀도아파트 재건축에서 대부분 사용하는 방식이다. 기존의 용적률과 재건축시 건설가능한 용적률과의 차이만큼 세대수를 늘리는 것이 가능하지만, 고밀도아파트의 경우는 이미 허용되는 용적률에 육박하는 경우가 많고 현재 주거환경 보존 차원에서 용적률을 더욱 강화하는 추세이므로 용적률을 높여 세대수를 늘리는 것은 현실적으로 어려운 상황이다. 결국, 고밀도아파트에서 이 방식을 적용하기 위해서는 재건축시 현재의 주택규모보다 작은 주택을 건설하여 세대수를 늘리는 방법이 활용되어야 할 것이다. 이 방식의 경우 현재의 주거규모를 줄이더라도 노후아파트 대신 신축주택에 거주가 가능하고, 건축비의 일부를 잔여세대 분양을 통하여 충당할 수 있다는 이점이 있다. 그러나, 세대수가 늘어나면 그에 상응하여 주차장, 생활편익시설, 어린이 놀이터 등의 시설이 늘어나야 하므로 실제 입주 가능 면적은 훨씬 줄어들 것이다. 이러한 점 때문에 이 방식은 중대형 평수 이상의 아파트에서만 가능하다고 보여지는데, 중대형 규모에 살고 있는 중·고소득층들이 과연 주거규모를 줄여가면서 재건축을 추진할 것인가에는 의문이 앞선다. 따라서 이 사업방식은 실제적 적용가능성이 낮은 이론적 대안으로 평가된다.

(2) 세대수를 유지하는 방식

기존 세대수를 유지한다는 것은 현재의 노후 고밀도아파트를 철거하고 동일규모의 아파트를 짓는 것이다. 이 방식에서는 세대수의 증가가 없어 일반분양이 없고 따라서 재건축에 소요되는 건설비용을 현재의 주택소유자가 부담해야 한다. 기존 재건축 사업방식에서 얻을 수 있는 주거면적의 증가나 외부자금의 획득이 불가능하고 단지 기존의 노후아파트 대신 신축주택에 살 수 있다는 이점이 있다. 또한 세대수의 증가가 없더라도 기존의 주거동을 고층화시켜 이로 인해 생기는 여유공간에 충분한 녹지와 편익시설을 확보한다면 거주환경의 질을 높일 수 있는 효과를 볼 수도 있다. 강남지역 등 주거의 사회, 경제적 입지성이 좋은 고밀도아파트의 경우, 대다수를 차지하는 중·고소득층 거주자들은 주택의 신축효과와 주거환경 개선의 이점을 고려하여 노후 고밀도주택을 방치하지 않고, 현실적인 대안으로서 세대수 유지방식으로 재건축을 추진하는 것이 가능하다.

현재 저밀도아파트 재건축의 경우, 노후한 주택이라도 경제적 이익이 확보되는 사업방식 때문에 주택가격이 떨어지지는 않고 오히려 가격이 상승하는 경우가 대부분이다. 그러나, 고밀도아파트의 경우 경제적 이익이 확보될 수 없어 장기간 재건축이 추진되지 못할 경우, 가격이 지속적으로 하락하여 주택의 하향적 여과과정이 일어날 가능성이 있다. 기존 노후주택의 재산적 가치가 하락하고 이에 따라 신축주택과의 가격차이가 커질 경우, 즉 노후주택과 신축주택과의 단위 면적당 시세차가 단위 면적당 사업비보다 클 경우 이 방식으로 재건축이 이루어지게 된다.

세대수를 유지하는 사업방식은 현 시점에서 노후 고밀도아파트의 재건축에 적합한 현실적 대안이라고 평가된다. 그럼에도 불구하고 이 방식이 일반적인 주택재건축 사업방식으로 인식되지 못하고 있는 이유는 아직까지 고밀도아파트의 경과년수가 상대적으로 짧아 노후화가 심각하지 않고, 노후화된 일부의 단지도 슬럼화 단계까지 가지 않았기 때문이다. 앞으로 고밀도아파트의 노후화가 가속화되어 안전상에 문제가 생기는 등 극한 상황에 달하게 되면 이 방식에 의한 재건축사업이 활성화될 것이다. 또한 기존의 사업방식으로 재건축이 추진된 경우나, 신축아파트의 경우는 대부분이 이미 최대 용적률을 적용하여 건설되었기 때문에 향후에는 세대수를 유지하는 재건축 사업방식이 보편화될 것으로 사료된다.

(3) 주상복합건물을 신축하는 방식

이 방식은 앞에서 기술한 2가지 방식과는 달리 주택 이외에 업무 및 상업시설을 같이 건설하는 혼합용도 개발방식이다. 준주거지역이나 일반 상업지역의 경우 일반 주거지역의 용적률보다 훨씬 높은 용적률이 적용되므로 기존의 고밀도아파트 단지가 이러한 용도지역에 위치한 경우 용적률을 높일 수 있는 주상복합건물의 건설아 추진될 수 있다. 이 경우, 기존의 재건축방식처럼 주택의 규모확대와 일반분양을 통한 자금조달이 가능해진다.

주상복합건물을 신축하는 방식은 우선적으로 기존 고밀아파트의 입지가 준주거지역이나 상업지역으로 제한되고, 주택뿐 아니라 업무, 상업시설의 원활한 분양이 전제되어야 한다. 이러한 이유로 분양성이 높은 지역이 아니면 추진되기가 힘들며, 복잡한 사업절차와 불투명한 사업성으로 장기간이 소요될 수 있다. 또한 주택과 더불어 업무, 상업 시설이 들어서게 됨으로써 교통량이 대폭적으로 증가하여 기반시설에 과부하가 걸리게 되므로 주변지역에 부정적 영향을 미치게 된다. 이로 인하여 지자체에서도 고밀도아파트 단지를 주상복합건물로 건설하는 경우 교통 및 환경영향평가를 통하여 과밀개발을 억제하려는 입장이다. 한편, 주거환경의 차원에 있어서 소음, 혼잡, 옥외공간 부족, 일조부족 등 생활환경 악화와 열악한 교육환경, 커뮤니티 붕괴가 일어나며, 분양가 및 관리비의 과다한 부담 등의 단점이 있어 향후의 재산가치에 대한 정확한 판단이 어려운 실정이다. 일시적으로 분양권 전매제한 조치가 적용되지 않아 투자수요가 몰린 경우도 있었으나, 장기적인 관점에서 볼 때, 주상복합건물 건설방식은 특별한 경우에만 추진될 수 있고, 사업의 결과가 불확실하여 고밀도아파트 재건축의 일반적 대안이 되기에는 어려울 것으로 예상된다.

5.3 고밀도아파트 재건축의 정책방향

(1) 정책의 기본방향

고밀도아파트의 재건축에 있어서 기본적인 정책방향은 정부의 직접적 지원이나 개입보다는 시장논리에 맡기어 재건축을 추진하되 정부는 행·재정적 방법을 통하여 간접적으로 지원하는 것이 타당하다고 판단된다. 저소득층 거주자의 주거안정이라는 차원에서 정부의 직접적 지원이 필요한 주택재개발사업과는 달리 고밀도아파트 재건축에서는 거주자가 일반적으로 정부의 직접지원이 필요한 정도의 소득수준이 아니므로 사업비 보조, 특별융자 등의 지원은 형평성에 어긋난다고 보여진다. 물론 특정한 경우 고밀도아파트에도 저소득층이 거주할 수 있다. 특히 입지성이 열악하여 재산가치가 적은 고밀도아파트는 재건축이 추진되지 못하고 방치되는 과정에서 하향적 주택 여과과정이 일어나 최종 거주자는 저소득층이 될 가능성이 있다. 이 경우에는 저소득층의 주거안정이라는 사회복지적 차원에서 적극적인 지원이 필요할 것이다.

단독주택의 경우 시간이 경과하여 노후화되면 소유주가 재건축하는 것처럼 고밀도아파트의 경우도 건물이 수명을 다하면 땅의 가치만 남게 되고 건물의 신축은 소유자의 몫으로 돌아가게 된다. 이러한 원칙에 입각하여 건물소유자의 책임의식을 기본으로 하는 고밀도아파트 재건축의 정책방향이 설정될 필요가 있다. 즉, 건물의 유지·관리에 있어서나 재건축비용의 마련에 있어서 건물의 소유자가 주도적 역할을 하여야 한다는 것이다. 고밀도아파트의 재건축에 있어서 소유자의 주도적 역할이 필요하다는 것이 정부의 소극적 참여를 의미하는 것은 아니다. 건물의 수명연장이나, 재건축비용에 대한 행·재정적 지원 등 정부가 할 수 있는 부문에서의 적극적 참여는 반드시 필요하며, 불가피하게 저소득층 문제와 결부되는 특별한 경우에는 정부의 직접개입도 이루어져야 한다.

(2) 유지·관리 및 개·보수 등을 통한 재건축 시기의 연장

고밀도아파트의 재건축에 앞서 우선적으로 고려하여야 하는 것은 유지·관리 및 개·보수 등을 통하여 건물을 주어진 내구년한까지 사용할 수 있도록 함으로써 재건축시기를 최대한 늦추는 것이다. 세대수를 유지하는 재건축방식은 주택가격의 하락폭이 신축비용 이상이 되어야 원활히 적용될 수 있다. 즉, 상당기간이 지나야 한다는 것인데, 그 시기까지는 적절한 유지·관리를 통하여 건물의 수명을 최대한 연장시켜야 한다.

2003년 11월 25일 '주택법 시행령'이 국무회의에서 통과되어 확정됨에 따라 2003년 11월 30일부터 본격적으로 '주택법'이 시행되었다. '주택법'에서는 주택관리의 중요성을 강조하고 있고, 특히 공동주택에 대한 관리문제를 주택관리의 핵심과제로 다루고 있다. '주택법'에서 주택관리를 중요시한다고 하여 효율적인 관리가 이루어지는 것은 아니다. 이전부터 지적되어 왔던 여러 가지 문제점들을 개선하는 노력이 필요하다. 현재의 제도에서 효율적 유지·관리와 밀접한 관련이 있는 것은 장기수선계획 수립과 장기수선충당금 적립이다. 승강기 설치 및 중앙집중 난방방식의 경우 150세대 이상, 일반적으로 300세대 이상의 공동주택은 장기수선계획의 수립과 장기수선충당금의 적립이 의무화되어 있다. 그러나, 1960, 1970년대에 세워진 아파트의 경우 세대수가 적어 장기수선계획을 수립하지 않은 곳도 많고, 장기수선계획을 수립하여도 형식적인 작성에 불과하며, 장기수선충당금을 적립하고 있는 경우에도 그 규모가 미미한 실정이다. 게다가 장기수선계획과 연계하여 장기수선충당금을 적립하고 있는 경우는 드문 실정이다.

실질적으로 건물의 수명을 연장시킬 수 있도록 하기 위해서는 장기수선계획의 수립과 장기수선충당금의 적립이 이루어지지 않는 아파트에 대해서는 강력한 조치를 취하여 이러한 제도가 형식적으로 운용되지 않도록 하여야 할 것이다. 규제강화와 더불어 장기수선충당금의 규모를 자발적으로 늘릴 수 있도록 하는 유도책도 필요하다. 이미 다수의 연구자들이 제안하였던 것처럼, 주택의 수리 또는 보수와 관련된 비용을 연말 소득공제 신청시 포함시킨다던가, 수선비용을 충당하기 위한 자금적립에 대해서 비과세저축으로 인정시켜주는 방안 등을 검토할 필요가 있다.

수선에 대한 제도강화와 유도책도 중요하지만, 우리나라 주택 특히 공동주택이 가지는 수선에 대한 구조적 문제를 해결하여야 한다. 공동주택의 수선 및 보수를 통하여 사용기간을 늘리려고 하여도 기존의 공동주택은 건설시에 보수에 대한 대책이 전혀 없이 시공되어 노후된 후에 보수가 어려운 실정이다. 이러한 상황은 보수비용의 증가를 초래하여 거주자에게 경제적 부담을 증가시킨다. 공동주택 유지·관리의 중요성을 인식하여 앞으로 신축하는 공동주택은 보수가 용이하게 시공되어야 할 것이다.

건물의 유지·관리보다 적극적으로 주택의 수명을 연장시키는 방법은 리모델링이다. 일반적으로 리모델링에 소요되는 비용은 전면 철거재건축방식의 약 70%정도로 알려지고 있다. 비용뿐 아니라 재건축에 비해 공사기간도 짧고, 철거시 발생되는 건축폐기물을 줄일 수 있어 경제적 손실을 막고 환경오염을 예방할 수 있는 장점도 있다. 아직 노후 아파트의 리모델링이 제대로 이루어지지 않고 있으나, 국내에서 건설되는 아파트의 대부분이 50년 이상의 내구년한을 가지고 있는 철근 콘크리트 구조이므로 재건축에 앞서 노후건물을 리모델링하여 재건축 시기를 더 연장시킬 필요가 있다. 리모델링사업은 주택의 유지·관리와 더불어 '주택법'의 등장으로 더욱 각광받게 될 것이다. '주택법'에서는 무분별한 재건축 추진을 억제하고 리모델링을 활성화할 수 있도록 리모델링조합의 설립 근거 및 국민주택의 리모델링에 대한 국민주택기금 지원의 근거를 마련하였다. 앞으로도 지속적인 제도개선을 통하여 리모델링 활성화에 방해가 되는 요소들을 제거하고 지원을 확대시켜 리모델링사업이 재건축사업의 대안으로 정착될 수 있는 여건을 신속히 마련하여야 할 것이다.

노후 아파트의 수명을 내구년한까지 유지할 수 있도록 하기 위해서 반드시 이루어져야 하는 것은 부실시공을 막는 것이다. 현재 재건축되는 아파트의 경과년수를 살펴보면 사용기간이 20년 정도이다. 주택부족을 해소하기 위하여 단기간에 대규모로 주택을 건설하는 과정에서 부실시공이 초래될 수 있다. 앞으로 건설되는 아파트는 철저한 감리를 통하여 부실시공이 되지 않도록 하고 주택의 안전을 중시하는 건설문화를 정착시켜야 한다. 추가적으로 아파트의 장기적 사용을 위한 근원적 대안으로서 생각해 볼 수 있는 것은 건물의 반영구적 사용이 가능한 철골조아파트를 건설하는 것이다. 특히, 고밀도아파트를 철골조로 건설하여 초장기적으로 사용함으로써 재건축의 발생을 근본적으로 억제하는 것도 필요하다.

(3) 재건축비용의 자발적 적립 유도와 행·재정적 지원

건물을 최대한 사용한 후 건물의 수명이 다할 경우에는 기존 건물을 철거하고 재건축하여야 한다. 세대수를 유지하여 재건축하는 사업방식에서는 남의 돈으로 나의 집을 새로 짓는 것이 아니라, 나의 돈으로 내가 살 집을 다시 지어야 한다. 일부에서는 고밀도아파트의 거주자가 한꺼번에 많은 부담을 가지지 않고 재건축을 원활히 추진하는 방안으로 재건축적립금제의 도입을 주장하고 있다.[10] 재건축비용의 적립을 위한 정기적금의 의무적 가입 등 관련법규의 제정을 통하여 재건축비용을 강제적으로 조달하자는 것이다. 그러나, 이 제도는 시행상 많은 문제점을 가지고 있다고 보여진다.

우선적으로 재건축비용이 실제로 적립될 수 있는가가 문제이다. 재건축에 소요되는 비용을 매월 적립할 경우 아파트관리비에 상당하는 금액이 될 것이라고 추정된다. 현재 장기수선충당금도 제대로 징수되지 못하는 상황에서 이보다 훨씬 많은 금액의 부담이 요구되는 재건축비용의 적립은 실현되기 어려울 것이다.

주택의 권리변환이 있을 경우 적립금액의 양도, 양수시 문제가 발생할 수도 있다.[11] 재건축비용은 장기간에 걸쳐 적립되어야 하므로 이 기간 중 주택의 소유자가 바뀌는 일은 필연적으로 발생할 것이다. 재건축적립금은 미래에 대비한 저축의 성격을 가지고 있으므로 주택의 소유권이 바뀔 경우 이전 거주자는 그 동안의 적립금을 회수하려고 할 것이다. 결국, 이 제도는 주택가격의 상승을 초래하며 오래된 주택이 신규주택보다도 비싸지는 가격의 왜곡현상을 초래할 것이다. 특히, 노후화에 따른 자연적 주택여과 과정이 이루어지지 않아 저소득층의 주택구입은 더욱 어려워질 것이다.

이상의 문제점으로 미루어 보아 재건축비용 적립의 의무화보다는 거주자의 자발적 적립노력을 유도하거나 고밀도아파트의 재건축비용을 간접적으로 지원하는 정책이 필요할 것으로 사료된다. 거주자가 재건축에 대비하여 적금을 들 경우 비과세의 혜택을 준다던가, 재건축 비용의 융자와 연계하는 계약저축상품을 개발하는 것도 거주자의 자발적 적립노력을 유도하는 방법들이다. 선진외국의 경우 노후·불량주택의

10) 문영기·김승희, 1998, "고층아파트 재건축을 위한 재원조성방안에 관한 연구", 「주택연구」 6권 1호.

11) 서울시정개발연구원, 1999, 「고밀아파트 재건축비용 조성방안」; 임창일, 1998, 「노후고층아파트 재건축의 방향에 관한 연구」, 서울대학교 건축학과 박사학위논문.

개보수나 개축에 소요되는 비용을 정부가 지원하고 있다. 우리나라에서는 국민주택기금을 활용하는 방법이 고려될 수 있다. 국민주택기금에서의 융자로도 모자라는 재건축비용에 대해서는 지방자치단체가 활용가능한 재원을 파악하여 추가적으로 지원하여야 할 것이다.

5 주거환경개선사업

제 5 장에서는

지난 2000년 말부터 정부에서 달동네 주거환경정비를 목표로 재정지원을 강화하고 있는 주거환경개선사업을 대상으로 정의, 사업절차, 사업방식 등 제도를 중심으로 살펴보며, 제도적 변천 과정을 구체적으로 설명한다. 주거환경개선사업의 현황에 대해서는 시기별, 지역별 추진상황에서 나타나는 특징을 파악하여 그 특징이 주택재개발사업과 주택재건축사업과는 어떠한 차이가 있는지를 검토한다. 주거환경개선사업의 문제점에 대해서는 도시계획적, 사회·경제적, 제도·운영적 측면에서 분석한다. 향후 발전방향에 대해서는 주거환경개선사업이 저소득층 주민을 중시하는 사업, 주거환경확보가 가능한 사업, 공공의 적극적 지원에 의한 사업이 되어야 한다는 정책목표하에서 고려되어야 할 정책이슈들을 제시한다.

1. 주거환경개선사업의 개요

1.1 정의

주거환경개선사업은 1989년 '도시 저소득층 주민의 주거환경개선을 위한 임시조치법'에 근거하여 시작되었으나 '도시 및 주거환경정비법'이 제정되면서 이 법에 근거하여 시행되고 있다. 당초 10년을 시한으로 1999년까지 종료될 예정이었으나, 기존의 재개발사업의 결과로 나타나는 고층, 고밀도 개발에 의한 각종 도시문제를 해결하고자 5년 연장되었다. 주거환경개선사업은 과거 '도시재개발법'에 근거한 주택재개발사업의 합동재개발에서 나타나는 부작용을 최소화하고 저소득층의 복리증진과 주거환경개선이라는 목적을 가지고 실시되었다.

주거환경개선사업은 도시계획구역 안의 노후·불량건축물이 밀집된 지역 또는 공공시설의 정비상태가 불량하여 주거환경이 열악한 지역을 대상으로 필요한 주택의 건설, 건축물의 개량, 공공시설의 정비, 소득원 개발 등 주거환경개선계획에 따라 시장 등이 시행하는 사업이다. 이 사업은 도시 내 저소득층이 거주하는 노후·불량주택 밀집지역을 대상으로 주택을 개량·건설함으로써 저소득층 거주민의 현지정착을 도모하여 저소득층의 주거복지 증진에 기여하는 한편 소방도로 등 공공시설 정비를 통하여 도시환경을 정비한다. 이처럼 주거환경개선사업은 원주민의 재정착률을 높이고 공공시설의 정비와 소득원 개발 등과 같은 사회복지적 요소가 강조되어 공익성을 우선시하는 특징을 가지고 있다.

주거환경개선지구 내의 상당수 건축물은 일반적인 건축기준을 적용하면 주택개량이 현실적으로 어렵다는 이유로 관련법규의 특례가 적용된다. 지구 내 도로에 대한 특례, 건폐율, 용적률, 대지면적의 최소한도, 건축물의 높이제한 등에 대한 특례가 있고, 국민주택채권 매입제외, 건축물 부설주차장의 설치기준의 완화 등이 이루어진다. 이러한 특례적용은 사업의 원활한 추진을 도모하기 위하여 도입되었으나, 주거환경의 정비효과를 반감시킨다는 지적을 받고 있다.

1.2 사업시행절차

(1) 시행절차

주거환경개선사업의 시행은 우선 10년마다 수립되는 도시·주거환경정비 기본계획에 따라 대상지구의 지정이 이루어지게 되면 시작된다. 당해 지구에 대한 주거환경개선계획이 세워지면 개선계획의 내용에 따라 공동주택건설 사업지구와 현지개량 사업지구로 구분되어 시행된다. 주거환경개선사업은 주택재개발사업이나 주택재건축사업과는 다르게 관리처분계획의 단계가 포함되지 않는다. 구체적인 시행절차는 다음과 같다.

기본계획 수립(특별시장 · 광역시장 · 시장)	⇒	정비구역 지정(시 · 도지사)
· 구역, 개략적 범위 · 단계별 추진계획 · 토지이용계획		· 정비계획 수립 및 구역지정 신청 (시장 · 군수) · 주민동의 수렴(세입자 1/2 이상) · 지방도시계획위원회 심의 및 고시
사 업 시 행(시장 · 군수 · 구청장)	⇒	완료 및 입주(주민)
· 주택정비(주민) · 공공시설 정비(시장 · 군수 · 구청장)		

[그림 5-1] 주거환경개선사업의 시행절차

(2) 지구지정

주거환경개선사업은 노후·불량건축물 밀집지역으로서 재개발구역이지만 주민의 1/2 이상이 재개발사업을 원치 않는 지역, 철거민을 수용하였거나 기타 공공시설 정비가 불량한 지역, 정비기반시설 부족으로 재해발생시 피난 및 구조활동이 곤란한 지역 등을 주요 대상으로 한다. 주거환경개선사업 구역지정에 필요한 주민동의는 토지 또는 건축물 소유자 총수의 2/3 이상 동의와 세입자 세대수 총수의 1/2 이상 동의가 있어야 한다. 구체적인 구역지정 요건은 다음과 같다.

- 노후·불량건축물에 해당되는 건축물의 수가 대상구역 안의 건축물 총수의 50% 이상이거나 무허가 주택비율이 20% 이상인 지역
- 개발제한구역으로서 그 구역지정 이전에 건축된 노후·불량건축물의 총수가 당해 정비구역 안의 건축물 총수의 50% 이상인 지역
- 주택재개발사업을 위한 정비구역 안의 토지면적의 50% 이상의 소유자와 토지 또는 건축물을 소유하고 있는 자 총수의 50% 이상이 각각 주택재개발사업의 시행을 원하지 아니하는 지역
- 철거민이 50세대 이상 규모로 정착한 지역과 주택밀도가 70호/ha 이상인 지역 또는 총 인구밀도 200인/ha 이상인 지역
- 정비대상 구역 내 4m 미만 도로의 점유율이 40% 이상이거나 주택접도율이 30% 이하인 지역
- 건축대지로서 효용을 다할 수 없는 과소필지, 부정형 또는 세장형 필지 수가 50% 이상인 지역
- 정비대상 구역 내 주민의 소득수준이 당해 구역 관할 도시의 도시근로자가계 평균소득에 미치지 못하는 자가 2/3 이상인 지역

(3) 사업시행자

주거환경개선사업의 시행자는 원칙적으로 시장·군수·구청장이나, 공동주택 건설시에는 주택공사 등도 가능하다. 주거환경개선사업은 거주자들의 소득수준이 도시 및 주거환경정비사업 중에서 가장 낮고, 이에 따라 사회복지적 성격이 강하여 사업시행자는 공공부문만이 가능하다. 사업방식별 사업시행자는 1.3 시행방법에서 구체적으로 기술하기로 한다.

(4) 공동주택 건설시의 평형과 분양대상

공동주택 건설방식에서는 사업시행자인 공공기관이 주거환경개선지구 내의 토지, 건물 등을 전면 매수하고 공동주택을 건설하여 가옥주

및 세입자에게 주택을 분양하거나 임대하게 된다. 건설된 주택의 평형은 분양·장기임대주택은 전용 25.7평 이하로 건설되며, 국민임대주택은 18평 이하로 공급된다. 이처럼 주거환경개선지구에 거주하는 주민의 낮은 소득수준을 감안하여 공급되는 주택은 최대 25.7평 이하로 제한된다. 분양대상은 우선적으로 지구 내 토지·건축물 소유자에게 분양되며, 구역지정을 위한 공람공고일 현재 3월 이전부터 주거환경개선구역에 거주하는 무주택 세입자에게는 장기임대주택이 제공된다. 타 주거환경개선지구 거주자의 경우도 임대주택 신청이 가능하다. 주택공사 등의 사업시행자에게 사업성을 높여주기 위하여 주택 여유분에 대해서는 일반분양이 가능하도록 하였으나, 원래부터 과밀한 지역인 경우가 대부분이어서 일반분양분이 크게 발생하지 않는다.

(5) 재정지원

주거환경개선사업에는 사업지구 내 거주민의 대부분이 주택개량 부담능력이 부족한 저소득층임을 감안하여 주택재개발이나 주택재건축 사업보다는 재정지원이 강화된다. 국민주택기금 융자의 경우(2002년 기준), 단독·다세대주택에 대해서는 연 5.5%, 1년 거치 19년 분할상환의 조건으로 호당 2,000~4,000만원이 융자되며, 아파트·연립주택의 경우 최저 연 5.5%, 1년 거치 19년 분할상환의 조건으로 다소 많은 호당 3,000~4,000만원이 융자된다. 기타 국·공유지 매각대금, 주택분양금, 지방비 등으로 공공시설 정비가 이루어진다. 이 중 국·공유지 매각대금은 주거환경개선사업의 유용한 재정확보 수단으로 활용된다. 국·공유지는 사업비 지원차원에서 구역지정시 국·공유지 소관청과 협의한 후 사업시행시 당해 사업시행자에게 무상으로 양여된다. 당해 지역 주민에게 저렴하게 매각(평가금액의 80%)된 국·공유지 매각대금은 구역 내 공공시설 정비에 사용된다.

2000년 말 정부는 달동네의 주거환경정비를 목표로 주거환경개선사업을 정책적으로 지원하기로 하여 도시 내 노후·불량주택지 내 기반시설 설치를 위하여 총 486개 지구에 2001년부터 4년간 1조 6천억원을 투입하기로 하는 등 재정지원을 강화하고 있다. 〈표 5-1〉은 연차별 투자계획을 보여주고 있다.

〈표 5-1〉 주거환경개선사업 연차별 투자계획

(억원)

사업계획		연차별 투자계획(전년도 추진포함)							
		2001년도		2002년도		2003년도		2004년도	
지구수	사업비	지구수	사업비	지구수	사업비	지구수	사업비	지구수	사업비
486	16,000	278(-)	3,998	118(302)	3,681	54(277)	3,046	36(283)	5,275

※ 재원분담 : Matching - Fund(국고 50%, 지방비 40%, 교부세 10%)

1.3 시행방법

주거환경개선사업은 크게 4가지 방법으로 시행할 수 있다. 우선, 시장·군수가 정비구역 안에서 정비기반시설을 새로이 설치하거나 확대하고 토지 등 소유자가 스스로 주택을 개량하는 방법으로, 현지개량방식으로 불리어진다. 현지개량 방식은 주민이 주택을 개량하고 지방자치단체는 공공시설을 정비하는 주민자조적 개발이다. 과거 주택재개발에서 적용되었던 자력재개발 방식[1]과 유사하나, 자력재개발 방식보다 기반시설 설치에 대한 공공의 부담이 강화되었고 융자조건 등이 개선되었으며 불량주택지의 물리적 특성에 맞게 '건축법', '도시계획법', '주차장법' 등의 규정이 완화되었다. 공공시설 설치의 지원을 보면, 국가는 지구 및 주변지역의 공공시설 정비에 소요되는 비용의 일부를 보조하여야 한다. 융자조건의 경우, 국가는 건축물 소유자나 사업시행자에게 토지취득, 대지조성, 주택건설 및 개량 등에 소요되는 비용의 일부를 국고 또는 국민주택기금에서 보조하거나 융자할 수 있다. 건축선지정, 건축물 높이제한, 도시계획시설 기준, 주차장 기준 등에 있어서 규제가 완화되는데, 이는 철거의 논리로 불량주택을 보는 것이 아니라 불량주택 자체를 최소기준에서 평가하여 개량하려는 의도이다. 현지개

1) 3장의 주택재개발사업 1.4 사업시행방식 참조

량 방식에서 주민은 다른 지역으로 이주하지 않고 해당지구에 계속 거주하게 되므로 원주민의 높은 재정착률로 안정된 근린공동체를 유지할 수 있다.

두번째 방법은 공동주택건설방식으로 사업시행자가 정비구역의 전부 또는 일부를 수용하여 주택을 건설한 후 토지 등 소유자에게 우선 공급하는 방법이다. 공동주택건설방식은 과도한 인구밀집과 불규칙한 도로망으로 인해 현지개량 방식이 곤란한 경우 적용한다. 이 방식은 주거환경개선지구로 지정된 노후불량주택 밀집지역을 대상으로 사업시행자가 토지, 건물 등을 전면 매수하고 공동주택과 부대, 복리시설을 건설하여 토지 등 소유자 및 세입자에게 주택을 분양 또는 임대하는 방식이다. 공동주택건설방식은 주택재개발과 사업절차나 사업방식은 다르지만, 노후불량주택 밀집지역이라는 사업 대상지나, 공동주택 건립이라는 사업결과가 동일하다고 할 수 있다. 공동주택건설방식은 정비구역 지정고시일 현재 토지 등 소유자의 3분의 2 이상 동의를 얻어 시장·군수가 직접 이를 시행하거나 주택공사 등을 사업시행자로 지정하여 사업을 시행할 수 있다.

세번째는 현지개량 방식과 공동주택건설방식을 혼합하여 추진하는 혼합방식이다. 혼합방식은 지구별 여건에 따라 당해 지구 내 불량주택 밀집지역과 비교적 양호한 주택이 집단적으로 위치하고 있어 지역별로 균형적인 개발이 필요하거나, 도시계획도로 등으로 지구가 분리되어 별도의 개발이 필요한 경우에 시행된다.

네번째는 환지로 공급하는 방법이다. 시장·군수 또는 주택공사 등은 공동주택건설방식뿐 아니라 환지방식에서도 사업시행자로 지정된다.

2. 주거환경개선사업 제도변천

주거환경개선사업은 그 동안 재개발사업의 대표적 사업방식이었던 전면 철거방식의 문제점을 해소하고 도시 최빈층 주거지역의 주거환경개선을 위해 1989년 '도시 저소득층의 주거환경개선을 위한 임시조치법'과 시행령의 제정으로 1999년까지 한시적으로 운영되었다. 조합과 민간 건설회사가 시행하는 주택재개발이나 재건축사업과 비교할 때 주거환경개선사업은 지구 내 주민의 경제적 어려움으로 인해 추진 실적이 상대적으로 매우 미미하였으며, 이에 1997년 이후 대상 지구의 지정 조건을 완화하거나 주택공급 대상자를 확대하는 등 사업활성화 조치가 이어졌다. 그러나 여전히 사업실적은 부진하였으며, 1999년 말까지 시행하기로 한 대상 지구의 사업이 완료되지 않아 2004년까지 5년간 시효가 연장되었다.

2002년 12월 30일, 주거환경정비 관련 제도의 전면 재편을 위한 '도시 및 주거환경정비법'이 제정됨에 따라 공공에 의한 도시 저소득주민을 위한 주거환경개선사업은 임시조치법이 아닌 상시법에 근거하여 향후에도 지속적으로 추진할 수 있는 법적 근거를 마련하게 되었다. 임시조치법의 제정 이후 주거환경개선사업 제도의 주요 변천과정[2)]을 보면 다음과 같다.

■ 근거법 제정(1989. 4. 1 '도시 저소득층의 주거환경개선을 위한 임시조치법' 제정)

도시 저소득주민의 주거수준 향상을 위한 보완책이 별도로 필요하고, 특히 도시 저소득주민이 거주하는 노후불량주택의 밀집지역을 재개발사업 일변도로 개발함에 따라 야기된 집단민원을 감안할 때 주민의사에 따른 주택건설 및 개량사업을 할 수 있도록 해야 했다. 전국적으로 획일화되어 있는 '건축법'과 '도시계획법' 등의 복잡한 기준을 완화하여 지역실정에 맞는 특례를 인정하여 줌으로써 저소득주민의 자조적인 주거환경 개선노력을 지원하려는 취지에서 '도시 저소득층의 주거환경개선을 위한 임시조치법'을 제정하였다.

2) 건설교통부 · 대한주택공사, 2003, 「서민주거안정을 위한 주택백서」를 참조하였음.

■ 건축절차 간소화(1995. 1. 5)

주거환경개선사업시 건축물의 건축에 따른 민원을 해소하기 위하여 건축절차를 대폭 간소화하는 하편, 건축물의 품질향상을 위하여 공사감리제도를 보완하고, 부실설계·시공·감리에 대한 벌칙을 강화하는 등 현행규정의 미비점을 보완하였다.

■ 지구지정 조건 완화(1997. 10. 30)

주거환경개선지구는 2천m^2 이상인 지역을 그 대상으로 하였으나, 주거환경개선사업을 지역여건에 맞게 탄력적으로 시행하기 위하여 시·도의 조례가 정하는 경우에는 1천m^2 이상 2천m^2 미만인 지역도 지구지정을 할 수 있도록 하였다. 주거환경개선사업 시행 이후 주차난이 가중되는 사례를 방지하기 위하여 주거환경개선계획에 공용주차장 설치계획을 포함시키도록 하였으며, 사업활성화를 위하여 동 사업으로 건설할 수 있는 주택 전용면적을 60m^2 이하에서 85m^2 이하로 확대하였다.

■ 주택공급 대상자 확대로 사업활성화 도모(1997. 12. 13)

주거환경개선사업으로 건설되는 주택은 당해 지구 안에 거주하고 있는 주민에 한하여 공급받을 수 있도록 하였으나, 주택공급 대상을 확대하여 당해 지구 거주자 및 다른 지구 거주자에게 우선 공급하고 남은 잔여주택에 한해 일반분양이 가능하도록 하였다. 즉, 주택을 공급받을 수 있는 다른 지구의 거주자를 거주기간이 3월 이상인 세입자로 정하고, 주거환경개선사업에 의하여 공급받은 주택을 전매할 수 없는 기간을 국민주택은 입주가능일로부터 6월까지, 그 외의 주택은 입주가능일로부터 60일까지로 정하는 한편, 현행 제도의 운영상 나타난 일부 미비점을 개선·보완하였다.

■ 시행기간 연장(1999. 12. 28)

당초 '도시 저소득층의 주거환경개선을 위한 임시조치법'은 1999년 말까지 한시적으로 시행하기로 되어 있었으나, 대상지구 주민들의 경제적 영세성 등으로 인하여 당초 계획목표 대비 추진실적이 매우 저조하였다. 공공에 의한 지속적인 사업추진의 필요성이 논의되면서 동 사업의 시행기간을 2004년 12월말까지 5년간 연장하였다.

■ 주택규모 확대 등(2000. 5. 25)

도시계획사업으로 인하여 거주지를 상실하여 이주하게 되는 자도 주거환경개선사업으로 건설되는 주택을 공급받을 수 있게 하였으며, 주거환경개선사업으로 건설되는 분양주택의 규모는 85m^2 이하를 원칙으로 하고 있으나, 사업의 원활한 추진을 위하여 시장·군수가 필요하다고 인정하는 경우에는 당해 주거환경개선지구 내 총 건설호수의 10퍼센트의 범위 안에서 전용면적이 85m^{2}를 초과하는 주택을 공급할 수 있도록 하였다.

■ '도시 및 주거환경정비법' 제정(2002. 12. 30)

2002년 12월 30일 주거환경정비 관련 제도의 전면 재편을 위해 '도시 및 주거환경정비법'이 제정·공포되었다. 이에 주거환경개선사업은 동법에 근거하여 향후에도 지속적으로 추진이 가능하게 되었다.

3. 주거환경개선사업 현황

1989년 '도시 저소득주민의 주거환경개선을 위한 임시조치법'의 제정과 함께 사업이 시작되어 2002년 말 현재 706개의 지구지정이 이루어졌으며, 해당되는 주택수는 약 17만 9,400여호에 이른다. 사업이 시작된 1989년(20개 지구지정)을 제외하면 매년 최소 30개 이상의 지구지정이 있었으나, 2000년도는 13개로 매우 저조하다. 당초 주거환경개선사업이 임시조치법에 의해 1999년 말까지 한시적으로 시행하기로 한 사업이었기 때문에 1999년말에 5년 연장이 결정되었음에도 2000년도에는 지구지정 실적이 매우 저조하게 나타났다. 그러나, 2000년말 정부가 불량주택정비 활성화를 위해 주거환경개선사업에 1조 6천억원[3]을 투자하기로 결정함에 따라 2001년도에 52개 지구, 2002년도 68개 지구로 늘어나게 된다.

〈표 5-2〉 연도별 주거환경 개선사업 현황

(단위 : 천호)

연도별	1989~1992	1993	1994	1995	1996	1997	1998	1999	2000	2001	2002	계
지구지정	225	63	33	41	44	56	53	59	13	52	68	706
주택수	78.4	13.5	7.5	8.9	6.8	9.4	14.8	12.7	2.1	7.5	17.8	179.4

자료: 건설교통부, 2003주택업무편람

지역별로는 주택재개발이나 주택재건축과는 달리 부산에서 가장 많이 추진되고 있으며, 그 다음으로는 서울, 대구, 인천, 경기, 전북, 경남, 광주 순으로 많이 추진되고 있다. 주택재건축사업은 수익성 극대화를 목적으로 민간이 주로 시행하여 왔고, 주택재개발도 저소득의 주거안정을 목적으로 하나 실제로는 민간 건설업체가 공동시행자로서 사업을 주도하였기 때문에 분양성이 높은 서울을 중심으로 이루어질 수밖에 없었다. 그러나 주거환경개선사업은 저소득 주민의 주거복지 증진을 위해 공공이 직접 시행하기 때문에 지방도시에서도 활발한 추진이 가능하다. 주거환경개선사업은 주택공급보다는 도시 최빈층을 대상으로 주택개량과 분양 및 임대주택공급에 이바지하고 있으며, 지방

3) 〈표 5-1〉 참조

도시에서 주거환경개선에 활용되고 있음을 알 수 있다.

사업시행 단계별 추진현황을 보면 현재 사업이 시행중인 지구는 484개 지구(68.6%)에 약 13만 5천호로 사업지구의 대부분을 차지하고 있다. 완료된 지구는 164개 지구 약 3만 1천호로 지구수 기준으로 전체의 23.2%에 불과하며, 미 시행지구가 58개 지구 약 1만 3천호로 전체의 8.2%를 차지하고 있다. 주거환경개선사업은 주택재개발(70%)이나 주택재건축(40.3%)에 비해 완료된 지구가 적은 것으로 나타나고 있다.

〈표 5-3〉 지역별 주거환경 개선사업(2002년말 현재)

(단위 : 천호)

구 분	지구지정		사업시행		사업완료		미시행	
	지구수	주택수	지구수	주택수	지구수	주택수	지구수	주택수
총계	706	179.4	484	135.4	164	31.1	58	12.9
서울	101	17.2	67	12.6	25	3.9	9	0.7
부산	137	45.7	124	43.6	6	0.7	7	1.4
대구	59	19.2	45	16.3	12	2.5	2	0.4
인천	54	17.1	25	9.0	25	6.1	4	2.0
광주	40	11.2	15	4.6	16	3.7	9	2.8
대전	23	7.6	15	5.2	8	2.4	0	0
울산	2	0.7	0	0.0	2	0.7	0	0
경기	49	10.6	35	7.6	9	1.7	5	1.3
강원	29	5.4	17	3.4	10	1.6	2	0.4
충북	33	4.3	8	0.6	23	3.3	2	0.4
충남	16	2.7	4	0.5	2	0.4	10	1.7
전북	43	7.5	29	5.5	11	1.5	3	0.5
전남	36	11.6	35	11.5	1	0.1	0	0
경북	19	2.1	13	1.6	5	0.3	1	0.2
경남	40	14.2	28	11.2	8	2.1	4	1.0
제주	25	2.3	24	2.2	1	0.1	0	0

자료: 건설교통부, 2003주택업무편람

4. 주거환경개선사업의 문제점

4.1 도시계획적 측면

(1) '건축법' 특례조치로 인한 과밀 주거환경 조성

주거환경개선사업 시행시 실현가능한 주거환경계획을 제대로 수립하지 못하고 건축특례를 활용한 개발밀도의 증가만을 부추겨 주거환경의 질이 저하되고 있다. 단순히 사업을 촉진시킨다는 미명하에 건축이 불가능한 대지에 대해서도 특례조항을 적용하여 무분별하게 완화시킴으로써 과도한 개발이 이루어지게 된다. 그 결과 일조권과 프라이버시 확보 곤란, 주차장 부족 등 총체적으로 주거환경이 악화된다. 또한 지구 내 도로의 확폭 및 개설은 특례적용을 받아 개발이 불가능한 영세필지에 대해서도 과도한 개발이 가능하도록 하고 있다.

결국 주거환경개선사업은 주거환경의 개선이 아니라 민원해결 차원에서 추진되어 도시 및 주거환경을 악화시키고 있다. 이미 사업이 완료된 지구는 초과밀 개발이 이루어져 다시 재개발, 재건축도 어렵게 됨으로써 재슬럼화되는 문제점이 나타나고 있다.

(2) 공공시설 확보 미비

현지개량 방식에서 특히 문제가 되는 것은 공공시설의 확보가 어렵다는 점이다. 사업지구 내 영세필지의 과반수가 부정형이며 지구 내 도로도 거의 정비되지 않은 상태에서 4m 이상의 지구 내 도로확보를 전제로 사업이 추진되다보니 오히려 영세필지 조직을 파괴하는 결과를 초래하고 있다. 특히 대상지의 상당수가 경사지에 입지하고 있어 지구 내 도로의 확보가 어렵다.

주택개량을 통한 세대수 증가로 지구 내 차량은 증가하지만, 특례조항에 따라 주차장 확보가 면제됨에 따라 인접한 일반주택지의 주민들에까지 주차난의 피해를 주고 있다. 더욱이 애써 마련한 지구 내 도로의 일부가 주차장으로 바뀌어 화재시 소방차의 진입이 곤란하고 교통사고의 위험성까지 높아지고 있는 실정이다.

(3) 개별필지 위주의 환경개선

당해 지역 거주민 위주의 사업을 시행하고 있어서 개별 필지의 건축물은 정비될 수 있으나 사업 후 지구 내 공공시설과 공동이용시설은 제대로 설치되지 않고 있다. 필지별로 개선시기도 달라 정비효과가 저조하며 오히려 사업이 장기화됨에 따라 공사로 인한 소음, 진동 등 생활환경이 악화되고 있다. 개별 건축물의 정비도 도로 접근성이 양호한 지구에서만 이루어져 개발가능한 필지만이 개발되어 지역전체의 주거환경개선에는 공헌하지 못하고 있다.

4.2 사회·경제적 측면

(1) 주민참여 미비로 저소득 거주민 피해

공동주택건설방식의 경우 공고 횟수와 공람기간 등이 주민입장에서 의견을 내기가 어려워 개발주체의 계획대로 사업이 진행된다. 현지개량 방식도 세입자가 원거주민의 과반수를 차지하는 경우가 많지만 그들이 사업과정에서 배제되어 저소득층의 생활권 보장이 이루어지지 않고 있다. 사업방식의 결정에 있어서도 국·공유지의 비율 등을 근거로 지자체의 장이 결정함으로써 주민참여가 배제되고 행정편의주의로 사업이 추진된다.

(2) 가옥주 중심의 개발로 인한 세입자 주거불안

거주자보다는 가옥주 중심으로 사업이 추진되고 가옥주 역시 대부분 영세하여 주민자력보다는 주택업자에 의존한 채산성위주의 사업이 되고 있다. 일부 가옥주의 경우 임대료를 높여 세입자를 내모는 과정에서 가옥주와 세입자 간의 갈등이 발생하기도 한다. 특히 가옥주 중심의 현지개량 방식에서는 세입자들의 이익과 의사가 반영되지 못하고 있다. 또한 외지인들의 투기와 전·월세금의 상승으로 세입자들의 주거 불안이 가중된다.

(3) 원주민 재정착률 저하

공동주택건설방식에 의해 건설된 아파트에 입주하기 위해서는 건축비 추가부담을 해야 하나 그 금액에 대한 융자금 부담이 원주민의 소득수준에 비하여 과도하고 거기에다 아파트 거주에 따른 유지관리비에 대한 부담으로 재정착을 포기하게 된다. 현지개량 방식의 경우에도 사업 후 재정착을 위한 원주민 가수용 시설이 고려되지 않고 있다. 그 결과 저소득층 원주민의 재정착률은 30%를 밑돌고 있다.[4)]

4.3 제도 및 운용적 측면

(1) 물리적 환경개선 중심의 계획

계획수립과정을 보면 물리적 환경개선 중심의 계획으로 용역회사 기술자 등으로 이루어진 계획가의 자의적 판단에 의해서 수립되는 경향이 강하다. 이러한 이유로 저소득층 거주민의 주거환경을 개선하기 위하여 시작된 사업이 본연의 목표를 이루지 못하고 있다.

(2) 지구지정 및 개선계획의 일관성 부족

지구지정이 객관적인 분석을 통해서 설정되기보다는 지역주민의 의견에 의존하여 결정되는 경우가 자주 발생한다. 이 경우 대상지가 선형이거나 부정형인 경우가 많아 효율적인 토지이용이 어렵고 채산성 확보에도 어려움이 따른다. 특히 사업지에서 제외된 연접지의 경우 향후 주택개량이 어려워져 도시의 흉물로 남게된다.

4) 김영준, 2001, "주거환경개선사업의 평가와 개선방향 -시민단체·빈민단체의 입장에서 본 문제점과 개선방향-", 「도시문제」 제36권 388호, p.63.

개선계획 수립단계에서부터 사업시행까지의 과정을 보면 계획의 일관성이 부족하며 일회성으로 끝나는 경우가 많다. 또한 주민요구에 따라 개선계획의 내용이 대폭적으로 변경되는 경우도 발생된다.

(3) 사업방식의 적용한계

주거환경개선사업의 사업방식은 현지개량 방식과 공동주택건설방식이 있지만, 이들 방식만으로는 지역의 다양한 여건을 반영하는 데 한계가 있다. 따라서 지역의 상황을 반영하면서 저소득 주민의 주거안정을 이루고 주거환경을 개선할 수 있는 새로운 방식의 검토가 필요하다.

5. 주거환경개선사업의 발전방향

5.1 정책의 기본방향

주거환경개선사업은 주택시장의 기능으로 해결되기 어렵고 주민의 자조적 개선노력으로도 한계가 있어 공공부문이 주도가 되어 적극적으로 사업을 추진하여야 한다. 2000년 12월 정부는 달동네의 주거환경정비를 목표로 주거환경개선사업을 정책적으로 지원하기로 하여 기반시설에 대한 대대적 국고지원, 5만세대에 대해 호당 2~4천만원씩 융자지원 하는 등 그동안 국·공유지 매각을 통한 지원, 규제완화에 의한 특례인정과 같은 소극적 태도에서 벗어나 직접 재원을 지원하는 적극적 태도로 변화하고 있다.[5] 이러한 정부의 관심하에서 향후 주거환경개선사업은 저소득층 주민을 중시하는 사업, 주거환경확보가 가능한 사업, 공공의 적극적 지원에 의한 사업 등의 정책목표를 가지고 추진되어야 할 것이다.

5) 김경식, 2001, "정부의 불량주택정비사업 추진방향", 「도시문제」 제36권 388호.

5.2 발전방향

(1) 저소득층 주민을 중시하는 사업

주거환경개선사업은 단순히 주거환경의 개선만을 추구하는 것이 아니라 저소득층의 생활권 보호차원에서 추진되어야 한다. 이를 위해서는 저소득층의 주거안정이 가능하도록 적절한 세입자대책과 저소득층의 소득수준에 맞는 주택공급이 이루어져야 한다. 저소득층 세입자를 위한 주택확보차원에서 소형 임대주택을 건설하는 한편, 입주 후 주민의 관리비 및 건축비 부담 등을 고려하여 저소득층의 생활수준에 적정한 건축규모로 주택이 건설되도록 하여야 할 것이다. 또한 저소득 가옥주나 세입자 모두에게 사업기간 중의 임시주거시설은 매우 중요한 사안이다. 저소득층 주민의 주거선택은 직주근접의 특징을 나타내고 있다. 따라서 원래 살고 있는 지역의 주변에서 일자리를 마련한 경우가 많으므로 사업기간 중 주거불안을 느끼지 않고 사업 후에 재정착이 가능하도록 사업대상지에 임시 주거시설을 마련해 주어야 할 것이다.

주거환경개선사업은 주택소유자 및 세입자의 재정착비율이 30% 이하로 알려지고 있다. 공동주택건설방식의 가옥주의 경우 재입주시 과도한 융자금 규모와 주거비용 증가가 주요 원인이며, 세입자는 임대아파트 입주권이 부여되나, 사업 후 임대료 상승과 관리비용 증가로 재입주가 어려워진다. 현지개량 방식에서는 저소득층 세입자에 대한 대책이 마련되어 있지 못한 상황이다. 이처럼 주거환경개선사업으로 주거환경은 개선되나, 사업 후 저소득층 원주민의 주거비용이 증가하는 문제가 발생되고 있다. 따라서 실질적인 주거비 보조제도 등 저소득층 주민의 주거비 부담증가를 완화시켜 줄 수 있는 방안이 마련되어야 한다.

주거환경개선사업은 시행과정에서 주민참여가 배제되고 행정편의주의로 사업이 추진되어 사업 후에 우리 동네가 아니라 남의 동네로 변모된다는 비난을 받고 있다. 앞으로의 주거환경개선사업은 저소득층 주민들이 지역이 안고 있는 다양한 문제에 대해 지속적인 논의와 협의

과정을 통해 합리적 해결방안을 모색하는 과정이 되어야 한다. 주민의 적극적 참여를 통하여 세입자 권익보호, 토지보상비와 분양가 책정, 사업방식 결정, 임시 거주시설 설치 등의 사안에 대해 사업주체와 협의하고 합의를 통해 보다 나은 주거환경을 만들어 간다면 사업 후 저소득층 원주민이 퇴거되는 일은 크게 줄어들 수 있을 것이다.

(2) 주거환경 확보가 가능한 사업

주거환경개선사업은 정비효과가 매우 미흡하여 재불량화된다는 비판을 받고 있다. 따라서 거주자의 생활수준을 고려하면서 일정수준 이상의 주거환경이 확보되도록 사업계획을 수립하여야 한다. 일정수준 이상의 주거환경이 갖추어지기 위해서는 건강성, 쾌적성, 편리성 증진에 기본적으로 요구되는 일조권 및 프라이버시 확보, 지구 내 도로 및 주차장 확보가 반드시 이루어져야 한다. 또한 주거환경개선사업 시행시 소득수준, 세입자비율, 개량비용 등 사회경제적 요소와 지형, 입지특성, 기반시설 현황, 국·공유지 비율 등 도시계획적인 요소를 고려하여 정비효과를 높일 수 있는 적정한 사업방식이 결정되어야 한다. 적정한 사업방식의 결정은 정비효과의 제고는 물론 사업성 확보와 효율적인 공공투자를 도모하는 데 매우 중요하기 때문이다.

사업방식별로 개선방안을 살펴보면, 현지개량 방식의 경우 주민 스스로 건축물을 개량하는 과정에서 정비효과가 떨어지고 사업이 지연되어 열악한 주거환경이 장기간 방치되는 사례가 많다. 정비효과를 높이기 위해서는 기존의 특례규정 중 오히려 과도한 개발을 부추겨서 일조권 및 프라이버시 확보 곤란, 주차장 부족 심화 등 주거환경을 총체적으로 악화시키는 요인이 되고 있는 조항은 과감히 철폐하고 그 대신에 공공의 지원을 늘리는 방안이 검토되어야 한다. 사업지연을 방지하기 위해서는 개선계획상에 사업시행기간을 명시하고, 그 기간 내에 주택개량이 이루어진 경우에만 각종 특례규정을 부여하도록 한다. 공동주택건설방식의 경우, 대상지구가 일반주택지보다 훨씬 과밀한 경우가 많다. 매우 협소한 지역에 고층아파트가 들어섬으로 인해 주민의 생활불편이나 기반시설 미비의 문제가 발생하게 되므로 기존의 세대밀도를 상회하는 고층아파트 건립은 지양되어야 한다. 이를 위하여 우선적으로 공동주택건설방식으로 사업을 시행하고자 하는 지구에 대해서는 일정규모 이상 부지면적을 정하여 사업을 허용하는 것이 반드시 필요하다.

(3) 공공의 적극적 지원에 의한 사업

주거환경개선사업은 저소득층의 생활권 보장과 직결되는 만큼, 공공의 적극적인 지원이 반드시 필요하다. 공공의 지원을 위해서는 충분한 공적자금이 필요하다. 우선 기존의 주거환경개선사업과 관련되는 공적자금 중 국민주택기금을 활용하여 저소득층 주민에게 더욱 유리한 조건으로 융자가 가능하도록 하여야 한다. 이를 위하여 국민주택기금이 저소득층의 주거안정을 중심으로 사용될 수 있도록 기금의 운용방안이 개선되어야 한다. 무상양여되는 국·공유지가 없거나 그 비율이 낮아 사업비 충당에 어려움을 겪고 있는 지구에 대해서는 공공시설 설치비 등에 대하여 국고에서 추가지원하는 방안도 검토될 수 있다. 그러나 주민 대부분이 영세민이라는 점을 감안할 때 재정적 지원만으로는 한계가 있다. 따라서 현실적으로 저소득층 주민에게 도움이 되는 생활비 보조나 소형 임대주택 입주권 등의 사회복지적 차원의 지원이 병행되어야 할 것이다.

6

도시환경정비사업

제 6 장에서는

도심재개발사업과 공장재개발사업이 포함되는 도시환경정비사업을 대상으로 사업개요, 사업절차 등을 살펴본다. 제도변천 및 현황, 문제점, 향후 방향에 대해서는 도심재개발사업과 공장재개발사업을 구분하여 설명한다. 도심재개발사업은 제도형성 배경과 제도변천을 시대적 이슈와 관련지어 기술하며, 추진현황에 대해서는 활성화되지 못한 이유를 중심으로 살펴본다. 문제점은 개별 사업단위의 사업추진, 장소성의 훼손, 사업장기화, 고층 고밀도 개발로 인하여 발생되는 부정적 측면을 분석하고 향후 방향에 대해서는 재개발관련 계획간의 조정 및 통합관리, 사회·경제적 측면을 고려한 종합적 정비지침, 공익성 확보방안, 수복재개발방식의 도입 등을 제시한다. 공장재개발사업은 등장배경, 목표 등이 소개되며, 아직 시행된 적이 없기 때문에 아파트형 공장과 주·상·공 복합건물로 사업형태를 예상해 본다. 또한 이들 사업형태로 추진할 경우 나타날 문제점과 공장재개발 활성화를 위한 정책제안 등이 검토된다.

1. 도시환경정비사업의 개요

1.1 성격 및 절차

도시환경정비사업은 상업지역·공업지역 등으로서 토지의 효율적 이용과 도심 또는 부도심 등 도시기능의 회복이 필요한 지역에서 도시환경을 개선하기 위하여 시행하는 사업이다. 과거 '도시재개발법'의 도심재개발사업과 공장재개발사업이 도시환경정비사업으로 통합되었다. 양 사업의 성격을 살펴보면, 도심재개발사업은 도심지 또는 부도심지와 간선도로변의 기능이 쇠퇴해진 시가지를 대상으로 그 기능을 회복 또는 전환하기 위하여 시행하는 재개발사업으로 정의할 수 있다. 공장재개발사업은 노후·불량한 공장 등이 있는 공업지역의 기능을 회복하기 위하여 시행하는 재개발사업이다. 도심재개발사업과 공장재개발사업의 구체적인 내용은 다음 절에서 살펴보기로 한다.

도시환경정비사업은 도시환경정비구역으로 지정된 후 구역 안의 토지 또는 건축물 소유자, 조합, 대한주택공사 등이 시장, 군수, 구청장에게 사업시행자 지정 및 사업시행 인가를 받아서 시행한다. 사업시행자가 토지 또는 건축물 소유자의 분양신청을 받은 후 신축건물에 대한 관리처분계획을 수립하여 시장등의 인가를 받고, 건설공사에 착수하며, 공사완료 후 소유자들에게 신축건물을 분양처분하고 청산하게 된다. 도시환경정비사업의 절차는 주택재개발사업과 기본적으로 동일하므로 구체적인 내용은 3장 주택재개발사업편을 참조하기로 한다.

1.2 지정기준

도시환경정비사업을 위한 구역의 지정시 물리적 기준은 도시별로 편차가 크므로 다음과 같은 공통적 기준을 가진 지역을 대상으로 한다.

- 정비기반시설의 정비에 따라 토지가 건축대지로서의 효용을 다 할 수 없게 되거나 과소토지로 되어 도시의 환경이 현저히 불량

하게 될 우려가 있는 지역

- 건축물이 노후·불량하여 그 기능을 다할 수 없거나 건축물이 과도하게 밀집되어 있어 그 구역 안의 토지의 합리적인 이용과 가치의 증진을 도모하기 곤란한 지역
- 인구, 산업 등이 과도하게 집중되어 있어 도시기능의 회복을 위하여 토지의 합리적인 이용이 요청되는 지역
- 당해 지역 안의 최저고도지구의 토지(정비기반시설용지 제외)면적이 전체 토지면적의 50%를 초과하고, 그 최저고도에 미달하는 건축물이 당해 지역 안 건축물 바닥면적 합계의 2/3 이상인 지역
- 공장의 매연, 소음 등으로 인접지역에 보건위생상 위해를 초래할 우려가 있는 공업지역 또는 '산업집적 활성화 및 공장설립에 관한 법률'에 의한 도시형 업종이나 공해발생 정도가 낮은 업종으로 전환하고자 하는 공업지역

1.3 사업방법 및 시행자

도시환경정비사업은 정비구역 안에서 인가받은 관리처분계획에 따라 건축물을 공급하는 방법 또는 환지로 공급하는 방법으로 추진될 수 있다. 도시환경정비사업은 원칙적으로 조합 또는 토지 등의 소유자가 시행하거나, 조합 또는 토지 등의 소유자가 조합 또는 토지 등 소유자의 1/2 이상의 동의를 얻어 시장, 군수, 대한주택공사 또는 한국토지공사와 공동으로 이를 시행할 수 있다. 그러나 다음의 경우에 있어서는 직접 정비사업을 시행하거나, 시장, 군수가 토지 등 소유자로서의 지정개발자[1](①, ②의 경우에 한함) 또는 주택공사 등을 사업시행자로 지

1) 지정개발자의 요건은 정비구역 안의 토지면적의 50% 이상을 소유한 자로서 토지 등 소유자의 50% 이상의 추천을 받은 자, '사회간접자본시설에 대한 민간투자법'에 의한 민관합동법인으로서 토지 등 소유자의 50% 이상의 추천을 받은 자, 정비구역

정하여 정비사업을 시행하게 할 수 있다.

① 천재지변 및 그 밖의 불가피한 사유로 인하여 긴급히 정비사업을 시행할 필요가 있다고 인정되는 때

② 조합이 정비구역 지정고시가 있은 날부터 2년 이내에 사업시행 인가를 신청하지 아니하거나 사업시행 인가를 신청한 내용이 위법 또는 부당하다고 인정되는 때

③ 지방자치단체의 장이 시행하는 도시계획사업과 병행하여 정비사업을 시행할 필요가 있다고 인정되는 때

④ 순환정비방식에 의하여 정비사업을 시행할 필요가 있다고 인정되는 때

⑤ 사업시행 인가가 취소된 때

⑥ 당해 정비구역 안의 국·공유지 면적이 전체 토지면적의 1/2 이상인 때

⑦ 당해 정비구역 안의 토지면적의 1/2 이상의 토지소유자와 토지소유자의 2/3 이상에 해당하는 자가 시장, 군수 또는 주택공사 등을 사업시행자로 지정할 것을 요청하는 때

2. 도심재개발사업

2.1 도심재개발사업의 전개과정

도심재개발사업은 도시외곽지역의 평면적 확산에 의하여 발생되는 각종 도시문제를 해결하기 위한 수단으로 그 필요성이 제기되었다. 도시내부의 가용토지가 한계에 달하게 되면서 토지에 대한 신규 수요의 충족을 위하여 외곽지역이 개발된다. 그 과정에서 도시전체의 차원에서 볼 때 사회간접자본의 비효율적 투자, 자연환경의 악화, 직주원격

안의 토지면적의 1/3 이상의 토지를 신탁받은 부동산신탁회사.

화에 따른 통근교통량 증가 등의 문제가 발생되며, 도심지역에는 도심 공동화현상 발생, 근린생활시설 및 오픈스페이스 부족 등의 문제가 심화된다. 이는 도시구조적 측면 뿐 아니라, 도시관리적 측면에서도 추가적 부담을 가중시킨다. 따라서, 도시전체 및 도심지역 차원에서 도시 내 토지의 고도이용을 추구하는 도심재개발을 통하여 이들 문제를 해결할 필요가 있다.

이처럼 정책적 필요성에 따라 도심재개발이 추진되게 되는데, 서울에서는 급격한 도시화의 진전으로 교외지역의 개발이 빨리, 그리고 대규모로 일어났으며, 1980년대 아시안게임과 올림픽을 대비한 정책사업으로 도심재개발이 활발하게 추진되었다. 여기에서는 우리나라 도심재개발사업의 대부분을 차지하고 있는 서울을 중심으로 살펴보기로 한다.

서울에서 도심재개발의 필요성이 인식되어 정책적으로 시행된 것은 1960년대부터의 일이다.[2] 이 당시 서울의 중심부는 이조시대부터 내려오는 영세한 필지, 협소한 도로, 불규칙한 토지구획 등 열악한 도시구조를 가지고 있었다. 그러한 도시구조 위에서 한국전쟁 후 급속히 진행된 난개발로 시가지의 물리적 여건은 매우 과밀하고 무질서한 상태에 놓여 있었다. 여기에다 국가의 재정적 빈곤, 매우 낮은 국민소득 등으로 영세하고 노후한 건물이 무질서하게 집적되어 있었다.

시가지의 낙후된 상태는 안전, 위생, 미관 등의 측면에서 시급히 개선되어야 할 도시문제로 인식되었고, 1960년대 후반에 '도시계획법'에 집단적 재개발을 할 수 있는 제도적 장치가 마련되면서 도심부를 대상으로 도심재개발구역이 지정되게 된다. 1976년 '도시재개발법'이 제정되면서 본격적인 제도적 기반이 갖추어지고 적극적인 도심재개발사업이 전개되기 시작하였다. 서울에서는 1978년 최초의 도심재개발 기본계획이 수립되었고, 그 후 수차례의 수정을 거쳐 오늘에 이르고 있다. 1970년대부터 현재까지 견지해 오고 있는 도심재개발의 기본방향은 전면적인 철거재개발을 통하여 도로, 주차장, 공원 등 기반시설을 확보하면서 현대식 고층건물을 건설하여 낙후되고 무질서한 도심부를

2) 서울특별시, 「서울시 도심재개발기본계획」, p.7, 2001.

혁신적으로 개조한다는 것이다.

서울시의 도심재개발구역 지정을 살펴보면 1960년대 후반부터 도심부에서 도심재개발구역이 지정되기 시작하여 1970년대에 가서는 부도심지역인 마포, 1990년대에는 청량리 지역까지 포함시켜 198만m^2의 구역을 지정하였다.[3] 1970년대는 강력한 도심개조 의지에 따라 대대적인 지구지정이 이루어져 약 106만m^2이 지정되었고, 1980년대에는 아시안게임과 서울올림픽을 대비한 도심정비의 필요성이 제기되어 약 36만m^2이 추가되었다. 1990년대에 들어가서는 올림픽 종료 이후 재개발보다는 도시관리가 강조되어 이전보다 규모가 훨씬 적은 약 7만m^2만이 도심재개발구역으로 지정되었다.

이처럼 1960년대 후반부터 도심재개발구역이 의욕적으로 지정되었으나, 실제 재개발사업이 활발하게 일어난 것은 1980년대이다. 도심재개발사업이 추진되기 위해서는 개발수요가 있어야 하나, 1970년대에는 개발수요가 빈약하여 구역지정만이 이루어지고 사업추진실적은 미약하였다. 그 결과 1970년대에 지정된 구역 중 아직도 시행되지 않은 채 남아 있는 곳이 존재하고 있다. 1980년대에 들어서서는 고도성장으로 대기업이 생겨나고 도심부의 업무공간 수요가 급증하였을 뿐 아니라, 아시안게임과 올림픽을 계기로 도심재개발이 정책적으로 추진되어 많은 지역에서 사업이 시행되었다. 1990년대에 들어서서는 도심관리가 중시되어 소극적인 사업추진이 이루어졌으나, 후반에 들어서서는 증가추세를 보이다가 소위 IMF사태로 인하여 다시 침체기를 맞게되었다.

2.2 도심재개발사업의 추진현황

1973년 서울에서 11개 구역이 도심재개발구역으로 처음 지정된 이후 2000년 말까지 약 827만m^2의 면적에 해당하는 총 552개 지구에서 지구지정이 이루어졌다. 사업추진현황을 살펴보면, 총 552개 지구 중 25.9%에 이르는 143개 지구에서만 재개발사업이 완료되었고, 9.2%에

3) 서울특별시, 「서울시 도심재개발기본계획」, p.10, 2001

이르는 51개 지구에서는 재개발사업이 진행중에 있으며, 절반이 훨씬 넘는 64.9%에 이르는 358개 지구에서는 아직 도심재개발이 시행되지 않고 있다. 이러한 사업추진의 부진은 면적으로 볼 경우 더욱 심각해, 재개발구역으로 지정된 약 827만m^2의 부지 중에서 8%에 불과한 66만m^2이 사업이 완료되었고, 3.4%인 28만m^2가 진행중에 있으며, 88.6%에 이르는 733만m^2는 아직 사업에 착수하지 못하고 있는 실정이다.

이처럼 우리나라의 도심재개발사업은 지구로 지정된 채 장기간 사업이 시행되지 못하고 있는 상황이다. 이는 도심지역의 높은 지가로 막대한 사업비가 소요되고, 주민동의가 어렵기 때문으로 판단된다. 많은 지구에서는 토지소유주가 이미 높은 임대료를 받고 있어 재개발로 인한 경제적 이익이 그다지 크지 않기 때문에 도심재개발에 적극적이지 않다. 또한 권리금 문제 등 법적으로 보장되지 않는 복잡한 임차관계도 재개발 추진에 어려움을 초래하고 있다.

〈표 6-1〉 도심재개발사업 추진현황

지역	구역지정		완료		시행중		미착공	
	지구수	면적(천m^2)	지구수	면적(천m^2)	지구수	면적(천m^2)	지구수	면적(천m^2)
계	552	8,268	143	659	51	281	358	7,328
서울	484	2,083	137	612	48	246	299	1,225
부산	31	4,089	1	7	2	24	28	4,058
대구	9	65	5	40	0	0	4	25
대전	28	2,031	0	0	1	11	27	2,020

* 1962년 이후 2000년까지의 누계실적임. 2001년, 2002년의 통계에는 일부 도시의 구역이 누락되어 있어 2000년도의 통계를 활용하였음.

자료: 건설교통부, 2000, 건설교통통계연보(건설부문)

〈표 6-2〉 서울시 연도별 도심재개발사업 추진현황(1998.12.30)

구 분	사업인가지구수	사업완료지구수
1973~1979	23	4
1980	7	10
1981	7	4
1982	8	5
1983	20	4
1984	33	6
1985	11	15
1986	12	11
1987	3	12
1988	3	14
1989	11	6
1990	6	2
1991	2	5
1992	3	5
1993	2	4
1994	1	1
1995	4	9
1996	2	4
1997	11	4
1998	8	1

자료: 서울특별시, 2001, 「서울시 도심재개발 기본계획」, p.13

지역별로 보면 서울에서 전체의 87.7%인 484개의 지구가 도심재개발지구로 지정되어 있고, 나머지 10여%를 부산, 대전, 대구의 순으로 차지하고 있다. 서울을 제외한 나머지 도시에서의 도심재개발 추진실적은 매우 미미한 수준이다. 그나마 이들 대도시 이외에는 도심재개발 지구지정조차 이루어지지 않고 있는 실정이다. 토지소유권이 세분되어 있는 구역에서 집단적인 철거재개발이라는 복잡하고 어려운 방식을 통해 도심재개발이 일어나기 위해서는 개발의 경제적 타당성을 부여할 수 있는 개발수요가 있어야 되기 때문에 경제적 집적도가 높은 서울에서만 주로 도심재개발사업이 추진되고 있다.

도심재개발사업의 대부분이 이루어지고 있는 서울의 연도별 추진 현황을 살펴보면, 도심재개발구역이 활발하게 추진된 것은 1980년대임을 알 수 있다. 1970년대에 도심재개발지구가 많이 지정되었지만, 1973년부터 1979년 사이 7년간 23개 지구에서만 사업이 인가되었고 사업이 완료된 것은 4개 지구에 불과하다. 1980년대에 들어서면서 경제성장으로 도심부의 업무공간 수요가 급증하였고, 86아시안게임, 88올림픽을 계기로 도심재개발사업이 활발하게 추진되었다. 1983년도에 20개 지구, 1984년도에는 사상 최대인 33개 지구에서 사업이 인가되었고, 1985년부터 1988년까지는 매년 10개 지구 이상에서 도심재개발사업이 완료되었다. 1988년 올림픽 이후 서울의 도심재개발사업은 다시 정체기를 맞았다. 특히, 1990년대 전반부에는 한해에 1~2개 지구에서만 사업이 인가되었고, 1990년대 후반부에 잠시 상승국면에 접어들었다가 외환위기 사태로 다시 하강추세를 보이게 된다.

2.3 도심재개발사업의 문제점

(1) 개별 사업단위로 추진

도심재개발사업이 개별 사업단위로 추진되어 구조적인 도시문제 해결 및 장래발전을 위한 정비수단으로서의 기능을 못하고 있다. 주변지역과는 상관없이 업무용도 위주의 재개발이 추진되어 주변과 조화로운 개발이 이루어지지 못하고, 재개발 후 주변지역에 토지이용 및 환경에 부정적 영향을 끼치고 있다. 특히 도심재개발구역과 연접한 저층 주택가에 상업계 용도가 침투되고 일조권 침해 등 주변지역에 피해를 주고 있다. 지역 및 도시차원의 종합계획이 없는 가운데 주변지역과 연계 없이 사업이 추진되다 보니 지구 내의 교통흐름과 보행자동선의 단절을 야기시키고 있다. 결국, 개별 사업단위로 추진되는 도심재개발사업은 정비효과가 미약하고, 오히려 업무기능 과집중, 교통환경 악화 등 새로운 도시문제를 발생시키고 있다.

(2) 장소성의 훼손

전면적인 철거재개발을 위주로 도심재개발이 시행됨으로써 도심부가 가지고 있는 역사성있고 정취있는 장소적인 특성과 매력이 훼손되고 있다. 도심재개발이 추진되기 이전에는 다수의 건물에 수용되어 있던 다양한 용도가 철거재개발을 통해 소멸되고 단일 대형건물이 들어섬으로써 다양성이 상실되어 가고 있다. 또한 다양한 상업기능이 업무기능으로 대체됨으로써 도로변의 보행활동이 현격히 저하되고 있다. 결국, 재개발 이전에 다양한 소규모 업종이 밀집되어 아기자기하고 인간적인 분위기를 간직하고 있던 도심부의 특성이 사라지고 있는 것이다.

(3) 사업장기화에 따른 황폐화

도심재개발구역으로 지정된 지구의 상당수가 아직 사업이 시행되지 않고 있다. 도심재개발로 지정된 채 장기간 사업이 시행되지 않아 개별적인 신축 및 건축투자가 이루어지지 못하고 있다. 또한 사업의 장기화로 인해 재개발구역 내에 황폐화가 진행되어 재산상의 불이익을 초래하거나, 도로, 공원, 주차장 등 공공시설의 확보가 미진하여 주민의 생활에 불편을 가중시키고 있다.

(4) 고층·고밀도 개발로 인한 도심환경 악화

도심재개발사업은 시행을 거의 대부분 민간투자에 의존하고 있다. 도심재개발사업이 원활히 추진되기 위해서는 민간개발사업자의 사업성을 확보할 수 있는 높은 개발밀도를 제공하여야 하고, 이는 높은 층수와 연결된다. 고층·고밀도 개발에 따라 도심부의 교통혼잡이 개선되지 못하고 있으며, 건물상호간의 부조화로 도심부의 경관을 훼손시키고, 인간적인 분위기를 해치는 등 도심환경을 악화시키고 있다.

2.4 도심재개발사업의 발전방향

도심지역에서 다양한 정비사업이 실시되고 있지만, 정비사업간 연계성이 결여된 가운데 개별사업으로 실시되고 있어 정비효과를 저하시키는 요인이 되고 있다. 이를 해결하기 위해서는 재개발관련 계획간의 조정 및 통합관리를 위한 제도적 장치를 마련하여 도시전체를 대상으로 하는 도시 및 주거환경기본계획에 의한 단계적인 사업추진이 이루어져야 한다. 도시 및 주거환경기본계획은 해당 도시의 도시기본계획과 자치구 기본계획에서 정비와 관련되어 제시된 주요과제를 전략적으로 구체화하는 수단으로 활용되어야 한다. 도시 및 주거환경기본계획에서는 도시 및 지역차원에서 제기되는 다양한 정비과제를 도심재개발사업에 투영하는 하향식 접근과 지구차원의 개별적인 사업 및 주민 요구사항을 반영하는 상향식 접근의 겸비가 필요하다. 또한, 물리적 환경정비 중심에서 경제적, 사회적 측면까지 포괄하여 도시기능의 활성화, 안정된 상주인구의 확보, 저소득층 주거지 유지 등까지 포함하는 종합적 정비지침이 되는 것이 바람직하다.

도심재개발사업은 철거위주의 재개발정책에서 탈피하여 도심부의 특성을 유지하는 방향으로 발전시켜야 할 것이다. 도심부가 특유의 매력과 역사성을 간직하면서 발전해 나갈 수 있도록 도시관리, 역사적 환경보존, 보행 및 교통환경 개선 등이 도모되어야 한다. 지역특성을 고려한 도심재개발은 공익성에 근거하여 추진되어야 수월하게 계획목표 달성이 이루어질 수 있다. 그러나 현실적으로 볼 때, 도심재개발이 활발히 일어나기 위해서는 민간부문의 투자가 이루어져야 하며 민간투자를 유도하기 위해서는 충분한 사업성이 확보되어야 한다. 결국, 사업성이 확보될 수 있는 재개발이 되기 위해서는 높은 개발밀도를 제공하여야 한다. 이러한 고밀도 개발은 고층개발로 나타남으로써 도심부 환경악화의 주원인이 되며, 공익성과 상치되는 문제를 유발시킨다. 따라서 공익성있는 도심재개발을 추진하기 위해서는 충분한 재정확보를 통한 공공재정 투입이 가능하도록 하여 사업성 위주의 고층·고밀도 개발을 억제할 수 있어야 할 것이다.

도심재개발에서 주로 적용되는 전면적인 철거재개발방식은 기존의 물리적, 사회적, 산업적 도시조직을 파괴하는 한편, 역사성이 강하고 인간적인 도심부의 장소성을 훼손시킨다는 비판을 받고 있다. 따라서 철거재개발 일색에서 탈피하여 다양한 재개발수법의 적용을 통해서 이러한 문제점을 개선시켜야 한다.

철거재개발방식의 대안으로 생각할 수 있는 것은 도심특유의 공간조직과 그에 밀착되어 있는 산업조직에 급격한 변화를 주지 않으면서 정비해 나가는 수복재개발방식이다. 소단위 적응형 개발방식인 수복재개발은 몇 개의 필지가 모인 규모로 기존의 도로와 필지체계를 유지하면서 재개발하는 것이다. 이 방식은 기존 재개발에 비해 개발의 단위가 작고, 그 단위가 필지경계를 따라감으로 토지소유주와의 합의를 도출하는 데 용이한 장점이 있다. 또한 소규모 건축물이 건설됨으로써 업무·상업공간의 원활한 공급과 임대료 경쟁력이 유지되며, 산업적응력도 높고 도심부의 장소성을 살리기에도 적합하다.

수복재개발과 더불어 역사적 건축물을 보존하기 위한 보전재개발 수법도 고려되어야 한다. 보전재개발은 도심재개발구역 내 역사·문화적인 유산이 있을 경우 이를 철거하지 않고 보존하는 것이다. 역사적 가치를 가진 건물의 소유자는 이를 보존할 의무가 부과되며, 그 대가로 용적률, 건폐율, 건물높이 등에 대한 인센티브가 주어지기도 하며 재정지원이나 세금감면 혜택 등이 제공될 수도 있다. 도심부 내 역사적 환경보존을 위하여 보전재개발을 적극 활용할 필요가 있다.

도심재개발사업은 주택관련 재개발사업과는 달리 미 시행지구가 많고, 이와 관련하여 사업이 장기화되는 문제점을 노출하고 있다. 이러한 문제는 우선 구역지정 단계에서부터 시정되어야 한다. 도심재개발사업의 구역지정에 있어 시행을 전제로 한 개발계획 및 투자계획이 가시화된 경우에 한하여 지정되도록 할 필요가 있다. 또한 규제완화와 행·재정지원 강화를 통하여 미 시행지구의 재개발을 활성화시켜야 한다. 규제완화는 사업시행 절차의 간소화를 통해 이루어져야 하며, 이를 위해 도심재개발사업의 시행단계를 축소시키고 관련서류를 감축시키는 방향으로 시행절차의 개선을 검토하여야할 것이다. 이와 더불어 각종 평가 및 심의를 통합하여 운영하는 방안도 고려될 수 있다. 예를 들면, 교통

영향평가와 건축심의를 통합·운영하여 교통에 관한 사항과 도시설계 및 건축에 관한 사항을 종합적으로 판단하여 심의할 수 있도록 한다는 것이다. 행·재정지원 강화로는 재개발기금의 규모를 확대하여 사업지구에 대한 융자규모를 늘리는 것이 우선적으로 검토될 수 있다. 이를 위해서는 다양한 재원확보 방안을 모색하여야 한다. 이 외에도 도심재개발사업에 부과되는 과밀부담금을 정책적 당위성이 있고 사업활성화가 반드시 필요한 경우 감면시켜 주는 방안도 생각해 볼 수 있다.

3. 공장재개발사업

3.1 공장재개발사업의 등장배경과 목표

(1) 공장재개발사업의 등장배경

대도시의 준공업지역들은 대부분 소규모의 낙후된 영세공장들이 밀집되어 있어 근로여건이 좋지 않고 도시경관을 저해하며 화재 등 각종 재난에 대비한 시설이 부족해 환경이 극히 취약한 상태에 있다. 준공업지역은 경공업기능을 주로 담기 위한 공간으로 지정되었으나 허용용도가 가장 다양한 용도지역이다. 이러한 이유로 주택과 공장이 혼재하여 상호간에 부정적 외부효과를 미치고 있다.

서울의 경우 1980년대 이후 대규모 공장이 이전하고 아파트가 무계획적으로 들어서기 시작하면서 산업입지기반을 침식하고 주택과 공장의 혼재가 심화되고 있다. 그 결과 도시기반시설, 환경문제 등 다양한 도시문제가 표출되어 왔다. 현재 서울에 남아 있는 제조업은 대개 영세규모로, 특히 공장밀집지역은 영세한 필지 규모에 노후화되어 상당히 열악한 조업환경을 보이고 있다. 한편 전반적으로 소득이 상승하고 환경에 대한 주민들의 인식이 향상됨으로써 환경친화적인 산업여건 및 생활환경 개선에 대한 주민들의 요구나 기대치가 높아져 적절한 대응

방안이 요구되고 있다.

이러한 사회경제적 요구가 반영되어 1995년 12월 '도시재개발법' 개정시 도심재개발사업과 주택재개발사업에 추가되어 공장재개발사업이 탄생하게 되었다. 공장재개발사업의 주요 대상지는 이미 기술한 바와 같이 준공업지역이다. 이 지역에는 처음부터 공장으로 이용되던 곳도 있으나 노후주택을 개조하여 공장으로 사용하는 등 노후·불량공장이 많으며, 영세한 임대공장들도 많이 입지하고 있다. 공장재개발사업은 아직 시행방안이 마련되어있지 않은 상황이어서 시행한 사례가 전무한 상황이다.[4]

(2) 공장재개발사업의 목표

공장재개발사업은 낙후된 준공업지역을 물리적으로 정비하고자 하는 도시계획적 필요성과 함께 대도시의 산업을 발전시키고자 하는 산업경제적 목표를 동시에 추구하고 있다.

① 산업경제적 목표

서구의 일부 대도시는 제조업의 교외이전으로 도시 쇠퇴를 경험하였으며, 아직 제조업 기능이 유지되고 있는 대도시들은 쇠퇴도시의 전철을 밟지 않기 위해 도시 내의 제조업 활성화에 힘을 기울이고 있다. 공장재개발의 주요 대상지가 되는 준공업지역의 경우 서울 등의 대도시에서는 대규모 공장의 이전 적지가 아파트단지로 개발되면서 공업용 면적보다 주거용 면적이 더 많은 비중을 차지하고 있다. 준공업지역의 의미가 상실될 경우 산업구조 변화에 따른 새로운 산업입지수요에 대한 계획적인 대처가 근본적으로 곤란하게 된다. 또한 공업집적 지역도 대부분 노후화되어 있고 생산환경이 열악하여 민간의 재투자가 기피되고 있다. 공장용지의 용도전환과 투자회피에 의해 제조업의 기능이 축소되면 고용기회가 감소하고 실업이 증가할 뿐 아니라 도시가 쇠퇴할 수 있다. 이러한

4) 서울특별시, 2000, 「준공업지역 종합정비계획」.

도시 쇠퇴를 막기 위해서는 공장재개발을 통하여 제조업의 기능 활성화에 노력할 필요가 있다.

현재 대도시 내 공장들은 대도시에서 발전가능한 지식집약적 업종이나 청정업종보다는 노동집약적 업종이나 공해업종이 차지하는 비율이 높다. 이러한 업종은 주변지역의 민원을 야기할 수 있고 급속히 고도화되고 있는 산업구조변화에 대처할 수 없다. 공장재개발을 통하여 대도시에서 발전이 가능한 고부가가치의 도시형 산업을 중심으로 산업구조를 재편할 필요가 있다. 또한 공업지역의 공장들은 노후화 등으로 열악한 생산환경을 가지고 있어 생산성이 저하되고 있으며, 청년층 인력확보에 어려움을 초래시키고 있다. 생산환경, 근로조건, 생활의 질이 중시되는 고도산업사회로 진입하는 과정에서 기존의 제조업지역은 이러한 요구를 충족시키지 못하므로 생산성 향상, 고급인력확보 측면에서도 공장재개발은 필요하다.

② 도시계획적 목표

준공업지역에서의 아파트단지 건설로 공장 사이에 주거공간이 산발적으로 입지하면서 공장으로부터의 각종 매연과 소음으로 민원이 증대되고 있고, 아파트 건립으로 인한 기반시설 부족으로 교통난이 발생하는 등 많은 도시문제가 나타나고 있다. 이와 같은 문제점이 나타나는 것은 무계획적으로 주공혼재가 이루어지기 때문이다. 그러나, 가구별 또는 블록별로 기능이 분리되어 부정적 외부효과를 최대한 감소시킨다면 같은 지역 안에서도 기능간의 조화가 가능하다. 주공혼합은 직주근접으로 인한 출퇴근 비용과 교통발생량 감소, 그리고 기업 입장에서는 노동력확보의 용이성 등 장점을 가지고 있다. 이러한 장점을 살리려면 상이한 기능이 조화롭게 공존할 수 있도록 무계획적으로 용도가 혼재된 지역을 도시계획적으로 재정비하는 것이 필요한데 공장재개발은 이러한 역할을 수행할 수 있다.

준공업지역 내 공장밀집 지역은 계속적으로 노후화가 진행되고 있고, 좁은 서비스 도로, 주차공간 부족, 협소한 조업공간 등 열악한 조업환경으로 낮은 생산성을 나타내고 있다. 이와 같은 조업환경으로 인해 타용도 개발에 대한 압력이 증가하여 제조업의 입지기반이 약화되고 있다. 기성공업지 재정비에는 공장재개발사업이 도시계획사업으로서 효과적인 역할을 할 수 있으므로 공장재개발을 통하여 제조업을 활성화시킬 필요가 있다.

3.2 공장재개발 사업의 개발방향

공장재개발사업은 밀집된 소규모공장을 철거하고 그 부지 위에 아파트형 공장이나 주거, 상업, 제조업이 함께 들어가는 초고층 주·상·공 복합건물이 건설되는 형태로 추진될 것으로 예상된다.

① 아파트형 공장

공장재개발사업은 사업성 또는 수요를 고려할 때 아파트형 공장이 적용될 가능성이 높다. 아파트형 공장은 공장 위주의 용도이므로 사업시행자 입장에서 볼 때 분양성에 다소 어려움이 따를 수 있다. 그러나, 아파트형 공장에 대해서 다양한 지원대책이 이루어지고 있어 사업추진에 도움이 되고 있다. 아파트형 공장은 중소기업 창업 및 진흥기금 중 중소기업구조 고도화자금과, 지방중소기업 육성자금 및 중소기업 육성기금 중 중소기업 입지지원 자금이 지원되고 있고, 아파트형 공장 설립주체에 따라 다르나 다양한 세제지원이 이루어지고 있다. 아파트형 공장에 대한 정책적 지원을 하는 이유는 토지의 효율적 이용, 영세 소규모 업체들의 입지난 해소, 무등록 공장의 양성화, 자가공장 확보 유도, 중소기업의 경쟁력 제고, 저소득층의 소득창출 등 다양하다.

'수도권정비계획법'에서는 수도권에 인구집중 유발시설의 과도한 집중을 억제하기 위하여 공장 등 시설의 신·증설에 따른 총허용량을 정하여 규제하고 있다. 그러나 1996년부터 아파트형 공장의 경우 총량규모에서 제외되도록 하였다. 이러한 조치는 아파트형 공장의 입지제한을 완화하여 공장재개발사업이 필요한 서울 등 수도권에서 아파트형 공장 건설을 통한 공장 재정비의 가능성을 높여주고 있다.

② 주 · 상 · 공 복합건물

공장재개발의 또 다른 사업형태는 사업시행자들이 사업성을 확보하기 위하여 복합건물을 건설하는 것이다. 밀집된 소규모공장을 철거하고 주거기능과 상업, 제조업이 함께 들어서는 초고층 주·상·공 복합건물을 지어 입주자들의 생산성을 높이는 방법이다. 주·상·공 복합건물에는 공해가 적고 부가가치가 높은 컴퓨터, 전자, 통신 등의 도시형 산업이 들어서도록 유도하고, 지하에는 쇼핑센터와 체육시설 등 각종 복지시설을 갖추고, 윗층에는 근로자 기숙사와 기술개발을 지원하는 시설을 마련한다. 복합건물을 건설하는 데 소요되는 비용에 대해서는 장기저리의 융자금을 지원해 주는 방안이 검토되고 있다.

'주택건설기준 등에 관한 규정'에서는 공장 등 주거환경에 지장이 있다고 판단되는 시설은 주택과 복합건축물로 건설될 수 없도록 하고 있다. 그러나, 공장재개발이 제도화되면서 1996년 단서규정이 신설되어 도심재개발 또는 공장재개발사업에서는 복합건축물이 가능하도록 하였다.[5] 이러한 조치로 복합건축물 건설을 통한 공장재개발 추진의 큰 장벽이 제거되었다고 할 수 있다.

3.3 예상되는 문제점

공장재개발에서 예상되는 문제점은 우선 이전 및 건설비용의 추가

5) '주택건설기준 등에 관한 규정' 제12조 1항에 의하면 숙박시설, 위락시설, 공연장, 공장이나 위험물저장 및 처리시설 기타 사업계획승인권자가 주거환경에 지장이 있다고 인정하는 시설은 주택과 복합건축물로 건설하여서는 아니 된다. 다만, 도시재개발법에 의한 도심재개발사업 또는 공장재개발사업에 따라 복합건축물을 건설하는 경우에는 그러하지 아니하다.

부담과 사업기간 중 이전에 의한 조업활동의 타격이다. 토지소유주의 입장에서는 이미 임차인으로부터 임대료를 받고 있기 때문에 수년간 임대료를 포기하고 추가부담까지 하면서 공장재개발사업을 추진할 동기가 미약하다. 직영공장주의 경우에도 생업인 조업활동을 중지하던가 별도의 지역에 이전해야 하는데, 그 정도의 희생을 감수하면서 얻는 경제적 이익이 과연 얼마나 돌아올 수 있는가에 회의적 시각을 가지게 된다. 실제로 공장재개발은 주택관련 재개발과 비교하여 수익성이 낮은 경우가 훨씬 많다. 결국 재개발사업 추진시 지불하여야 하는 비용에 비해 예상되는 경제적 편익이 높지 않기 때문에 공장주들이 공장재개발사업에 대하여 회의적 시각을 갖게 만든다.

공장주에게 사업동의를 얻더라도 사업기간 중 임시로 이전하여 조업이 가능한 임시 이전장소의 확보가 어렵다는 점은 또 다른 문제점이다. 공장입지는 주택과 달리 입지가 제한되므로, 특히 공장의 신·증설이 규제되는 수도권의 경우는 공장이전지를 확보하가 매우 어렵다. 재개발구역 내 입지한 공장이 비도시형 업종일 경우에는 이전을 유도하는 것도 가능하나, 도시형 공장으로서 현재 입지에서 조업을 계속하고자 하는 공장의 경우는 이전대책을 제시하지 않는 한 사업추진이 현실적으로 어렵게 될 가능성이 매우 높다. 따라서 사업시행 이전에 이전대체지를 인근지역에 마련하지 않는다면 공장재개발사업의 추진은 난항을 겪게 될 것이다.

토지 및 건물주와 임차공장주 간의 의견불일치도 공장재개발 추진에 장애요소로 작용할 것이다. 토지 및 건물소유주는 사업 후 발생할 경제적 이익에 관심이 있는 반면, 임차공장주들은 사업 후 추가비용없는 조업활동을 기대하게 된다. 이와 관련하여 주택재개발과 달리 높은 경제적 이익이 확보되기 어려운 공장재개발사업에 대해 토지소유자의 동의를 받기가 어려울 것이다. 또한 임대공장이 많아 세입자 대책이 어렵고, 공장재개발사업 이후 특히 영세 임대업주들은 임대료 상승으로 인해 재입주가 어려울 것이므로 사업에 반대할 가능성이 매우 높다. 토지 및 건물주와 임차공장주 간의 의견조정뿐 아니라 사업추진에 대한 동의를 얻는 것도 힘들 것으로 예상된다.

사업유형별로 공장재개발 추진시 예상되는 문제점을 살펴보면, 아파트형 공장의 경우 영세 중소기업에게는 입주에 소요되는 자금부담이 너무 크다. 특히, 원래는 무등록 공장이었던 업체가 아파트형 공장에 입주하게 되면 등록공장이 되어 관리비, 세금 등의 비용을 부담하게 되어 더욱 자금압박을 받게 된다. 결국, 비용부담이 큰 아파트형 공장보다는 저렴한 낙후공장을 선호하게 된다.

관계법규에 따라 입주자격의 제한이 가해지기도 하여 선별적인 공장입주가 이루어질 수 있다. 사업시행자가 입주기준을 정하여 입주공고를 하게 되는데, 서울시가 운영하고 있는 임대아파트형 공장의 경우 소음, 진동, 하중 등을 이유로 봉제, 완구, 전기전자 및 조립제품업종과 공장등록을 입주자격으로 하고 있다. 이러한 입주자격 제한은 소음, 진동, 하중 등으로 아파트형 공장의 입주가 어려운 업종의 사업주로 하여금 공장재개발사업에 반대하는 결과를 초래할 수 있다. 또한 업종특성상 아파트형 공장입주가 어려운 기계 및 장비와 조립금속업체들은 저층 단일공장을 선호하는데, 저층 단일공장은 아파트형 공장에 비해 사업성이 떨어지기 때문에 사업시행자와 토지 및 건물소유자들의 재개발사업 참여를 기피하게 만들 수 있다.

복합건물로 사업이 추진될 경우에는 중소제조업체들의 기능활성화보다 주거지나 상업기능에 의한 공업지 잠식이 발생할 수 있다. 또한 주·상·공 복합건물의 경우 공장 위주의 아파트형 공장보다 분양성은 다소 양호할 수 있으나, 아직 시도된 적이 없고 공장에 대한 부정적 인식 등으로 사업성공이 미지수이다. 사업추진시 높은 수익이 발생한 성공적 사례가 많이 나타나지 않는 한, 복합건축물 건설을 통한 공장재개발은 활성화되기 어려울 것으로 예상된다.

3.4 공장재개발 활성화 방안

공장재개발을 활성화시키기 위해서 우선적으로 기본적인 정비방향과 재원조달 문제를 검토하여야 한다. 계획적 개발이 어려운 기성 시가지에서는 무리한 용도혼합을 추진하기보다는 대상지의 현실에 부합하는 주공공존을 선별적으로 수용하도록 한다. 이미 주공혼재가 상당부분 진행된 지역에 대해서는 인근 주택지와 공장 사이에 공원이나 녹지 등의 완충지대를 조성함으로써 주거환경의 악화를 방지하여야 한다.

미래의 정비방향으로는 단기적으로 주거와 공업기능 간의 역기능을 최소화하되 순기능적인 효과를 최대화하는 방향을 모색한다. 중장기적으로는 비공해형 산업지원시설 입지를 유도하여 주거와 공존이 가능한 도시형 산업으로의 입지기반을 구축해 나간다. 주공 용도혼합의 순기능을 인정한 정비를 위해서는 토지이용의 계획적 유도를 위한 제도적 여건이 마련되어야 한다. 우선 상위계획을 설정하고, 현 준공업지역 내의 토지이용 상황을 고려한 세부적인 지구지정 및 적절한 정비계획 수립이 필요하다.

공장재개발의 경우, 민간입장에서는 사업성이 상대적으로 낮으므로 민간참여를 유도하기 위하여 임시 이전공간 마련, 도시기반시설 설치 등 공공부문의 우선투자가 선행되어야 한다. 즉, 민간으로 하여금 재개발사업의 동기를 유발시킬 수 있는 행·재정적 지원책이 마련되어야 한다는 것이다. 이처럼 공장재개발사업을 효율적으로 추진하기 위해서는 다른 재개발사업과 마찬가지로 투자재원이 확보되어야 한다. 공장재개발사업의 경우 현재는 공장재개발기금이 조성되어 있지 못한 실정이다. 우선 공공부문의 선투자 등 소요비용을 안정적으로 확보할 수 있는 공장재개발기금을 조성할 필요가 있다. 그 외 세금감면, 중소기업 육성자금의 우선지원, 중소기업진흥공단에서 지원하는 협동화사업과의 연계도 고려될 수 있다. 또한 추가적인 재원확보를 위해 재산세 증가분을 이용한 재원조성(tax increment financing)[6] 등의 새로운 제

---

6) 재산세 증가분을 이용한 재원조성은 도시재개발사업과 관련있는 저소득층을 위한 주택의 건설이나 도시정비사업을 수행하기 위한 시정부 차원에서의 재원확보 방법이다. 재산세 증가분을 이용한 재원조성의 방법은 재개발사업이 시행될 구역에서 재개발사업으로 발생되는 재산세의 증가분을 향후 재개발사업에 소요되는 비용으로 사용하는 것이다. 재산세 증가분을 이용한 재원조성의 내용은 재개발사업이 인가를

도 도입도 강구할 필요가 있다.

상기에서 서술한 제도적 틀과 재원조달 방안을 고려하면서 공장재개발 추진시 발생되는 현실적 문제에 대한 대책을 마련하여야 한다. 공장재개발 추진시 최우선적으로 고려하여야 할 사항은 현재의 위치에서 계속 조업을 희망하는 공장을 위해 인근지역에 이전대체지를 마련해야 하는 것이다. 이를 위해 인근 공장 이전적지 개발사업과 연계하는 방안을 검토하는 것이 효율적이나, 인근에 공지가 없을 경우 순환정비방식[7]을 고려해 볼 수 있다.

공장재개발시 유치업종 선정은 가능한 인위적인 업종제한은 배제하되 환경기준에 적합한 도시형 공장, 지역 특화산업, 고부가가치산업 등을 중심으로 산업을 집중시킨다. 공해, 소음 등으로 인근 주택지로부터 민원을 야기시킬 수 있는 업종은 이전대책을 강구하여 이전지를 알선해 준다. 아파트형 공장의 입주업종 제한문제와 관련하여 도시형 공장이면서도 아파트형 공장에서 소화해 낼 수 없는 기계, 금속업종 등은 한군데로 군집화하는 방안도 고려해 볼 수 있다.

공장재개발로 인한 추가부담과 임대료 상승으로 재입주율이 낮을 것으로 예상되는 바, 토지소유주에게 분양되는 공장 이외에 주택재개발의 세입자용 임대아파트처럼 세입자를 위한 임대공장을 건설하여 영세 사업장의 수용을 적극적으로 검토하여야 한다. 이 경우 현지 임차공장주에게 입주우선권을 부여하는 등 임대공장에 대한 지원체계 및 제도적 보완이 이루어져야 한다. 또한 고용창출을 위하여 신규 사업입지를 유도할 수 있는 창업공간을 확보하도록 하고 문화, R&D, 생산서비스, 기숙사 등 지원기능에도 관심을 가져야 한다.

주·상·공 복합건물의 경우, 공장 이외 용도 입주자는 공장에 대

받은 연도의 해당구역에 부과된 재산세를 계산하여 매년 증가된 부분만을 일정기간(예, 20년) 동안 따로 징수하여 재개발사업비로 이용하는 것이다.

7) 재개발구역의 일부 지역 또는 당해 재개발구역 외의 지역에 주택(공장재개발의 경우 공장)을 건설하거나 건설될 주택(공장)을 활용하여 재개발구역을 순차적으로 개발하거나 재개발구역 또는 재개발시행지구를 수개의 공구로 분할하여 순차적으로 시행하는 재개발방식을 말함.

한 부정적 인식이 강해 입주를 꺼리는 경우가 많을 수 있다. 입주할 제조업의 업종을 엄격하게 제한함으로써 소음이나 공기오염 등의 우려를 사전에 차단할 필요가 있으며, 주택과 공장부분의 분리를 기술적으로 검토하여 최대한 양호한 주거환경의 확보를 이루어야 할 것이다. 또한, 복합건물에 건설되는 주택은 직주근접을 위해 입주업체 근로자에게 우선적으로 공급할 수 있도록 하고 근로복지아파트에 해당하는 지원방안을 마련하여야 한다. 이를 통하여 미분양으로 인한 사업성 저하를 방지할 수 있을 것이다.

7

해외사례

■ 1. 도시정비의 최근 동향

■ 2. 미국

■ 3. 영국

■ 4. 프랑스

■ 5. 독일

■ 6. 호주

■ 7. 일본

제 7장에서는

세계의 대도시들에서 나타나고 있는 재개발사례를 소개한다. 우선 최근 세계의 대도시들에서 이루어지고 있는 재개발사업의 특징을 민간 중심 재개발, 워터프런트(水邊공간) 개발, 거점 개발, 복합 용도 개발로 설명한다. 그리고 국가별로 몇 개의 사례를 제시하여 그 특징과 전개과정 등을 살펴본다. 여기에 포함된 나라로는 미국, 영국, 프랑스, 독일, 호주 등 서구국가와 아시아에서는 일본이 포함되었다.

1. 도시정비의 최근 동향[1)]

1980년대부터 세계의 대도시들에서는 '공간 재편'의 바람이 불고 있다. 정보혁명에 힘입어 세계화의 속도가 빨라지면서 국가간 경쟁 뿐 아니라 도시간 경쟁이 치열해지고 있다. 새로운 경제기반에 알맞은 공간구조와 물리적 환경을 갖추기 위해 무한경쟁에 내몰린 도시들은 산업경제기반의 변화와 도심 환경의 소생을 노리는 재개발을 적극 추진하고 있다. 뉴욕, 런던, 파리, 보스턴 등 이른바 글로벌 시티들은 1980년대부터 재개발, 재건축 사업을 활발하게 벌이면서 한때 슬럼화했던 도심으로 다시 사람들을 끌어들였다. 되살아난 도심들은 '도시 마케팅'의 핵심으로 등장하고 있다. 세계의 대도시들이 벌이는 도심 재개발에는 다음과 같은 특징이 있다.

1.1 민간 중심 재개발

각 도시정부는 민간 개발업자와 호흡을 맞추는 재개발 방식을 주로 채택하고 있다. 민간투자를 통한 재개발의 장점을 강조하는 쪽에서는 이것이 도시의 경제력을 회복시키는 성장 엔진이 될 수 있으며, 고용창출에 큰 역할을 한다고 주장한다. 21세기에 도시가 살아 남으려면 불가피한 선택이라는 얘기다. 그러나 민간투자에 의한 도시개발이 도시의 공공성을 낮추고 부유층의 공간을 만드는 데 치중한다는 비판도 만만찮다.

1.2 워터프런트(水邊공간) 개발

여러 도시의 도심재개발이 수변공간을 대상으로 했다. 뉴욕의 배터

---

1) 도시정비의 최근 동향은 2003년 12월 1일부터 13일까지 중앙일보에서 시리즈로 연재된 '세계도시는 리모델링 중'을 중심으로 기술하였고, 소개된 해외사례의 많은 부분도 이를 참고하였음.

리파크, 런던의 도크랜드, 도쿄의 오다이바 개발이 대표적이다. 산업화 시기에 사용하던 부두와 항만 공간이 20세기 들어 방치됐던 것을 도심 업무 공간으로 살려냈다. 보스턴은 1980년대 부두 공간의 재개발에 이어 도심을 지나가던 고가고속도로를 지하화하고 그 위를 녹지로 바꾸는 소위 '빅 디그(Big Dig)' 공사를 통해 활짝 열린 도심공간을 만들어냈다. 수변공간 개발은 도시 내 버려진 공간의 재활용인데다 물이 주는 조망 효과가 뛰어나 21세기의 새로운 개발 패턴으로 자리매김하고 있다.

1.3 거점 개발

일부 지역을 거점으로 골라 집중 개발하면서 그 효과를 시 전역으로 퍼뜨리는 전략이 채택된다. 런던 도크랜드의 경우 캐너리 훠프를 중심으로 초고층 업무·상업 빌딩들을 지어 주변에 주거 시설과 레저 시설이 들어서도록 유도한 뒤 이 변화가 런던 동부 전역의 개발로 이어지게끔 유도했다. 밀레니엄 프로젝트란 이름으로 추진되는 템스강 연안 개발계획은 강 주변의 오래된 발전소를 미술관으로 바꾸는 등 일련의 문화 인프라 건설을 통해 템스강 연안 전체로 효과를 파급시키고 있다.

1.4 복합 용도 개발

업무·상업·주거 및 레저 시설을 복합적으로 배치해 하루 24시간, 일주일 7일 내내(24-7) 활기를 잃지 않는 공간을 만드는 데 주력하고 있다. 업무 시설만 있을 경우 밤에는 죽은 도시로 변하기 때문에 사무실들과 주거·상업 시설이 공존하도록 설계한다. 뉴욕 로어 맨해튼에선 '24-7'을 목표로 건물들이 1층 도로변에 레스토랑이나 카페. 소매점 등을 유치하면 세금감면과 보조금 지급을 비롯한 각종 혜택을 준다.

2. 미국

2.1 뉴욕의 로어 맨해튼 재개발

맨해튼 섬 남쪽 끝부분인 로어 맨해튼은 뉴욕의 탄생지다. 17세기 초 네덜란드 이민들이 여기 처음 자리잡고 뉴암스테르담이라 이름 붙였다. 이곳의 길은 아직도 좁고 구불구불하다. 돈을 좀 모은 네덜란드인들은 좁은 길과 낡은 집을 떠나 다른 지역으로 가고, 빈 자리를 새 이민집단이 채우고, 그들도 형편이 나아지면 빠져나갔다. 대대로 저소득층이 사는 낙후 지역이 된 것이다. 그런 로어 맨해튼 곳곳에서 90년대 중반부터 스톤 스트리트 같은 지구 활성화와 재개발이 한창이다. 뉴욕시 로어 맨해튼(Lower Manhattan)의 스톤 스트리트는 19세기 이전 건축물로 이뤄진 블록이다. 1990년대 초만 해도 그 흔한 사무실 빌딩이나 쇼핑몰조차 없이 쇠락해 가던 이곳이 대변신을 했다. 카페와 레스토랑, 빵집, 의류점이 즐비하고 사람들이 북적인다. 지난 8년간 뉴욕시와 시민단체들이 2백30만달러를 들여 거리 환경을 개선하고 역사적 의미가 있는 건물들을 랜드마크로 지정하는 등 소생작업을 벌인 결과다.

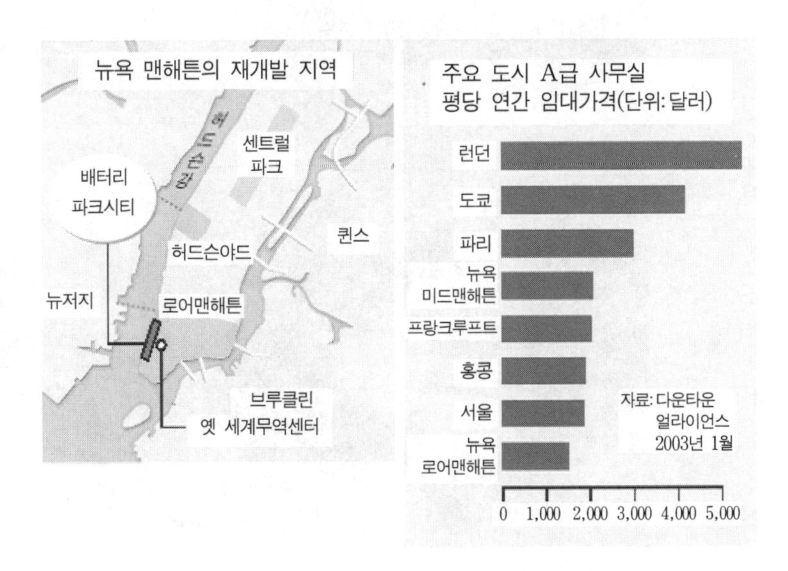

[그림 7-1] 뉴욕 맨해튼의 재개발지역

로어 맨해튼 재개발의 초점은 역시 세계무역센터 재건이다. 쌍둥이 빌딩이 파괴되는 바람에 잃어버린 업무·상업 공간 42만평의 회복이 급선무이기 때문이다. 국제적으로 공모해 뽑은 대니얼 리베스킨트의 초현실적 빌딩 디자인에 대한 논의와 3천여 희생자를 기념할 공간의 넓이에 관한 의견 수렴 등이 진행되고 있다. 2만평에 이르는 부지의 개발에는 로어 맨해튼 개발공사, 토지 소유주인 뉴저지, 뉴욕 항만청, 그들로부터 99년간 이 땅을 빌린 개발업자 실버스타인, 그리고 시민단체들 등 여러 단체가 간여하고 있다.

로어 맨해튼의 일부인 소호(Soho)의 의류 공장, 창고 지대는 1970년대에 싼 임대료와 널찍한 공간을 찾는 실험예술가들의 주거 겸 작업장으로 바뀌었다가 지금은 벤처, 광고, 디자인 회사들과 고급 아파트가 혼재한 고급 지역으로 탈바꿈하는 중이다. 대규모 부동산 자본들에 의한 건물 리노베이션이 바쁘게 벌어지고 있다. 리노베이션과 재개발을 많이 한 결과 로어 맨해튼은 다른 곳보다 사무실 임대료가 낮아졌다고 한다.

[그림 7-2] 로어 맨해튼 브로드웨이에서 열린 거리 바자

로어 맨해튼의 재개발과 활성화를 위해 시민단체가 적극 나섰다. 기업개선 구역(business improvement district)을 정해 낡은 거리의 지저분한 환경을 개선하는 등 위생, 안전을 확보하는 데 치중하였고, 가로등을 더 세워 거리를 밝게 만들고 보도 포장을 바꿨다. 상점 간판을 아름답게 꾸미도록 보조금도 주었다. 보조금의 일부는 시에서 지원했다. 이어 레스토랑과 소규모 상점에 대한 세금 혜택, 중소 기업 유치를 위한 보조금 제도를 시 정부에 요구해 얻어냈다. 보조금 지급 대상은 종업원 1백~2백명 규모의 업체다. 2004년 12월 31일까지 로어 맨해튼으로 시설을 옮기거나 기존 계약을 연장하면 피고용인 한 사람당 3천5백달러씩 지급한다. 또 1975년 이전에 지은 건물의 주인에게는 평방피트당 2.5달러(평당 약 10만원)의 세금을 깎아줌으로써 건물 임대료가 내려가도록 했다. 개보수 빌딩에 대한 세금 감면도 따냈다. 이런 혜택 덕분에 로어 맨해튼에서 새로이 임대되는 업무시설 면적은 2002년 1분기 3만5천5백평, 4분기에는 12만7천5백평으로 늘었다. 휴스턴 스트리트 남쪽 로어 맨해튼의 상주인구도 지난 5년 사이 2만5천명에서 3만명으로 증가하였다.

2.2 뉴욕 맨해튼 배터리파크 시티

맨해튼의 배터리파크 시티는 워터프런트 개발의 성공사례다. 맨해튼 남단 허드슨강변에 있던 부두를 없애고 11만3천여평을 매립해 주상복합 단지로 만들었다. 1979년 계획을 세워 2001년 건설을 끝냈다. 용도별 구성 비율은 주거지 42%에 상업·업무용지 9%, 녹지 30%, 도로용지 19%이다. 정부는 매립 등 기반 조성에 2억달러(약 2천4백억원)를 들였으며, 나머지 막대한 투자는 올림피아 앤드 요크사 등 부동산 개발업자들이 맡았다. 1982년에 아파트 첫 입주가 시작됐고, 1986년 월드 파이낸셜 센터가 문을 연 후 2002년 초 리츠칼튼 호텔이 개관하기까지 여러 시설이 차례로 완성되었다. 배터리파크 시설물의 부지 대부분은 뉴욕시가 빌려주었다. 시는 배터리파크 시티에서 1백억달러(약 12조원)의 개발 수익을 얻으리라고 예상하고 있다.

베터리파크 시티의 에메니티(Amenity)를 높이는 데 가장 중요한 작용을 하고 있는 것은 전장 2km에 이르는 하안 유보로, 에스플라나드이다. 에스플라나드를 걸으면 허드슨강의 조망이 열리고 공원과 광장으로 연결된다. 오솔길에 들어서면 나무로 물결치고 일반도로 옆에도 수목이 심어져 있어 거리 전체가 공원과 같은 분위기로 되어 있다. 이 곳의 30%가 공공 오픈스페이스로 채워져 있어 공공의 어메니티를 우선시하는 강한 사상이 숨쉬고 있다. 이 지역은 워터프런트 재개발의 한 모델이 되고 있다.

[그림 7-3] 배터리파크 시티의 월드 파이낸셜 센터.

2.3 보스턴시 센트럴 아터리/터널(artery/tunnel) 프로젝트

보스턴시에는 하나의 고가도로가 문제를 일으키고 있다. 문제의 보스턴 고가도로는 미국 동부를 남북으로 달리는 인터스테이트 하이웨이

[그림 7-4] 보스턴시 고가 고속도로(상). 고가철거 후 공원을 복원한 가상도(하)

(州間 고속도로) I-93과 대륙 횡단 도로 I-90의 한 구간이다. 이 도로는 1959년 개통했으며 높이 12m에 너비 60m, 왕복 6차로로서 보스턴 도심을 양분해 해안 쪽으로의 접근을 어렵게 만들 뿐 아니라 안전 규정을 강화한 연방고속도로법이 제정되기 전 것이어서 교통사고율이 미국 도시고속도로 평균의 네 배를 넘는다.

매사추세츠 주정부는 10여년 동안 고속도로 지하화 작업을 해왔다. 여기에 보스턴 항구 앞 해저 터널 굴착, 부근 스펙터클 섬의 공원화, 찰스 강의 새 다리 건설 등을 더한 게 이른바 '보스턴 빅 디그(Big Dig)'사업이다. 빅 디그 사업은 1974년 처음 입안해 우여곡절 끝에 1991년 공사가 시작됐으며, 2005년에 완료할 예정이다. 공식 명칭은 센트럴 아터리/터널(artery/tunnel) 프로젝트. 투입한 경비가 연방 보조금을 포함해 1백50억달러(약 18조원)나 된다. 공중 철거와 땅속 건설을 마치면 고가도로에 가려 시들었던 지상(地上)을 살리는 작업에 들어간다. 3억달러를 써 3만7천평의 푸른 띠, 로즈 케네디 그린웨이를 조성한다. 75%를 공원과 광장으로 만들고 나머지 지역에 문화, 상업 시설을 배치할 예정이다. 그린웨이는 주정부 청사가 있는 시 중심가와 워터프런트 지역을 바로 잇게 된다. 6km 길이의 띠 모양 공원인 그린웨이가 도심의 공공공간 역할을 크게 하리라고 기대되고 있다.

2.4 프로비던스 재개발

프로비던스는 미국 동부 로드아일랜드 주의 주도다. 인구 17만명의 소도시로 17세기에 건설돼 19세기에는 섬유 공업을 중심으로 활기가 넘쳤으며, 20세기 초만 해도 부유한 도시에 들었다. 그러나 1950년대 이후 제조업이 남부와 외국으로 빠져나가자 쇠퇴하기 시작했다. 철도가 도심을 가로지르고 있고 강은 복개돼 주차장으로 쓰이는 등 시내 환경 또한 좋지 않아 상점들도 대거 교외로 나가 버렸다. 도로 구조가 자동차 위주여서 도심 교차로의 건널목에서는 교통 사고가 잦았다.

시 당국은 1983년 연방과 주정부의 재정 지원을 받아 도시 재생에 나섰다. 그 핵심이 프로비던스강 시내 구간의 복원이었다. 약 1km 중 70% 이상이 복개돼 있었다. 1987년부터 복개 상판을 뜯어냈고, 강의 흐름도 일부 바꾸어 접근성을 높였다. 강변 도로를 넓히고 자동차 전용, 보행자 전용 교량들을 건설해 교통 사고의 여지를 줄였다. 주변엔 약 1만3천평의 띠 모양 공원과 2.4km의 산책로를 만들었다. 1994년 도심 한가운데 5천평의 워터플레이스 파크를 열면서 복원 사업이 마무리됐다. 복원 사업을 한 차원 높여준 것은 1994년 조각가 바너비 에번스가 만든 워터파이어다. 강을 따라 두 줄로 90여개 설치했고, 5월부터 10월까지 주말마다 점화한다. 장작 값은 시민과 도심 상인들의 후원금으로 충당하는데, 2002년 워터파이어를 보러 온 사람은 90만명이었다.

[그림 7-5] 프로비던스의 워터파이어 점화

3. 영국

3.1 런던의 도크랜즈(Docklands) 개발사업

도크랜즈 개발사업은 민간활력을 도입하여 실시한 워터프론트 사업 중 대표적인 사업으로, 1981년에 착수되어 1998년 완성된 서유럽 최대의 개발사업으로 알려져 있다. 런던 도크랜즈는 옛날 대영제국 시대에 세계무역을 주름잡은 세계최대의 해상관문이었으나 콘테이너 수송에 의한 항만형태의 변화, 전통적 도시형 공업의 쇠퇴, 도로, 철도 등 공공교통기관의 결여, 특히 1967년부터 시작된 모든 도크의 폐쇄에 의해 15만명이 일자리를 잃는 등 시대로부터 소외된 지역이었다. 새로운 투자가 이뤄지지 않고 주항만이 동쪽의 틸버리로 옮겨가자 제조업까지 빠져나가 지역 전체가 피폐해졌다. 런던 항만청은 이 지역의 잠재력이 부동산에 있다고 판단해 70년대 초부터 재개발을 추진했지만, 정권이 바뀔 때마다 계획이 수정됐다. 1979년 들어선 마거릿 대처의 보수당 정권은 공공 투자 위주였던 이전 계획을 백지화하고 민간 자본에 사업을 맡겼다.

1981년 런던 도크랜즈 개발공사(London Docklands Development Coporation: LDDC)가 설립됐다. 런던 도크랜즈 개발공사는 이 개발사업에서 주도적 역할을 수행하였다. 도크랜즈 개발공사의 설립이유는 신속한 의사결정을 하기 어려운 지방자치단체나 노동당 정권하에서 이루어진 지역의 관민 파트너쉽 위원회를 대신하여, 효과적인 공공투자나 기동적인 사업추진이 가능한 뉴타운 개발공사처럼 강력한 공사조직이 필요했기 때문이다. LDDC는 토지를 취득하고, 재개발에 필요한 기반시설(infrastructure)을 정비하며, 주택용지, 사업용지, 공업용지를 계획하고 조성하며, 계획결정에 관한 모든 권한도 가지고 있다. 사업 대상은 3개 구 6백50만여평. LDDC는 민간 개발업자에게 프로젝트 선택과 디자인 결정권을 주었다. 공사 기간인 1981년부터 1998년까지 민간에서 76억5천8백만파운드(약 15조8천억원)를, 정부가 18억5천9백만파운드(약 3조9천억원)를 투자했다. 지역 재생을 위해 조성한 기반 시설만 해도 도크랜즈 경전철 22km와 고속도로, 작은 공항인 런던 시티 에어포트, 지하철 주빌리 라인 연장선 등 여럿이다. 1999년 12월 개통한 주빌리 라인 연장선 16km(12개 역)에는 32억파운드(약 6조6천억원)가 투자됐다. 돈이 너무 든다는 비판도 많았으나, 이제는 잠자던 런던 동

[그림 7-6] 1987년 개발 전 캐너리 훠프의 모습(위), 2000년 재개발 후 의 모습(아래)

부를 깨어나게 한 지하철이라고 칭찬받고 있다.

복합 타운이 된 도크랜즈의 업무·상업 중심지는 캐너리 훠프 10만 평이다. 거점 중의 거점인 셈이다. 버려졌던 부둣가가 전국에서 고층 건물이 가장 밀집한 곳으로 탈바꿈했다. 오피스 빌딩 열일곱 동, 두 개의 상점가, 국제 회의장, 경전철 역과 주빌리 라인 역이 있다. 홍콩 상하이 은행(HSBC), 시티 그룹, 뉴욕 은행, 바클레이 캐피털, 리더스 다이제스트, 맥그로 힐 출판사 같은 거대 기업들이 입주했다. 낮 인구 5만5천명이다. 캐너리 훠프는 실패했다가 되살아난 재개발 사례로도 유명하다. 미국의 뉴욕 배터리파크 시티 건설에 참여한 캐나다의 부동산 개발회사 올림피아 앤드 요크(O&Y)가 부동산 경기 침체로 인한 재정난과 사무실 유치의 어려움 때문에 1993년 부도를 냈으나, 1996년에

O&Y 사장 폴 라이히먼이 사우디 왕자 알 왈리드 등을 동원해 국제 컨소시엄을 구성, 사업을 다시 인수하면서 개발이 급진전했다.

1981년 3만9천여명이던 도크랜즈의 상주 인구가 1998년 8만3천명이 됐다. 일자리 수도 2만7천에서 8만5천으로 늘었다. 그러나 도크랜즈 개발사업에 대한 평가가 반드시 긍정적인 것이라고는 할 수 없다. 도크랜즈 개발사업을 통해 건설된 주택 중 상당수는 수면에 접한 고급주택이며, 나머지도 대부분이 중산층 대상의 자가주택이었다. 이 결과 중·고소득층이 개발혜택을 얻은 반면 사업 전 지역주민의 주류였던 저소득층의 주거상황은 현저하게 악화되었다. 또한 도크랜즈 개발사업에 의한 고용효과도 투자금액에 비하면 크지 않다는 평가도 있다. 쇠퇴지구 도크랜즈의 재개발은 각종 특전을 부여받은 민간자본의 투자에 의하여 크게 변모하였으나, 지역의 원주민의 입장에서 보면 주거환경이나 고용면에서 긍정적인 효과를 초래하지 않은 측면이 있다.

4. 프랑스

4.1 라 데팡스 재개발 프로젝트 (La Defense, Paris)

파리의 심장부와 같은 콩코드광장에서 샹제리제를 거쳐 개선문을 연결하는 중심축은 도시구성상 중요한 위치를 차지한다. 이곳을 거쳐 세느강을 건너가면 파리의 새로운 부도심인 라 데팡스(La Defense)의 웅장한 모습이 나타난다. 라 데팡스는 1965년의 파리 광역권정비기본계획에서 구상된 6개의 부도심 중에서 대표적인 지역이다. 750ha에 달하는 라 데팡스는 업무 및 상업중심의 A지구(15ha)와 주택 및 공원 중심의 B지구(590ha)로 나뉘어 계획되었으며, 라 데팡스 정비공사(EPDA)가 설립되어 사업을 주관하였다.

세느강으로 둘러 쌓인 파리 도심지는 인구증가와 자동차교통의 혼잡으로 도시기능이 급격하게 저하하였다. 도심의 인구와 업무·상가시설의 분산을 꾀하는 파리 광역권정비기본계획에 따라 새롭게 라 데팡스 부도심을 조성함으로써 유럽공동체에서 주도권을 확보하려는 의도를 내포한 계획이다. 재개발사업의 단계별 시행은 업무·사업지구부터 착수하기 시작하였으며 1980년대 초반에 전반적인 공사가 완료되었다. 당초 계획에서는 업무건물은 30층, 주거건물은 8층으로 설계하고 상가건물은 저층형으로 하되 42m×24m 크기의 평면으로 통일함으로써 재개발지구 전체가 획일적 기능주의 개념이 지배하는 인공도시라는 비판이 적지 않았다.

1972년에는 라 데팡스 기본계획을 재검토, 수정하여 협의정비지역(ZAC)을 변경하고 건축물 형태구성의 자유화와 용적률의 완화를 허용하고 건축물의 높이 제한도 180m로 변경해서 탄력성 있는 규제가 가능하도록 지정하였다. 특히 공공시설계획(L'Etablissement Public pour l'Amenagement de la Defense)에서 과감하게 인공토지를 조성해서 지역고속철도(RER), 14호 고속도로, 13호 국도, 192호 국도, 버스정류장과 주차장 등 시설을 지하에 설치하는 다층구조에 의한 교통축 구성의 중심으로 도시기반시설을 정비하였다.

[그림 7-7] 라 데팡스 업무지구 전경

업무 및 상업중심의 A지구에는 2개 동의 미러 그랜드 건물을 비롯해서 삼각형, 사각형, 원형의 기하학적 건축물을 건립해서 재개발계획의 중심 핵을 이루었다. 그러나 몽파르나스 타워 건물에 대한 파리인들의 초고층화에 대한 거부반응에다 1970년대 초 오일 쇼크가 겹쳐 사업의 진전을 보기가 어려웠다. 정비공사(EPDA)는 민간기업과 협력해서 개성 있는 설계계획을 완성하여, 28개 업무건물에 600여 회사와 75,000명을 수용하는 대단위 비즈니스 센터를 완성하였다. 결국 라 데팡스 재개발은 당초 계획을 수정하여 건물 디자인과 스케일의 자유화를 지나치게 인정하고 말았기 때문에 스카이라인과 공간구성에의 문제점을 노출시킨 프로젝트라는 지적을 받았다. 이 사업은 대도시지역의 부도심재개발에 커다란 교훈을 남긴 사례가 되었다.

4.2 파리 제13구역 재개발

파리 지하철 14번선의 종점은 센강 남쪽 프랑수아 미테랑 국립도서관 역에서 지상으로 올라가면 크레인과 불도저들이 부산하게 움직이는 공사장이 펼쳐진다. 파리의 리모델링을 상징하는 제13구역 재개발, '파리 리브 고슈(Paris Rive Gauche)'사업의 현장이다. 1990년대 초 자크 시라크 당시 시장(현 대통령)은 13구역의 재개발을 결정했다. 시 중심에서 가깝고 외곽 순환도로와 잘 연결되는 데다 센강을 따라 철로변에 방치된 산업시설이 많아 개발 잠재력이 크다고 판단했다.

리브 고슈 사업의 총 계획 면적은 2백만m^2(약 60만평)이다. 그 중 업무·상업지역 35%, 주거지 30%, 교육시설 10%, 도로 및 녹지 25%다. 70만m^2(21만평)의 사무실을 확보해 6만개의 일자리를 창출하는 데 우선 순위를 둔다. 기본 개념은 역시 '24－7'(24시간 7일 내내 살아 움직이는 공간)의 문화, 교육, 업무, 주거 복합공간이다. 리브 고슈 사업은 1988년 연구가 시작됐으며, '91년 계획을 확정해 1992년 인프라 공사에 착수하였고, 2010년 완공 예정이다.

리브 고슈 사업에선 철도 부지 활용에 주안점을 두었다. 강 가까이 있는 오스테를리츠 철도역 일대의 철로들이 얽히고 설킨 부지의 윗부분을 1백m 폭, 3km 길이로 덮어 7만8천평의 인공 대지를 조성하여 도로와 건물이 들어서게 한다. 철도 부지가 갈라 놓았던 센강가와 13구역의 거리들을 연결하는 효과도 있다. 지하엔 철길이 그냥 남으니까 공간을 겹으로 활용하게 된다. 땅이 모자라는 파리의 여건에 맞춘 공간 활용 방식이다.

[그림 7-8] 재개발이 시작되기 전 파리 제13구역의 모습

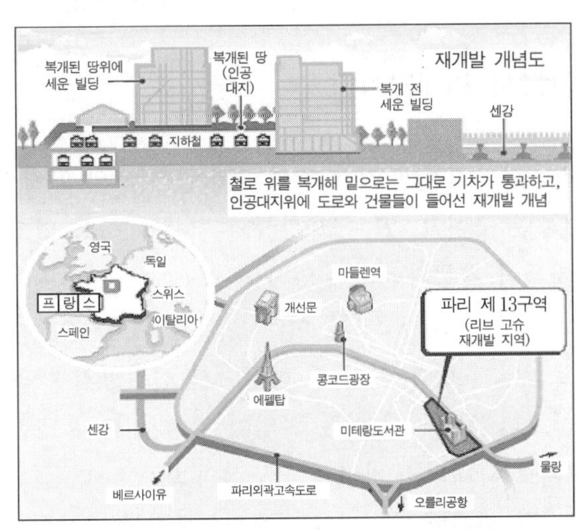

[그림 7-9] 파리 제13구역의 재개발 개념도

사업을 주관하는 파리개발공사(SEMAPA) 외에도 프랑스 국영철도(SNCF), 중앙정부, 파리 광역시, 민간인 등이 이 사업에 참여하고 있다. SNCF 는 오스테를리츠역 부지의 소유주 자격으로 참여했다. 언뜻 보기에 공공투자 사업 같지만, 민간 회사와 마찬가지로 수지 균형을 맞춰야 한다. 재정지원은 없고, 금융대출을 파리시가 보증하는 정도이다. 총 비용이 1백50억프랑(약 3천3백25억원)을 넘을 것으로 예상되어 이를 회수하려면 새 사무실 분양가를 평당 4만7천8백50프랑(약 1천만원)으로 책정하여야 할 것으로 추정된다.

파리개발공사는 디자인 가이드라인도 치밀하게 짰다. 재개발지역 건축허가를 파리개발공사에서 내주는데, 건물 색채와 형태 등을 두루 따진다. 센강 주변은 미테랑 도서관을 제외하곤 6층에서 8층으로 제한했다. 재개발구역 전체를 몇 부분으로 나누어 저명한 건축가들이 디자인을 맡도록 하였다.

이 지역에서 재개발이 끝나면 현재 5천명 정도인 상주 인구가 2만명으로 늘고 낮 인구 6만명, 학생 3만명이 된다. 파리 제7대학, 국립동양어학원, 건축학교인 파리 발 드 센도 옮겨 온다. 2003년말 현재 미테랑 국립도서관 일대, 프랑스 아베뉘와 센강 산책로, 자동차 도로 등의 공사가 끝나, 공사 진척도는 공사 진행 기준으로 50% 정도이다.

4.3 리옹시 재개발사업

리옹시는 2천년 전 시저가 갈리아(현재의 프랑스 지역) 총독 시절에 머물던 곳이고, 프랑크 왕국의 역사가 서려 있고, 르네상스의 인문주의자들이 활동하던 곳이었다. 이 곳에는 로마 유적을 비롯해 로마네스크, 고딕, 르네상스 등 여러 양식의 건축물이 섞여 있다. 리옹시는 실크로드의 유럽쪽 기지 중 하나여서 견직공업과 의료, 화학공업 등이 번성했으나 20세기에 이들 산업이 기울자 도시 또한 침체했다. 주거지가 교외로 확대되는 바람에 구도심의 퇴락은 더 심했다. 1960년대에 전면 철거와 재개발 얘기가 나왔으나, 문화부 장관이던 앙드레 말로를 중심으로 리옹 구도심 보존 운동이 벌어졌다. 건축가, 미술가들은 철거 위기에 놓인 옛 건물을 사들여 직접 살기 시작했다. 이 추세가 30년 동안 지속돼 이제는 구도심 전체가 전통 도시의 모습을 지니게 됐다. 정부는 개·보수에 세제 혜택을 주고 비용 지원도 한다.

[그림 7-10] 구도심과 신도시가 공존하는 리옹시 전경

파리가 21세기형 도심을 만들어 미래를 맞으려 한다면, 리옹은 도시의 과거를 되살려냄으로써 내일을 다지고 있다. 리옹시에는 중세와 르네상스 때의 건물과 골목이 보존·복원되어 있다. 리옹의 구도심은 역사와 현재가 서로 만나는 삶의 터이다. 리옹시의 재개발은 역사환경의 적극적 보존과 복원을 통한 성공적 재개발사업으로 평가받고 있다.

5. 독일

5.1 하이드하우젠 재개발 프로젝트 (Haidhausen, Munchen)

바이에른주의 수도이며 독일 제3의 도시인 뮨쉔(Muchen)은 제2차 세계대전 때 약 40%가 파괴되었으나 전쟁 후 복구를 위한 도시재건에 의해 근대적 대도시로 새롭게 모습이 바뀌었다. 하이드하우젠은 19세기 중반부터 불란서 이주민을 중심으로 형성된 주택지로서 소규모 공장과 상가가 혼재한 지역성격을 유지하여 왔으나, 1960년대 후반부터 주변지역의 지가가 오르는 반면에 주택이 노후화하면서 주거환경이 저하되고 말았다. 뮌쉔 중심지의 인구가 차츰 도시근교로 이전하게 되면서 하이드하우젠의 인구도 감소하기 시작하였다. 그러나 이 지역은 도심에 가깝게 위치해서 교통의 편리함과 보존할 만한 건축물이 많아 새로운 재개발의 대상이 된 것이다. 1971년 도시건설촉진법을 적용해서 대상구역의 계획조사를 착수한 후 지역주민의 동의를 얻기까지 5년이 소요되었으며 1976년 여름에는 전체 21개 재개발지구로 구성된 하이드하우젠 프로젝트를 확정해서 본격적인 사업에 착수하게 되었다.

15년의 사업기간이 소요된 하이드하우젠 재개발 계획의 기본구상은 다음과 같다. 지역중심을 이루는 기존 주택지의 용도는 일반주거지로 지정하고 재개발 근대화의 조치에 따라 토지·건물의 관계권리자가 구역 밖으로 전출되지 않도록 대체주택을 우선해서 확보하며, 중류 이상 주민에게도 매력을 줄 수 있는 주거환경을 조성해서 전반적인 인구유출의 방지에 노력하였다. 녹지, 운동장, 놀이터 등 공익시설을 정비하고 공개·공지의 지하부분에는 가능한 한 주차장을 설치토록 하였다. 대상 구역 안에 산재한 영세 중소기업은 이전하지 않고 사업을 계속할 수 있도록 하였다.

재개발사업의 전체 예산은 8억마르크(약 4,000억원)가 책정되어 연간 평균 3,000만마르크의 재개발촉진자금이 조달되고 이중 1/3을 지자체가 부담하였다. 사업내용에 따라 가옥주에게는 재개발 소요비용을 지자체가 보조금으로 지원하는 반면에 주택 임차인을 보호하기 위해 임차료에 대한 엄격한 제한을 가하였다. 재개발사업구역중 21개 지구는 상공업 용지로 활용하고 거점개발이 요구되는 지구는 8개소로 구분해서 점증적인 개발계획의 목표를 설정하였다.

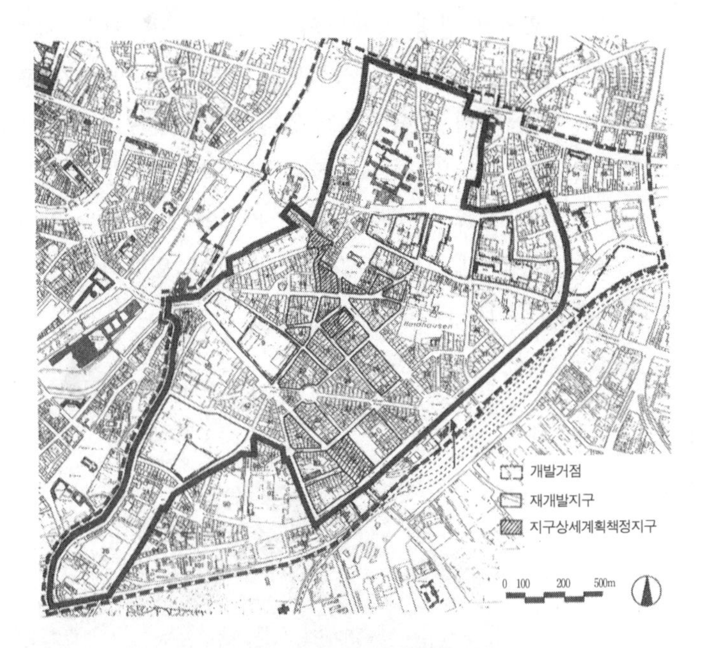

[그림 7-11] 하이드하우젠 재개발구역

5.2 베를린 포츠담 광장 재개발

2차 대전 때 집중 폭격을 받은 포츠담 광장은 동서 베를린을 가르는 장벽이 지나가는 바람에 버려진 곳이 됐다. 주변의 땅은 원래 개인들 소유였으나 장벽 때문에 권리를 포기하는 사람이 많아지자 베를린 주정부가 사들였다. 광장 일대 15만평의 재개발은 전적으로 민간에서 했다. 다임러 벤츠, 소니, 헤르티, 아베베 등 네 기업이 함께 마스터 플랜을 세운 뒤 구역을 나누어 맡았다. 다임러 사장이던 에드차르트 로이터는 이미 1987년부터 이곳을 상징적인 의미에서 개발하겠다고 공언했다. 베를린 주정부가 약 2만평의 땅을 팔기로 다임러와 계약을 한 것은 장벽 붕괴 이틀 전인 1989년 11월 7일이었다. 소니사는 1991년 크게 오른 값으로 1만평의 땅을 사서 건설에 착수했다.

베를린 포츠담 광장 재개발은 주변 지역 발전을 위한 거점으로 계획되었다. 포츠담 광장 재개발의 여파로 인근 라이프치히 광장의 저층 바로크 건물들도 재개발이 시작됐다. 몇 블록 떨어진 프리드리히가는 백화점과 명품 거리로 변신하고 있다. 그러나 포츠담 광장의 거점 역할을 낙관만 할 수는 없다. 포츠담 광장 평일 이용 인구가 7만명 정도인데, 법에 따라 오후 7시 이후와 공휴일엔 음식점 이외의 어떤 상점도 열지 못하기 때문에 24시간 7일 내내 살아 움직이는 도심 만들기가 어렵다는 점때문이다.

[그림 7-12] 1991년 포츠담 광장의 모습.

[그림 7-13] 소니 빌딩과 다임러 건물이 들어선 2003년 포츠담 광장의 모습.

6. 호주

6.1 다링 하버(Darling Harbor) 재개발사업

호주 시드니 다링 하버의 개발은 항만 하물야드를 포함한 유휴지 약 54ha에 국립해양박물관, 수족관, 쇼핑 플레이스를 건설함으로써 오락적, 문화적 공간을 조성하기 위해 추진된 사업이다. 도합 22억 호주달러(공공부분에서 7억, 민간부분에서 15억)를 투입해서 1985년 착수하여 1992년에 완공하였다. 다링 하버는 호주 시드니 항만의 중심으로서 도심지역 동측에 위치한 코브지구의 항만과 함께 유럽대륙에서 이민온 개척민의 역사가 펼쳐진 의미 깊은 곳이다. 19세기 중엽부터는 뉴사우즈 웰즈주의 상업항으로 위치를 굳혀서 시드니의 지역경제와 산업개발의 중심역할을 하였다. 그러나 항공 및 도로교통의 구조적 변화와 컨테이너 수송의 발달로 인하여 다링 하버가 점차 쇠퇴해지기 시작하였으며 자체 시설도 노후화하고 말았다. 1970년대에 들어서면서 시드니는 항만기능을 되살리기 위한 재개발을 추진하였고, 다링 하버 재개발에서도 워터프런트의 친수공간을 활용할 수 있는 방안에 역점을 두었다.

사업의 추진은 재개발 용지를 소유하고 있는 공공기관과 개발에 필요한 자금과 조직을 가진 민간기관과의 협력에 의하여 조직된 다링 하버 어소리티(Darling Harbor Authority)가 담당하였다. 다링 하버 어소리티의 본부조직에서 재개발에 필요한 계획, 자금조달, 행정능력을 갖춘 정부출신 30명이 주도적 역할을 하였고, 기타 재개발계획 수립에 필요한 인원은 민간기업에서 차출하여 충원하였다. 사업비에 대한 공공과 민간의 분담은 도로, 국제회의장, 국제전시장과 같은 공공시설의 비용은 공공부문이, 쇼핑센터와 같이 상업색이 강한 것은 민간부문이 조달하는 것으로 하였다. 대개 자금조달 비율은 공공 대 민간이 약 3:7 정도로 민간부문의 투자비율이 높았다. 다링 하버 재개발에서는 다링 하버 어소리티가 중심이 되어 정부토지를 민간에게 빌려주고, 민간이

[그림 7-14] 다링 하버 재개발 전경

건물을 건설하였다. 다링 하버 재개발은 공·사혼합의 독특한 사업조직이 공공과 민간의 장점을 충분히 살림으로써 민간활력 도입의 긍정적인 사례로 평가받고 있다.

워터프런트 재개발의 파이롯 프로젝트로 국제적인 평가를 받고 있는 다링 하버는 위락, 문화, 교양활동의 도시적 거점을 구성해서 참신하고 산뜻한 해변공간을 창출하는 데 성공한 사례의 하나이다. 하버사이드 페스티벌 마켓 프레이스는 약200m에 달하는 서해안을 밤낮으로 밝혀주면서 해변위락 및 휴식공간의 중심을 이룬다. 이 곳에는 레스토랑과 해변 테라스 다방이 각 4곳이 있고 30여개의 각국 식당과 전문점 등 모두 200여 점포가 성업 중이다. 7층 높이의 컨벤션 센터에는 3,500석의 대회의장, 2,500석의 대연회장과 소회의장 그리고 레스토랑이 마련되어 있다.

다링 하버의 내항을 감싸는 듯한 아크형의 센터건물은 동측을 유리붙임으로 처리해서 바다와 도심지를 바로 내려다 볼 수 있게 하였다. 피아몬드교에서 도심측에 위치한 수족관은 마치 부서지는 파도 모양으로 설계해서 근해 및 열대어류를 직접 볼 수 있게 하였다. 특히 기둥을 사용하지 않고 건축한 국제전시장의 지붕은 마치 다링 하버에 닻을 내린 배의 마스트가 지탱하듯이 그 밑에 걸쳐 있게 해서 심미적으로 좋은 인상을 준다. 다링 하버 해변은 단순한 바닷가라는 개념에서 탈피해 도시민이 희구하는 생활의 욕구를 충족시켜 주는 매력적인 워터프런트로서 다같이 모여 담소하고 휴식을 취하며 즐거움을 나눌 수 있는 어메니티 공간을 창출하는 데 성공한 프로젝트로 알려져 있다.

7. 일본

7.1 오카와바타(大川端) 재개발계획

오카와바타(大川端) 재개발계획은 관·공·민 공동사업방식에 의하여 수행된 성공적 사례로서 평가되고 있는데, 이 사업에는 관으로서 건설성, 동경도, 중앙구, 공공단체로서 주택·도시정비공단, 주택공급공사, 민간기업으로서 미쯔이(三井)부동산이 참여하였다. 1982년 동경도가 330ha에 이르는 지역을 대상으로 책정했던 오카와바타 재개발구상에는 해당지역의 토지이용 구상과 공공시설의 정비방침이 마련되어 있는데 이에 따라 공공과 민간이 역할분담을 하면서 사업을 진행하였다. 오카와바타 재개발계획에서 기본적인 역할분담은 도로, 하천, 공원등의 공공시설은 동경도와 중앙구가 정비하고 주택과 문화·상업시설등은 민간과 공공단체가 시행하는 방식으로 이루어진다.

330ha에 이르는 대규모의 오카와바타 재개발구상에서 石川島播磨重工業의 공장 이전적지를 중심으로 한 28ha의 개발사업계획을 '오카와바타지구 특정주택시가지 종합정비촉진 사업정비계획'이라고 칭하고 28ha 중 일반 시가지 부분을 제외한 공장적지의 개발계획을 'River City21계획'이라 한다. 오카와바타 재개발계획은 동경도가 중심이 되어 공장적지가 속한 중앙구와 지주인 주택·도시정비공단과 미쯔이부동산의 의견을 수렴하여 책정된 것이다.

주택·도시정비공단과 미쯔이부동산은 1979년 공장적지 취득시에

[그림 7-15] 오카와바타 리버시티 21지구 동쪽 타워

개발에 관한 기본적인 방침에 대하여 각서를 교환하였는데, 이 내용은 토지이용계획과 사업추진에 대해서 50%씩 책임을 지고 협력해서 사업을 추진한다는 것이다. 그 후에도 계획의 진전에 따라 비용부담, 공공사업용지의 제공, 사업계획의 작성에 대해서 기본협정 등을 맺고 상호의 입장을 확인하면서 사업을 추진하였다. 1985년에 정식으로 사업에 참여한 동경도 주택국 및 주택공급공사와 「오카와바타 · River City21 개발협의회」를 결성하였고 이 개발협의회가 사업추진의 중심적 역할을 수행하였다.

참여기관들은 개발협의회를 통해서 시행중 발생되는 여러가지 문제점들을 조정하면서 사업을 추진하였는데 주택도시정비공단은 관측의 동경도 주택국과 민간측의 미쯔이부동산 사이에서 조정자의 역할을 하였다. 이러한 체제하에서 官·公·民의 역할분담이 체계적으로 전개되었다. 오카와바타 재개발계획에서의 관민공동사업방식은 계획은 공동으로 하지만 사업은 별도로 한다는 원칙하에 사업에 필요한 자금, 재원은 각 부문이 별도로 조달하는 체제를 갖추고 있다. 오카와바타 재개발계획은 관민공동으로 수행된 성공적 도시재개발 프로젝트로 평가받고 있다.

7.2 에비수(惠比壽)가든 플레이스

1887년부터 100년간 에비수지역에 입지하였던 삿뽀르맥주공장이 치바(千葉)공장으로 이전하면서 공장 이전지에 대한 재개발의 움직임이 시작되었다. 1982년 9월에는 수도권정비협회 내의 「山手線沿線재개발간담회」에서 에비수 개발프로젝트가 제안되었다. 기존의 도심과 부도심을 잇는 중요한 핵으로서 에비수는 상업, 업무시설만이 아닌 도시생활문화를 향상시킬 수 있는 개발이 필요한 지구로 인식되었다.

1983년 10월에는 동경도와 해당 구청이, 그리고 주택·도시정비공단이 포함되는 「에비수지구 정비계획조사위원회」가 조직되어 구체적인 재개발계획이 검토되었다. 에비수 재개발구역의 중심지인 맥주공장의 소유주인 삿뽀르맥주회사는 개발사업에서 축적된 경험을 가진 주택·도시정비공단에게 공장 적지의 개발계획과 사업수법등에 관한 검토를 의뢰하였다. 개발의 목표가 새로운 도시거점의 창조와 도시형 주택을 포함한다는 점에 매력을 느껴 주택·도시정비공단은 삿뽀르맥주의 사업파트너로서 에비수 재개발계획에 참여하게 되었다. 1991년 3월에 사업시행주체인 삿뽀르맥주, 주택·도시정비공단과 건설성, 동경도, 해당구청등 공공기관이 협력하여 공장 적지를 포함하는 40.6ha의 구역에 대한 재개발사업을 착수하여 1994년 8월에 완공하였다. 에비수 개발계획은 토지소유자인 민간기업 삿뽀르맥주와 공공단체로 분류되는 주택·도시정비공단이 사업을 시행하고 국가, 지자체등이 행정적으로 지원했다는 점에서 관민협력에 의한 재개발사업으로 평가될 수 있다.

에비수 개발에는 총 2,950억엔이 소요되었고 시공은 다이세이(大

[그림 7-16] 에비수지구 사업대상지

成), 기리시마(鹿島)건설 등 16개의 건설회사가 참여하였다. 전체지역은 2가구로 구분되는데 제1가구에는 분양주택, 공단 임대주택, City Hotel이 입지하였고 제2가구에는 임대 오피스 빌딩, 음식점, 백화점, 임대주택, 동경도 사진미술관 등 문화·스포츠시설이 건설되었다. 쾌적한 생활공간을 창출하기 위하여 도시생활자의 라이프 스타일에 맞는 도시형 주택이 1,020호 건설되었는데 주택·도시정비공단은 이 중 520호의 임대주택을 초고층으로 건설하였고 나머지는 삿뽀르맥주가 분양, 임대로 구분하여 공급하였다.

에비스 가든 플레이스는 성공적인 재개발사업으로 평가되어 일본의 명소 중 하나로 부각되고 있다. 성공요인으로는 업무, 상업, 주거, 스포츠, 문화시설이 어울어진 복합개발형태로 야간에도 활기있는 단지를 형성하였다는 점과 단지전체의 60%를 광장, 공원, 녹지 등으로 조성하여 풍부한 오픈스페이스를 구성하였다는 점을 들 수 있다. 또한 에비수역에서 약 700m의 거리에 위치한 지역적인 불리함을 400m에 달하

[그림 7-17] 에비수지구 모형

는 움직이는 보도인 “에비수 Sky Walk”를 설치함으로써 접근을 용이하게 하였다는 점, 그리고 1,900대가 수용가능한 대형 지하주차장의 설치와 거의 모든 시설이 지하로 연결되어 있어서 교통장애를 없앴다는 점도 성공요인으로 평가되고 있다.

7.3 도쿄도 미나토구 롯폰기 힐스

도쿄의 도심을 다시 꾸미는 대형 사업들이 속속 결실을 맺어 재개발로 조성된 이른바 ‘테마 파크’형의 복합 타운들이 모습을 보이고 있다. 대표적인 예가 도쿄도 미나토구 롯폰기(東京都 港區 六本木)의 나지막한 언덕에 있는 ‘롯폰기 힐스’다. 롯폰기는 아카사카(赤坂), 아오야마(靑山)와 함께 도쿄 도심의 트라이앵글을 이루는 지역이다. 외국인과 젊은이들이 즐겨 찾는 유흥가로도 유명하다. 2003년 4월 완공된 롯폰기 힐스는 ‘도쿄 속의 작은 도쿄’라는 별명을 얻으며 단번에명소로 떠올랐다.

[그림 7-20] 롯폰기 힐스 전경

롯폰기 힐스의 대지 넓이는 3만4천평, 건축 연면적은 22만평이다. 54층 오피스 빌딩인 모리 타워와 21층 특급 호텔 그랜드 하얏트 도쿄, 최고 43층의 고급 아파트 4개 동(8백40가구)이 주축이다. 그들 사이에 아사히TV 방송국과 야외 스튜디오, 아홉개의 대형 스크린을 갖춘 영화관, 1백20개 점포의 고급 쇼핑몰, 젊은이의 광장인 '할리우드 뷰티 플라자'가 자리잡았다. 작은 연못이 있는 17세기 일본풍 정원도 꾸몄으며, 7만여 그루의 나무가 단지 전체를 초록으로 감싸고 있다.

단지에는 시민들이 여가를 즐길 수 있는 문화 공간이 많다. 다양한 장르의 작품들을 감상하는 미술관, 회원제 도서관, 도쿄 타워 전망대보다 높은 해발 2백50m의 전망대, 그리고 각종 사교 모임을 위한 클럽 등이 있다. 모두 새벽까지 문을 열고 도서관은 24시간 운영한다. 롯폰기 힐스는 그 자체가 하나의 도시로, 일하고, 먹고, 즐기고, 쇼핑하고, 잠자는 일이 다 가능한 일종의 테마 파크라 할 수 있다. 하루 평균 10만~15만명의 인파가 몰린다고 한다.

롯폰기 힐스는 구상부터 완공까지 17년이 걸렸다. 제2차 세계대전 후 가장 큰 규모의 민간 재개발인 이 사업은 1986년 도쿄도가 롯폰기 6초메(丁目) 지역을 재개발 유도지구로 지정하면서 시작됐다. 일본 최대의 부동산개발회사 모리빌딩이 사업 비용(2천9백억엔.약 3조1천억원)과 설계, 시공을 책임지기로 하고 주민들과 재개발조합을 만드는 논의에 들어갔다. 주민의 반대로 재개발조합을 출범시킨 것은 12년 뒤인 1998년이었다. 모리빌딩은 주민들에게 땅을 팔라고 요구하지 않고 아파트 입주와 일정한 토지 지분을 보장해 재개발 이익을 공유키로 했다.

롯폰기 힐스는 2000년에 공사가 시작한 뒤에도 "무모한 도박"이란 비난을 끊임없이 들었다. 일본의 부동산 경기가 나락을 벗어나지 못한 상황에서, 엄청난 사업비를 회수하기 위해 임대료를 주변보다 높게 책정할 수밖에 없었기 때문이다. 그러나 2003년말 현재 입주율이 사무실 85%, 아파트 90%로 매우 성공적인 성과를 보이고 있고, 특히 사무 공간이 외국계 기업들에 인기가 높아 외국기업 유치에 성공했다. 성공 비결은 도시 재생이라는 큰 개념으로 접근해 고객들의 바람인 품질과 효율, 문화와 환경, 안전 등을 복합적으로 충족시킨 것이 주효했기 때문이다.

8

향후과제

제 8 장에서는

앞의 7개 장을 종합하는 차원에서 앞으로 우리나라의 도시 및 주거환경사업이 어떠한 이슈를 가지고, 어떠한 방향으로 나아가야 할 지를 제시한다. 도시 및 주거환경정비사업은 법에서 분류하는 것처럼 주택재개발사업, 주거환경개선사업, 주택재건축사업과 도심재개발사업, 공장재개발사업을 포함하는 도시환경정비사업으로 구분된다. 이들 사업 중에는 유사한 면도 있으나, 사업목표, 지역, 계층, 대상건물 등에서 다른 점이 있어 통합하여 언급하는 것은 어려움이 따른다. 따라서 이들을 구분하여 각각의 향후과제를 검토한다.

1. 주택재개발사업

그 동안 주택재개발사업의 대표적 방식인 합동재개발은 많은 물리적, 사회·경제적 문제를 발생시켰다. 특히, 중산층의 주택수요에 의존하여 추진되는 이 방식은 향후 주택수요가 감소될 경우, 사업추진상의 어려움에 직면할 가능성이 높다. 이 책에서는 현재 주택재개발사업에서 나타나는 각종 문제점의 해결과 가까운 장래에 발생될 수 있는 사업추진상의 어려움에 미리 대처하기 위하여 지역사회에 기반을 둔 재개발사업이라는 사업방식을 제안하였다. 그러나, 갑작스러운 신규 사업방식의 도입보다는 충분한 재정확보 방안을 마련하는 등 철저한 준비단계를 거쳐 일정지역을 대상으로 하는 시범적인 시행을 하고, 이 과정에서 나타나는 문제점 파악과 이에 대한 대책을 세운 후 그 대상 범위를 확대시킬 필요가 있다.

주택재개발의 대상지역은 발생과정, 주민의 소득수준, 입지, 토지소유관계 등의 상황이 다양하기 때문에 사업방식도 재개발지구의 성격에 따라 다르게 적용할 필요가 있다. 이러한 관점에서 각 지구의 물리적, 사회·경제적 조건을 파악한 후 이 중에서 지역사회에 기반을 둔 재개발사업에 적합한 지역을 선정하는 작업이 필요할 것이다. 특히, 기존의 재개발구역 중 본인 소유의 토지에 주택을 건축한 합법적 주택이 많고 자가 거주율이 높으나, 입지조건 등이 열악하여 건설업체의 시각에서 사업성이 낮게 평가되는 지역이 시범적 사업지구로 검토될 수 있다. 이러한 지역은 권리관계가 복잡하지 않고, 자가 거주율이 높아 주거환경 개선의 의지가 높으며, 사업성이 낮아 합동재개발이 이루어지기 힘들기 때문에 지역사회에 기반을 둔 재개발사업을 우선적으로 적용하기 쉬운 조건을 가진 곳으로 판단된다.

한편, 주거환경개선사업에서는 지역사회에 기반을 둔 재개발방식과 유사한 사업방식인 현지개량형 개발이 주류를 이루고 있다. 미 시행지구나 사업이 진행중인 지구를 대상으로 하여 공공이 적극적으로 지원하고 건전한 지역사회 비영리단체를 사업주체로 참여시켜 시범적으로 사업을 추진하는 것도 고려될 수 있다.

그 동안 우리나라의 주택재개발은 공공의 적극적 노력이 결여된 상태에서 물리적 주거환경 개선에 집착하여 수익성 위주의 개발이 이루어지면서 고층아파트가 무차별적으로 건설되고 저소득층 거주자의 주거안정은 뒷전으로 밀려나는 상황이 전개되었다. 그러나 그 곳에 살고 있는 저소득층 주민들의 삶의 질을 향상시키고 그들에게 안정된 주거공간을 제공하며, 도시 전체의 건전한 발전을 도모하는 일은 불량지구의 물리적 환경개선에 못지 않은 중요한 과제로서 주택재개발이 추구하여야 할 목표이다. 이러한 목표를 성공적으로 수행하기 위해서는 주민, 지역사회단체, 관할 행정기관 등 지역사회 구성원들이 주택재개발에 관심을 갖고 적극적으로 참여하여야 한다. 지역사회의 적극적인 협조와 노력이 없는 한 주택재개발사업에서 발생하고 있는 많은 문제들은 쉽사리 해결되기 어렵다고 보여진다. 주택재개발이 추구하는 목표에 대한 사회적 인식이 확산된다면 지역사회에 기반을 둔 재개발사업은 그 앞에 놓여진 장벽을 넘어서 21세기에 적합한 이상적인 주택재개발의 사업방식으로서 자리잡을 수 있을 것이다.

2. 주택재건축사업

우리나라에서는 재건축시 밀도를 높여 세대수를 늘리고, 증가된 세대수를 일반에게 분양하여 건설비를 충당함으로써 노후주택 소유자는 남의 돈으로 내 집을 짓는 관행이 형성되었다. 주택재건축사업에 있어서 비정상적 관행을 청산하고 소유주 스스로의 노력으로 사업을 추진해야 한다는 인식의 정립이 무엇보다도 중요하다. 이러한 인식의 바탕위에서 재건축에 앞서 건물의 유지·관리나 전면적인 개·보수를 통하여 건물의 사용연한을 늘리는 노력이 선행되어야 한다. 또한, 감가상각충당금의 성격을 가진 재건축 비용은 장기간에 걸쳐 자발적으로 적립하는 노력이 절실히 요구된다. 거주자의 자발적 노력에다 정부의 지원이 결합하여야 공공성을 가진 주택재건축이 추진될 수 있다. 주택재건축에서 정부는 건물의 유지관리나 재건축비용 적립이 실질적으로 수행될 수 있도록 제도적 장치와 유도책을 마련하여야 한다.

노후주택에 대한 수명연장의 노력으로 재건축 시기가 늦추어진다 하여도 언젠가는 재건축사업이 이루어져야 한다. 고층아파트의 양적 규모로 보아 동시다발적인 재건축사업은 부득이하게 발생될 수 있다. 이 때 나타나는 전세가격 급등, 교통량 증가 등의 부정적 파급효과는 엄청난 사회비용의 지불을 요구한다. 향후 대규모의 동시다발적인 재건축의 부작용을 최소화하기 위하여 연도별 재건축 공급물량을 적절히 조정하는 역할을 할 수 있는 재건축기본계획이 반드시 수립되어야 한다. 서울의 경우 도시 전체와 베드타운인 인접지역까지 포함시켜 고밀도 아파트의 건축 연도별 수량파악과 연간 필요 주택수를 고려하여 재건축을 순차적으로 허가하는 한편 재건축에 따른 기반시설 정비, 불량주택재개발사업 및 택지개발사업과 연계된 종합적이고 광역적인 재건축계획이 시급히 마련되어야 할 것이다.

앞으로 우리나라 주택재건축의 주요 대상이 되는 고밀도 고층아파트의 재건축문제는 시급히 대책을 세워야 한다. 1980년대부터 대량으로 공급된 고층아파트는 전체 주택재고에서 차지하는 비율이 급격하게 증가하고 있다. 이러한 고밀도 아파트 재건축의 시급성을 인지하고 이에 대한 대책의 활발한 논의와 더불어 제시된 대안을 실천함으로써 고밀도 아파트 재건축으로 인한 사회적 부담을 줄여야 할 것이다. 또한 주택재건축에 관련된 비정상적 관행에서 하루빨리 탈피하여 거주자의 책임의식과 정부의 행·재정적 지원의 틀 안에서 주택재건축이 추진될 수 있도록 관련자 모두가 협력하여야 할 것이다.

3. 주거환경개선사업

주거환경개선사업은 도시 저소득주민의 주거환경개선이라는 정책

목표를 가지고 있다. 이처럼 주거환경개선사업은 저소득층 문제와 밀접한 관련이 있으므로 사회복지적 차원의 대책이 마련되어야 한다. 원주민들의 재입주로 저소득층의 주거안정을 이루게 하는 것이 주거환경개선사업의 중요한 목적이다. 원주민들의 재입주를 높이기 위해서는 입주시 추가부담을 경감시켜주는 노력이 반드시 수반되어야 한다. 사회복지적 차원에서 저소득층 원주민에 대한 재정적 지원이 이루어지지 않고는 이를 해결할 수 없다. 최상의 방법은 정부가 저소득층의 주거안정을 위해 상환부담이 없는 보조금 또는 재정을 직접 제공하는 것이다. 그러나, 이 방법은 현재의 우리나라 실정에서 빠른 시일 내에 이루어지기 힘든 장기적인 대책이므로, 현실적인 측면에서 국민주택기금 지원금액의 상향조정 및 이자율 인하 등이 이루어지도록 하여야 한다.

주거환경개선사업이 본래의 목적을 수행하기 위해서는 저소득층 주민의 사회·경제적 지위를 높일 수 있는 방안이 강구되어야 한다. 저소득층의 소득수준 향상이 따르지 않는 주거환경개선은 현재의 상황에서는 실현되기 어렵다. 물리적 환경개선과 동시에 이들에 대한 소득향상 프로그램 개발, 자녀들에 대한 교육지원, 주거비 보조 등 사회복지적 정책과 연계하여 사업이 추진될 수 있도록 하여야 한다. 앞으로의 주거환경개선사업은 공공의 자금지원을 중심으로 추진되는 것이 아니라, 지역주민의 사회·경제적 지위 향상과 이에 따른 삶의 질 개선에 초점이 맞추어져야 할 것이다.

현재까지의 주거환경개선사업은 외부인에 의한 주거환경개선이었다. 그 결과 저소득층 원주민의 재정착율은 낮아지게 되었고, 사업 대상지구는 그나마 대도시에서 저소득층이 거주가능한 저렴한 주거지로서의 역할마저 상실하는 결과를 초래하였다. 앞으로는 지역주민이 주체가 되어 원주민이 주거안정을 이룰 수 있는 실질적인 주거환경개선 방안이 마련되어야 할 것이다. 이를 위해 지역의 시민단체, 종교단체, 자원봉사자 그룹이 지역주민과 함께 협력하여 대도시 불량주거지의 주거환경을 개선시킬 수 있는 제도의 도입이 필요하다고 사료된다.

4. 도시환경정비사업

4.1 도심재개발사업

세계의 대도시에서 활발하게 이루어졌던 도심공간 재편의 바람이 우리에게도 직·간접적으로 영향을 주고 있다. 서울 도심의 청계천 복원 등이 그 증거이다. 세계 도시에서는 도심재개발 추진에 있어 민간투자를 통한 재개발방식을 채택하고 있다. 이것이 도시의 경제력을 회복시키는 원동력이 될 수 있으며, 고용창출에 큰 도움이 된다고 믿기 때문이다. 그러나 민간투자에 의한 도심재개발은 도시의 공공성을 낮추므로 사업성과 공공성이 충돌하는 구조적 문제를 가지게 된다. 이를 해결하기 위해서는 공공재정의 투입이 반드시 이루어져야 한다.

최근 도심재개발에서 나타나는 새로운 여건변화는 시민들의 도시환경에 대한 가치관이 크게 바뀌고 있다는 것이다. 개발과 성장을 중시했던 입장에서 역사, 환경, 문화, 인간성, 다양성 같은 새로운 가치들이 추구되고 있다. 이에 따라 역사·문화자원에 대한 관심을 재개발에 수용하도록 노력하여야 하며, 환경 측면에서 지속가능한 개발과 어떻게 연계될 수 있는가를 중요하게 인식하여야 할 것이다. 또한 기능의 경쟁력을 높이기 위하여 업무, 상업, 주거, 레저시설을 복합적이고 다양하게 배치해 언제나 활기를 잃지 않는 공간을 만드는 데 주력하여야 한다. 따라서, 앞으로의 도심재개발은 도심공간에서의 공공성 회복과 역사·문화적 공간재생, 다양하면서 인간의 정취를 느낄 수 있는 공간조성 등을 목표로 하는 큰 틀 안에서 추진되어야 할 것이다.

4.2 공장재개발사업

공장재개발사업의 등장은 서구 대도시에서의 도시 쇠퇴와 관련이 있다. 한국의 대표적 대도시인 서울은 뉴욕, 런던 등의 대도시가 경험했던 쇠퇴현상과 비교하면 아직 도시의 활력이 있고 민간의 건설과 생산, 그리고 이와 결부된 상업 및 유통업무가 활발히 이루어지고 있다. 그러나 선진국 대도시에서 나타난 쇠퇴문제가 서울에서 발생되지 않도록 사전 방지대책을 고려할 필요는 있다. 대도시 쇠퇴문제의 대책으로 많이 제시되고 있는 것은 대도시 내 제조업의 육성이다. 대도시 쇠퇴문제의 핵심은 공장유출에 의한 고용 및 인구감소이다. 즉, 대도시에서의 탈공업화(deindustrialization)는 도시를 쇠퇴시키는 중요한 원인으로 작용할 수 있다.[1] 제조업이 대도시 내에서 번창하게 되면 경제기반 약화를 방지할 수 있으며, 고용창출이 이루어져 실업, 빈곤 등의 사회문제가 해결되며, 직장을 따라 이동하는 인구유출을 막을 수 있다. 따라서, 서울의 쇠퇴를 미연에 방지하기 위해서는 제조업을 육성시킬 수 있는 방안이 마련되어야 한다.

서울에 제조업의 기능을 활성화시키기 위해서는 공장재개발사업을 적극적으로 활용하여야 한다. 공장재개발사업은 시행경험이 전무하여 제도적 보완이 필요하므로 잠재력이 높은 지역을 대상으로 시범사업을 추진할 필요가 있다. 대도시의 준공업지역에는 중·소규모의 노후, 불량공장이 밀집되어 있다. 이 지역에 대해서는 공장재개발을 통하여 제조업의 기능을 회복시켜야 할 것이다. 준공업지역에 입지한 노후, 불량공장들은 도시환경을 저해하고 주민의 민원대상이 되기 때문에 언젠가는 다른 곳으로 이전할 가능성이 높다. 즉, 시간이 경과할수록 제조업 유출은 가속화되리라는 것이다. 그러므로, 이러한 지역에 대하여서는 빠른 시간 내에 공장재개발계획을 수립하고 아파트형 공장이나 주·상·공 복합건물의 건설을 통하여 경제기반 강화와 물리적 환경개선을 이루어야 한다.

아파트형 공장이나 주·상·공 복합건물로 재개발할 경우 재입주를 원하지 않는 비도시형 공업에 대해서는 시외곽의 공단으로 이전지를 알선하여 주어야 한다. 도시형 공장에 대해서는 행·재정적 지원을 통하여 재입주할 수 있도록 하고, 공해가 적고 부가가치가 높은 새로운

---

1) Bluestone, B. and B. Harrison, 1982, *The Deindustrialization of America*, Basic Books.

도시형 제조업체 특히, 고용창출면에서 그 효과가 크다고 밝혀진[2] 소규모의 공장 중심으로 유치계획을 세우도록 한다. 한편, 서울에는 많은 공장이 이전을 하고 있거나, 이전을 계획하고 있다. 특히, 준공업지역에 위치한 대규모 공장 이전적지는 아파트 또는 상업·유통시설로 용도전환되는 경우가 빈번하게 발생하고 있다. 준공업지역에 위치한 공장 이전적지에 대해서는 적절한 규제와 인센티브 제도를 활용하여 제조업 입지를 강화시켜야 한다. 강제적인 용도전환 억제보다는 주거, 상업·유통, 연구·교육, 제조업 시설이 함께 들어설 수 있는 주·상·공 복합건물의 건설을 적극적으로 유도하여 제조업의 유출을 막아야 할 것이다.

2) Butler, S.M., 1991, "The conceptual evolution of enterprise zones." In R.E. Green, *Enterprise Zones: New Directions in Economic Development*, SAGE Publications.

< 法律 第6852號 : 2002. 12. 30. >

도시및주거환경정비법

제1장 총 칙

제1조(목적) 이 법은 도시기능의 회복이 필요하거나 주거환경이 불량한 지역을 계획적으로 정비하고 노후·불량건축물을 효율적으로 개량하기 위하여 필요한 사항을 규정함으로써 도시환경을 개선하고 주거생활의 질을 높이는데 이바지함을 목적으로 한다.

제2조(용어의 정의) 이 법에서 사용하는 용어의 정의는 다음과 같다.

1. "정비구역"이라 함은 정비사업을 계획적으로 시행하기 위하여 제4조의 규정에 의하여 지정·고시된 구역을 말한다.
2. "정비사업"이라 함은 이 법에서 정한 절차에 따라 도시기능을 회복하기 위하여 정비구역안에서 정비기반시설을 정비하고 주택 등 건축물을 개량하거나 건설하는 다음 각목의 사업을 말한다. 다만, 다목의 경우에는 정비구역이 아닌 구역에서 시행하는 주택재건축사업을 포함한다.
   가. 주거환경개선사업 : 도시저소득주민이 집단으로 거주하는 지역으로서 정비기반시설이 극히 열악하고 노후·불량건축물이 과도하게 밀집한 지역에서 주거환경을 개선하기 위하여 시행하는 사업
   나. 주택재개발사업 : 정비기반시설이 열악하고 노후·불량건축물이 밀집한 지역에서 주거환경을 개선하기 위하여 시행하는 사업
   다. 주택재건축사업 : 정비기반시설은 양호하나 노후·불량건축물이 밀집한 지역에서 주거환경을 개선하기 위하여 시행하는 사업
   라. 도시환경정비사업 : 상업지역·공업지역 등으로서 토지의 효율적 이용과 도심 또는 부도심 등 도시기능의 회복이 필요한 지역에서 도시환경을 개선하기 위하여 시행하는 사업
3. "노후·불량건축물"이라 함은 다음 각목의 1에 해당하는 건축물을 말한다.
   가. 건축물이 훼손되거나 일부가 멸실되어 붕괴 그 밖의 안전사고의 우려가 있는 건축물
   나. 다음의 요건에 해당하는 건축물로서 대통령령이 정하는 건축물
      (1) 주변 토지의 이용상황 등에 비추어 주거환경이 불량한 곳에 소재할 것
      (2) 건축물을 철거하고 새로운 건축물을 건설하는 경우 그에 소요되는 비용에 비하여 효용의 현저한 증가가 예상될 것
   다. 도시미관의 저해, 건축물의 기능적 결함, 부실시공 또는 노후화로 인한 구조적 결함 등으로 인하여 철거가 불가피한 건축물로서 대통령령이 정하는 건축물
4. "정비기반시설"이라 함은 도로·상하수도·공원·공용주차장·공동구(국토의계획및이용에관한법률 제2조제9호의 규정에 의한 공동구를 말한다. 이하 같다) 그 밖에 주민의 생활에 필요한 가스 등의 공급시설로서 대통령령이 정하는 시설을 말한다.
5. "공동이용시설"이라 함은 주민이 공동으로 사용하는 놀이터·마을회관·공동작업장 그 밖에 대통령령이 정하는 시설을 말한다.
6. "대지"라 함은 정비사업에 의하여 조성된 토지를 말한다.
7. "주택단지"라 함은 주택 및 부대·복리시설을 건설하거나 대지로 조성되는 일단의 토지로서 대통령령이 정하는 범위에 해당하는 일단의 토지를 말한다.

8. “사업시행자”라 함은 정비사업을 시행하는 자를 말한다.
9. “토지등소유자”라 함은 다음 각목의 자를 말한다.
   가. 주거환경개선사업 · 주택재개발사업 또는 도시환경정비사업의 경우에는 정비구역안에 소재한 토지 또는 건축물의 소유자 또는 그 지상권자
   나. 주택재건축사업의 경우에는 다음의 1에 해당하는 자
      (1) 정비구역안에 소재한 건축물 및 그 부속토지의 소유자
      (2) 정비구역이 아닌 구역안에 소재한 대통령령이 정하는 주택 및 그 부속토지의 소유자와 부대 · 복리시설 및 그 부속토지의 소유자
10. “주택공사등”이라 함은 대한주택공사법에 의하여 설립된 대한주택공사 또는 지방공기업법에 의하여 주택사업을 수행하기 위하여 설립된 지방공사를 말한다.
11. “정관등”이라 함은 다음 각목의 것을 말한다.
   가. 제20조의 규정에 의한 정관
   나. 토지등소유자가 자치적으로 정하여 운영하는 규약
   다. 시장 · 군수 또는 자치구의 구청장(이하 “시장 · 군수”라 한다) 또는 주택공사등이 제30조제8호의 규정에 의하여 작성한 시행규정

제2장 기본계획의 수립 및 정비구역의 지정

제3조(도시 · 주거환경정비기본계획의 수립) ①특별시장 · 광역시장 또는 시장은 다음 각호의 사항이 포함된 도시 · 주거환경정비기본계획(이하 “기본계획”이라 한다)을 10년 단위로 수립하여야 한다. 다만, 대통령령이 정하는 소규모 시의 경우에는 기본계획을 수립하지 아니할 수 있다.

1. 정비사업의 기본방향
2. 정비사업의 계획기간
3. 인구 · 건축물 · 토지이용 · 정비기반시설 · 지형 및 환경 등의 현황
4. 주거지 관리계획
5. 토지이용계획 · 정비기반시설계획 · 공동이용시설설치계획 및 교통계획
6. 녹지 · 조경 · 에너지공급 · 폐기물처리 등에 관한 환경계획
7. 사회복지시설 및 주민문화시설 등의 설치계획
8. 제4조의 규정에 의하여 정비구역으로 지정할 예정인 구역의 개략적 범위
9. 단계별 정비사업추진계획
10. 건폐율 · 용적률 등에 관한 건축물의 밀도계획
11. 세입자에 대한 주거안정대책
12. 그밖에 주거환경 등을 개선하기 위하여 필요한 사항으로서 대통령령이 정하는 사항

② 특별시장 · 광역시장 또는 시장은 기본계획에 대하여 5년마다 그 타당성 여부를 검토하여 그 결과를 기본계획에 반영하여야 한다.

③ 특별시장 · 광역시장 또는 시장은 제1항의 규정에 의하여 기본계획을 수립 또는 변경하고자 하는 때에는 14일 이상 주민에게 공람하고 지방의회의 의견을 들은 후 국토의계획및이용에관한법률 제113조제1항 및 제2항의 규정에 의한 지방도시계획위원회(이하 “지방도시계획위원회”라 한다)의 심의를 거쳐야 한다. 다만, 대통령령이 정하는 경미한 사항을 변경하는 경우에는 그러하지 아니하다.

④ 시장은 제1항 및 제3항의 규정에 의하여 기본계획을 수립 또는 변경한 때에는 도지사의 승인을 얻어야 하며, 도지사가 이를 승인함에 있어서는 지방도시계획위원회의 심의를 거쳐야 한다. 다만, 제3항 단서의 규정에 해당하는 변경의 경우에는 그러하지 아니하다.

⑤ 특별시장 · 광역시장 또는 도지사(이하 “시 · 도지사”라 한다)는 지방도시계획위원회의 심의

를 거치기 전에 관계 행정기관의 장과 협의하여야 한다.

⑥ 특별시장·광역시장 또는 시장은 기본계획이 수립 또는 변경된 때에는 이를 지체없이 당해 지방자치단체의 공보에 고시하여야 한다.

⑦ 특별시장·광역시장 또는 시장은 기본계획을 수립하거나 변경한 때에는 건설교통부령이 정하는 방법 및 절차에 따라 건설교통부장관에게 보고하여야 한다.

⑧ 기본계획의 작성기준 및 작성방법은 건설교통부장관이 이를 정한다.

제4조(정비계획의 수립 및 정비구역의 지정) ①시장·군수는 기본계획에 적합한 범위안에서 노후·불량건축물이 밀집하는 등 대통령령이 정하는 요건에 해당하는 구역에 대하여 다음 각호의 사항이 포함된 정비계획을 수립하여 14일 이상 주민에게 공람하고 지방의회의 의견을 들은 후 이를 첨부하여 시·도지사에게 정비구역지정을 신청하여야 하며, 정비계획의 내용을 변경할 필요가 있을 때에는 같은 절차를 거쳐 변경지정을 신청하여야 한다. 다만, 대통령령이 정하는 경미한 사항을 변경하는 경우에는 그러하지 아니하다.

1. 정비사업의 명칭
2. 정비구역 및 그 면적
3. 국토의계획및이용에관한법률 제2조제7호의 규정에 의한 도시계획시설(이하 "도시계획시설"이라 한다)의 설치에 관한 계획
4. 공동이용시설 설치계획
5. 건축물의 주용도·건폐율·용적률·높이·층수 및 연면적에 관한 계획
6. 도시경관과 환경보전 및 재난방지에 관한 계획
7. 정비사업시행 예정시기
8. 그 밖에 정비사업의 시행을 위하여 필요한 사항으로서 대통령령이 정하는 사항

② 시·도지사는 정비구역을 지정 또는 변경지정하고자 하는 경우에는 지방도시계획위원회의 심의를 거쳐 지정 또는 변경지정하여야 한다.

③ 시·도지사는 제2항의 규정에 의하여 정비구역을 지정 또는 변경지정한 경우에는 당해 정비계획을 포함한 지정 또는 변경지정 내용을 당해 지방자치단체의 공보에 고시하고 주민설명회를 거친 후 건설교통부령이 정하는 방법 및 절차에 따라 건설교통부장관에게 그 지정내용 또는 변경지정내용을 보고하여야 한다.

④ 제3항의 규정에 의하여 정비구역의 지정 또는 변경지정에 대한 고시가 있는 경우 당해 정비구역 및 정비계획중 국토의계획및이용에관한법률 제52조제1항 각호의 1에 해당하는 사항은 동법 제49조 및 제51조의 규정에 의한 제1종지구단위계획구역 및 제1종지구단위계획으로 결정·고시된 것으로 본다.

제5조(정비구역안에서의 건축제한) 제4조제3항의 규정에 의한 정비구역의 지정고시가 있은 날부터 당해 정비구역안에는 정비계획의 내용에 적합하지 아니한 건축물 또는 공작물을 설치할 수 없다. 다만, 시장·군수가 정비사업의 시행에 지장이 없다고 판단하여 허가하는 경우에는 그러하지 아니하다.

제3장 정비사업의 시행

제1절 정비사업의 시행

제6조(정비사업의 시행방법) ①주거환경개선사업은 다음 각호의 1에 해당하는 방법에 의한다.

1. 시장·군수가 정비구역안에서 정비기반시설을 새로이 설치하거나 확대하고 토지등소유자가 스스로 주택을 개량하는 방법
2. 제7조의 규정에 의한 주거환경개선사업의 시행자가 제38조의 규정에 의하여 정비구역의 전부 또는 일부를 수용하여 주택을 건설한 후 토지등소유자에게 우선 공급하는 방법
3. 제7조의 규정에 의한 주거환경개선사업의 시행자가 제43조제2항의 규정에 의하여 환지로

공급하는 방법

② 주택재개발사업은 정비구역안에서 제48조의 규정에 의하여 인가받은 관리처분계획에 따라 주택 및 부대·복리시설을 건설하여 공급하거나, 제43조제2항의 규정에 의하여 환지로 공급하는 방법에 의한다.

③ 주택재건축사업은 정비구역안 또는 정비구역이 아닌 구역에서 제48조의 규정에 의하여 인가받은 관리처분계획에 따라 공동주택 및 부대·복리시설을 건설하여 공급하는 방법에 의한다. 다만, 주택단지안에 있지 아니하는 건축물의 경우에는 지형여건·주변의 환경으로 보아 사업시행상 불가피한 경우와 정비구역안에서 시행하는 사업에 한한다.

④ 도시환경정비사업은 정비구역안에서 제48조의 규정에 의하여 인가받은 관리처분계획에 따라 건축물을 건설하여 공급하는 방법 또는 제43조제2항의 규정에 의하여 환지로 공급하는 방법에 의한다.

제7조(주거환경개선사업의 시행자) ①주거환경개선사업은 제4조제3항의 규정에 의한 정비구역 지정고시일 현재 토지등소유자의 3분의 2 이상 동의를 얻어 시장·군수가 직접 이를 시행하거나 주택공사등을 사업시행자로 지정하여 이를 시행하게 할 수 있다.

② 시장·군수는 천재·지변 그 밖의 불가피한 사유로 인하여 건축물의 붕괴우려가 있어 긴급히 정비사업을 시행할 필요가 있다고 인정하는 경우에는 제1항의 규정에 불구하고 토지등소유자의 동의없이 자신이 직접 시행하거나 주택공사등을 사업시행자로 지정하여 시행하게 할 수 있다. 이 경우 시장·군수는 지체없이 토지등소유자에게 긴급한 정비사업의 시행사유·시행방법 및 시행시기 등을 통보하여야 한다.

제8조(주택재개발사업 등의 시행자) ①주택재개발사업 또는 주택재건축사업은 제13조의 규정에 의한 조합(이하 "조합"이라 한다)이 이를 시행하거나, 조합이 조합원의 2분의 1 이상의 동의를 얻어 시장·군수 또는 주택공사등과 공동으로 이를 시행할 수 있다.

② 도시환경정비사업은 조합 또는 토지등소유자가 시행하거나, 조합 또는 토지등소유자가 조합원 또는 토지등소유자의 2분의 1 이상의 동의를 얻어 시장·군수, 주택공사등 또는 한국토지공사법에 의한 한국토지공사(공장이 포함된 구역에서의 도시환경정비사업의 경우를 제외한다)와 공동으로 이를 시행할 수 있다.

③ 시장·군수는 정비사업이 다음 각호의 1에 해당하는 때에는 제1항 및 제2항의 규정에 불구하고 직접 정비사업(주거환경개선사업을 제외한다. 이하 이 조 및 제9조에서 같다)을 시행하거나, 시장·군수가 토지등소유자로서 대통령령이 정하는 요건을 갖춘 자(제1호 및 제2호의 경우에 한하며, 이하 "지정개발자"라 한다) 또는 주택공사등을 사업시행자로 지정하여 정비사업을 시행하게 할 수 있다.

1. 천재·지변 그 밖의 불가피한 사유로 인하여 긴급히 정비사업을 시행할 필요가 있다고 인정되는 때
2. 조합이 제4조제3항의 규정에 의한 정비구역의 지정고시가 있은 날부터 2년 이내에 제28조의 규정에 의한 사업시행인가(이하 "사업시행인가"라 한다)를 신청하지 아니하거나 사업시행인가를 신청한 내용이 위법 또는 부당하다고 인정되는 때(주택재건축사업의 경우를 제외한다)
3. 지방자치단체의 장이 시행하는 국토의계획및이용에관한법률 제2조제11호의 규정에 의한 도시계획사업과 병행하여 정비사업을 시행할 필요가 있다고 인정되는 때
4. 제35조제1항의 규정에 의한 순환정비방식에 의하여 정비사업을 시행할 필요가 있다고 인정되는 때
5. 제77조의 규정에 의하여 사업시행인가가 취소된 때
6. 당해 정비구역 안의 국·공유지면적이 전체 토지면적의 2분의 1 이상인 때
7. 당해 정비구역 안의 토지면적 2분의 1 이상의 토지소유자와 토지등소유자의 3분의 2 이상에 해당하는 자가 시장·군수 또는 주택공사등을 사업시행자로 지정할 것을 요청하는 때

④ 시장·군수는 제3항의 규정에 의하여 직접 정비사업을 시행하거나 지정개발자 또는 주택공

사등을 사업시행자로 지정하는 때에는 정비사업 시행구역 등 토지등소유자에게 알릴 필요가 있는 사항으로서 대통령령이 정하는 사항을 당해 지방자치단체의 공보에 고시하여야 한다.

제9조(사업대행자의 지정 등) ①시장・군수는 조합 또는 토지등소유자가 시행하는 정비사업을 당해 조합 또는 토지등소유자가 계속 추진하기 어려워 정비사업의 목적을 달성할 수 없다고 인정하는 때에는 당해 조합 또는 토지등소유자를 대신하여 직접 정비사업을 시행하거나 지정개발자 또는 주택공사등으로 하여금 당해 조합 또는 토지등소유자를 대신하여 정비사업을 시행하게 할 수 있다.

② 제1항의 규정에 의하여 정비사업을 대행하는 시장・군수, 지정개발자 또는 주택공사등(이하 "사업대행자"라 한다)은 사업시행자에게 청구할 수 있는 보수 또는 비용의 상환에 대한 권리로써 사업시행자에게 귀속될 대지 또는 건축물을 압류할 수 있다.

③ 제1항의 규정에 의한 사업의 대행에 있어서 개시결정 및 고시와 개시결정의 효과, 사업대행자의 업무집행, 사업대행의 완료와 그 고시 등에 관하여 필요한 사항은 대통령령으로 정한다.

제10조(사업시행자 등의 권리・의무의 승계) 사업시행자와 정비사업과 관련하여 권리를 갖는 자(이하 "권리자"라 한다)의 변동이 있은 때에는 종전의 사업시행자와 권리자의 권리・의무는 새로이 사업시행자와 권리자로 된 자가 이를 승계한다.

제11조(시공자의 선정) ①조합 또는 토지등소유자는 사업시행인가를 받은 후 건설산업기본법 제9조의 규정에 의한 건설업자 또는 주택건설촉진법 제6조의3제1항의 규정에 의하여 건설업자로 보는 등록업자를 시공자로 선정하여야 한다.

② 조합 또는 토지등소유자는 제1항의 규정에 의한 시공자를 조합의 정관등이 정하는 경쟁입찰의 방법으로 선정하여야 한다.

제12조(주택재건축사업의 안전진단 및 시행여부 결정 등) ①주택재건축사업을 시행하고자 하는 자는 시장・군수에게 당해 건축물에 대한 안전진단을 신청하여야 한다.

② 시장・군수는 제1항의 규정에 의한 안전진단의 신청이 있는 때에는 당해 건축물의 노후・불량 정도 등에 대한 현지조사와 건설안전전문가의 의견청취 등을 거쳐 안전진단 실시여부를 결정하여야 하며, 안전진단의 실시가 필요하다고 결정한 경우에는 안전진단기관을 지정하여야 한다.

③ 시・도지사는 주택재건축사업의 시기조정, 건축물 노후・불량 정도의 평가 등을 위하여 필요한 경우에는 시장・군수로 하여금 제2항의 규정에 의한 안전진단 실시여부를 결정하기 전에 시・도지사의 평가를 받도록 할 수 있다. 이 경우 시장・군수는 시・도지사의 평가결과에 따라야 한다.

④ 제2항의 규정에 의하여 시장・군수로부터 지정을 받은 안전진단기관은 건설교통부장관이 정하여 관보에 고시하는 기준에 따라 안전진단을 실시하여야 하며, 건설교통부령이 정하는 방법 및 절차에 따라 안전진단결과보고서를 작성하여 시장・군수 및 주택재건축사업을 시행하고자 하는 자에게 제출하여야 한다.

⑤ 시장・군수는 제4항의 규정에 의한 안전진단의 결과와 도시계획 및 지역여건 등을 종합적으로 검토하여 주택재건축사업의 시행여부를 결정하여야 한다.

⑥ 제1항 내지 제5항의 규정에 의한 안전진단의 대상・기준・실시기관・지정절차・수수료・안전진단결과의 평가 및 주택재건축사업의 시행여부의 결정 등에 관하여 필요한 세부사항은 대통령령으로 정한다.

제2절 조합설립추진위원회 및 조합의 설립 등

제13조(조합의 설립 및 추진위원회의 구성) ①시장・군수 또는 주택공사등이 아닌 자가 정비사업을 시행하고자 하는 경우에는 토지등소유자로 구성된 조합을 설립하여야 한다. 다만, 제8조 제2항의 규정에 의하여 토지등소유자가 도시환경정비사업을 단독으로 시행하고자 하는 경우

에는 그러하지 아니하다.

② 제1항의 규정에 의한 조합을 설립하고자 하는 경우에는 토지등소유자의 2분의 1 이상의 동의를 얻어 위원장을 포함한 5인 이상의 위원으로 조합설립추진위원회(이하 "추진위원회"라 한다)를 구성하여 건설교통부령이 정하는 방법 및 절차에 따라 시장·군수의 승인을 얻어야 한다.

③ 제23조의 규정은 제2항의 규정에 의한 추진위원회 위원에 관하여 준용한다. 이 경우 "조합"은 "추진위원회"로, "임원"은 "위원"으로, "조합원"은 "토지등소유자"로 본다.

제14조(추진위원회의 기능) ①추진위원회는 다음 각호의 업무를 수행한다.

1. 제12조의 규정에 의한 안전진단 신청에 관한 업무
2. 제69조의 규정에 의한 정비사업전문관리업자(이하 "정비사업전문관리업자"라 한다)의 선정
3. 개략적인 정비사업 시행계획서의 작성
4. 조합의 설립인가를 받기 위한 준비업무
5. 그밖에 조합설립의 추진을 위하여 필요한 업무로서 대통령령이 정하는 업무

② 추진위원회는 제15조제2항의 규정에 의한 운영규정이 정하는 경쟁입찰의 방법으로 정비사업전문관리업자를 선정하여야 한다.

③ 추진위원회가 제1항의 규정에 의하여 수행하는 업무의 내용이 토지등소유자의 비용부담을 수반하는 것이거나 권리와 의무에 변동을 발생시키는 것인 경우에는 그 업무를 수행하기전에 대통령령이 정하는 비율 이상의 토지등소유자의 동의를 얻어야 한다.

제15조 (추진위원회의 조직 및 운영) ①추진위원회는 추진위원회를 대표하는 위원장 1인과 감사를 두어야 하며, 그 운영에 필요한 사항은 대통령령으로 정한다.

② 건설교통부장관은 추진위원회의 공정한 운영을 위하여 다음 각호의 내용을 포함한 추진위원회의 운영규정을 정하여 관보에 고시하여야 한다.

1. 추진위원회 위원의 선임방법 및 변경에 관한 사항
2. 추진위원회 위원의 권리·의무에 관한 사항
3. 추진위원회의 업무범위에 관한 사항
4. 추진위원회의 운영방법에 관한 사항
5. 토지등소유자의 운영경비 납부에 관한 사항
6. 그 밖에 추진위원회의 운영에 필요한 사항으로서 대통령령이 정하는 사항

③ 추진위원회는 운영규정에 따라 운영하여야 하며, 토지등소유자는 운영에 필요한 경비를 운영규정이 정하는 바에 따라 납부하여야 한다.

④ 추진위원회는 추진위원회가 행한 업무를 제24조의 규정에 의한 총회(이하 "총회"라 한다)에 보고하여야 하며, 추진위원회가 행한 업무와 관련된 권리와 의무는 조합이 포괄승계한다.

⑤ 추진위원회는 사용경비를 기재한 회계장부 및 관련서류를 조합 설립의 인가일부터 30일 이내에 조합에 인계하여야 한다.

⑥ 토지등소유자는 3분의 1 이상의 연서로 추진위원회에 추진위원회 위원의 교체 및 해임을 요구할 수 있다.

⑦ 제6항의 규정에 의한 추진위원회 위원의 교체·해임절차 등에 관한 구체적인 사항은 운영규정이 정하는 바에 의한다.

제16조 (조합의 설립인가 등) ①주택재개발사업 및 도시환경정비사업의 추진위원회가 조합을 설립하고자 하는 때에는 토지등소유자의 5분의 4 이상의 동의를 얻어 정관 및 건설교통부령이 정하는 서류를 첨부하여 시장·군수의 인가를 받아야 한다. 인가받은 사항을 변경하고자 하는 때에도 또한 같다. 다만, 대통령령이 정하는 경미한 사항을 변경하고자 하는 때에는 조합원의 동의없이 시장·군수에게 신고하고 변경할 수 있다.

② 주택재건축사업의 추진위원회가 조합을 설립하고자 하는 때에는 집합건물의소유및관리에관한법률 제47조제1항 및 제2항의 규정에 불구하고 주택단지안의 공동주택의 각 동(복리시설의 경우에는 주택단지안의 복리시설 전체를 하나의 동으로 본다)별 구분소유자 및 의결권의

각 3분의 2 이상의 동의와 주택단지안의 전체 구분소유자 및 의결권의 각 5분의 4 이상의 동의를 얻어 정관 및 건설교통부령이 정하는 서류를 첨부하여 시장·군수의 인가를 받아야 한다. 인가받은 사항을 변경하고자 하는 때에도 또한 같다. 다만, 제1항 단서의 규정에 의한 경미한 사항을 변경하고자 하는 때에는 조합원의 동의없이 시장·군수에게 신고하고 변경할 수 있다.

③ 제2항의 규정에 불구하고 주택단지가 아닌 지역이 정비구역에 포함된 때에는 주택단지가 아닌 지역안의 토지 또는 건축물 소유자의 5분의 4 이상 및 토지면적의 3분의 2 이상의 토지소유자의 동의를 얻어야 한다.

④ 조합이 이 법에 의한 정비사업을 시행하는 경우 주택건설촉진법 제32조의 규정을 적용함에 있어서는 조합을 동법 제3조제5호의 규정에 의한 사업주체로 본다.

⑤ 제1항 및 제2항의 규정에 의한 조합 설립신청 및 인가절차 등에 관하여 필요한 사항은 대통령령으로 정한다.

제17조(토지등소유자의 동의방법 등) 제13조 내지 제16조의 규정에 의한 토지등소유자의 동의 산정방법 및 절차 등에 관하여 필요한 사항은 대통령령으로 정한다.

제18조 (조합의 법인격 등) ①조합은 법인으로 한다.

② 조합은 조합 설립의 인가를 받은 날부터 30일 이내에 주된 사무소의 소재지에서 대통령령이 정하는 사항을 등기함으로써 성립한다.

③ 조합은 그 명칭중에 "정비사업조합"이라는 문자를 사용하여야 한다.

제19조 (조합원의 자격등)

① 정비사업(시장·군수 또는 주택공사등이 시행하는 정비사업을 제외한다)의 조합원은 토지등소유자로 하되, 토지 또는 건축물의 소유권과 지상권이 수인의 공유에 속하는 때에는 그 수인을 대표하는 1인을 조합원으로 본다.

② 주택법 제41조제1항의 규정에 의한 투기과열지구로 지정된 지역안에서의 주택재건축사업의 경우 제16조의 규정에 의한 조합설립인가후 당해 정비사업의 건축물 또는 토지를 양수(매매·증여 그 밖의 권리의 변동을 수반하는 일체의 행위를 포함하되, 상속·이혼으로 인한 양도·양수의 경우를 제외한다. 이하 이 조에서 같다)한 자는 제1항의 규정에 불구하고 조합원이 될 수 없다. 다만, 양도자가 다음 각호의 1에 해당하는 경우 그 양도자로부터 그 건축물 또는 토지를 양수한 자는 그러하지 아니하다.

1. 세대원(세대주가 포함된 세대의 구성원을 말한다. 이하 이 조에서 같다)의 근무 또는 생업상의 사정이나 질병치료·취학·결혼으로 인하여 세대원 전원이 당해 사업구역이 위치하지 아니한 특별시·광역시·시 또는 군으로 이전하는 경우(사업구역이 수도권정비계획법 제2조제1호의 규정에 의한 수도권에 위치한 경우에는 수도권 밖으로 이전하는 경우에 한한다)
2. 상속에 의하여 취득한 주택으로 세대원 전원이 이전하는 경우
3. 세대원 전원이 해외로 이주하거나 세대원 전원이 2년 이상의 기간 동안 해외에 체류하고자 하는 경우
4. 그 밖에 불가피한 사정으로 양도하는 경우로서 대통령령이 정하는 경우

③ 사업시행자는 제2항 각호외의 부분 본문의 규정에 의하여 조합설립인가후 당해 정비사업의 건축물 또는 토지를 양수한 자로서 조합원의 자격을 취득할 수 없는 자에 대하여는 제47조의 규정을 준용하여 현금으로 청산하여야 한다. 이 경우 청산금액은 조합설립인가일을 기준으로 하여 산정한다.

제20조(정관의 작성 및 변경) ①조합은 다음 각호의 사항이 포함된 정관을 작성하여야 한다.

1. 조합의 명칭 및 주소
2. 조합원의 자격에 관한 사항
3. 조합원의 제명·탈퇴 및 교체에 관한 사항
4. 정비사업 예정구역의 위치 및 면적
5. 제21조의 규정에 의한 조합의 임원(이하 "조합임원"이라 한다)의 수 및 업무의 범위

6. 조합임원의 권리·의무·보수·선임방법·변경 및 해임에 관한 사항
7. 대의원의 수, 의결방법, 선임방법 및 선임절차
8. 조합의 비용부담 및 조합의 회계
9. 정비사업의 시행연도 및 시행방법
10. 총회의 소집절차·시기 및 의결방법
11. 총회의 개최 및 조합원의 총회소집요구에 관한 사항
12. 공사비 등 정비사업에 소요되는 비용(이하 "정비사업비"라 한다)의 부담시기 및 절차
13. 정비사업이 종결된 때의 청산절차
14. 청산금의 징수·지급의 방법 및 절차
15. 시공자·설계자의 선정 및 계약서에 포함될 내용
16. 정관의 변경절차
17. 그밖에 정비사업의 추진 및 조합의 운영을 위하여 필요한 사항으로서 대통령령이 정하는 사항

② 건설교통부장관은 제1항 각호의 내용이 포함된 표준정관을 작성하여 보급할 수 있다.
③ 정관의 변경에는 조합원 3분의 2 이상의 동의를 얻어 시장·군수의 인가를 받아야 한다. 다만, 대통령령이 정하는 경미한 사항을 변경하고자 하는 때에는 조합원의 동의에 갈음하여 총회의 의결을 얻어야 한다.
④ 제17조의 규정은 제3항의 규정에 의한 동의에 관하여 이를 준용한다.

제21조(조합의 임원) ①조합은 다음 각호의 임원을 둔다.
1. 조합장 1인
2. 이사
3. 감사

② 제1항의 이사와 감사의 수에 관하여 필요한 사항은 대통령령이 정하는 범위안에서 정관으로 정한다.
③ 조합임원은 총회에서 조합원 2분의 1 이상의 출석과 출석 조합원 3분의 2 이상의 동의를 얻어 조합원중에서 정관이 정하는 바에 따라 선임한다.

제22조(조합임원의 직무 등) ①조합장은 조합을 대표하고, 그 사무를 총괄하며, 총회 또는 제25조의 규정에 의한 대의원회의 의장이 된다.
② 이사는 정관이 정하는 바에 따라 조합장을 보좌하며 조합의 사무를 분장한다.
③ 감사는 조합의 사무 및 재산상태와 회계에 관한 사항을 감사한다.
④ 조합장 또는 이사의 자기를 위한 조합과의 계약이나 소송에 관하여는 감사가 조합을 대표한다.
⑤ 조합임원은 같은 목적의 정비사업을 하는 다른 조합의 임원 또는 직원을 겸할 수 없다.

제23조(조합임원의 결격사유 및 해임) ①다음 각호의 1에 해당하는 자는 조합의 임원이 될 수 없다.
1. 미성년자·금치산자 또는 한정치산자
2. 파산자로서 복권되지 아니한 자
3. 금고 이상의 실형의 선고를 받고 그 집행이 종료(종료된 것으로 보는 경우를 포함한다)되거나 집행이 면제된 날부터 2년이 경과되지 아니한 자
4. 금고 이상의 형의 집행유예를 받고 그 유예기간중에 있는 자

② 조합임원이 제1항 각호의 1에 해당하게 되거나 선임 당시 그에 해당하는 자이었음이 판명된 때에는 당연 퇴임한다.
③ 제2항의 규정에 의하여 퇴임된 임원이 퇴임전에 관여한 행위는 그 효력을 잃지 아니한다.
④ 조합임원의 해임은 조합원 10분의 1 이상의 발의로 소집된 총회에서 조합원 2분의
1. 이상의 출석과 출석 조합원 3분의 2 이상의 동의를 얻어 할 수 있다. 다만, 정관에서 해임에 관하여 별도로 정한 경우에는 정관이 정하는 바에 의한다.

⑤ 제4항의 규정에 의한 총회에 있어서는 제22조제1항의 규정에 불구하고 그 발의자 대표의 임시 사회로 선출된 자가 그 의장이 된다.

제24조(총회개최 및 의결사항) ①조합에 조합원으로 구성되는 총회를 둔다.

② 총회는 제23조제4항의 경우를 제외하고는 조합장의 직권 또는 조합원 5분의 1 이상의 요구로 조합장이 소집한다.

③ 다음 각호의 사항은 총회의 의결을 거쳐야 한다.

1. 정관의 변경(제20조제3항 단서의 규정에 의한 경미한 사항의 변경에 한한다)
2. 자금의 차입과 그 방법·이율 및 상환방법
3. 제61조의 규정에 의한 비용의 금액 및 징수방법
4. 정비사업비의 사용
5. 예산으로 정한 사항외에 조합원의 부담이 될 계약
6. 철거업자·시공자·설계자의 선정 및 변경
7. 정비사업전문관리업자의 선정 및 변경
8. 조합임원의 선임 및 해임
9. 정비사업비의 조합원별 분담내역
10. 제48조의 규정에 의한 관리처분계획의 수립 및 변경(제48조제1항 단서의 규정에 의한 경미한 변경을 제외한다)
11. 제57조의 규정에 의한 청산금의 징수·지급(분할징수·분할지급을 포함한다)과 조합 해산시의 회계보고
12. 그 밖에 조합원에게 경제적 부담을 주는 사항 등 주요한 사항을 결정하기 위하여 필요한 사항으로서 대통령령 또는 정관이 정하는 사항

④ 제3항 각호의 사항중 이 법 또는 정관의 규정에 의하여 조합원의 동의가 필요한 사항은 총회에 상정하여야 한다.

⑤ 총회의 소집절차·시기 및 의결방법 등에 관하여는 정관으로 정한다.

제25조(대의원회) ①조합원의 수가 100인 이상인 조합은 대의원회를 둘 수 있다.

② 대의원회는 조합원의 10분의 1 이상으로 하되 조합원의 10분의 1 이 200인을 넘는 경우에는 200인의 대의원으로 구성하며, 총회의 의결사항중 대통령령이 정하는 사항을 제외하고는 총회의 권한을 대행할 수 있다.

③ 제21조의 규정에 의한 조합장이 아닌 조합임원은 대의원이 될 수 없다.

④ 대의원의 수·의결방법·선임방법 및 선임절차 등에 관하여는 대통령령이 정하는 범위안에서 정관으로 정한다.

제26조(주민대표회의) ①시장·군수 또는 주택공사등이 사업시행자인 정비사업의 경우 정비구역안(주택재건축사업은 주택건설촉진법 제33조의 규정에 의한 사업계획승인을 얻어 건설한 주택단지안을 포함한다)의 다음 각호의 1에 해당하는 자는 정비사업의 시행을 원활하게 하기 위한 주민대표기구(이하 "주민대표회의"라 한다)를 구성할 수 있다. 다만, 주택재건축사업의 경우에는 제1호 및 제2호의 규정에 한한다.

1. 토지소유자
2. 건축물소유자
3. 지상권자

② 주민대표회의는 5인 이상 15인 이하로 구성한다.

③ 주민대표회의는 제1항 각호의 자의 2분의 1 이상의 동의를 얻어서 구성하며, 이를 구성한 때에는 건설교통부령이 정하는 방법 및 절차에 따라 시장·군수에게 통보하여야 한다.

④ 주민대표회의는 사업시행자가 다음 각호의 사항에 관하여 제30조제8호의 규정에 의한 시행규정을 정하는 때에 의견을 제시할 수 있다.

1. 건축물의 철거에 관한 사항
2. 주민이주에 관한 사항

3. 토지 및 건축물의 보상에 관한 사항
4. 정비사업비의 부담에 관한 사항
5. 그 밖에 정비사업의 시행을 위하여 필요한 사항으로서 대통령령이 정하는 사항

⑤ 주민대표회의의 운영, 비용부담, 위원 선임방법 및 절차 등에 관하여 필요한 사항은 대통령령으로 정한다.

제27조(민법의 준용) 조합에 관하여는 이 법에 규정된 것을 제외 하고는 민법중 사단법인에 관한 규정을 준용한다.

제3절 사업시행계획 등

제28조(사업시행인가) ①사업시행자(제8조제1항 및 제2항의 규정에 의한 공동시행의 경우를 포함하되, 사업시행자가 시장・군수인 경우를 제외한다)는 정비사업을 시행하고자 하는 경우에는 제30조의 규정에 의한 사업시행계획서(이하 "사업시행계획서"라 한다)에 정관등과 그밖에 건설교통부령이 정하는 서류를 첨부하여 시장・군수에게 제출하고 사업시행인가를 받아야 한다. 인가받은 내용을 변경하거나 정비사업을 중지 또는 폐지하고자 하는 경우에도 또한 같다. 다만, 대통령령이 정하는 경미한 사항을 변경하고자 하는 때에는 시장・군수에게 이를 신고하여야 한다.

② 시장・군수는 제4조제1항의 규정에 의한 정비구역 외에서 시행하는 주택재건축사업의 사업시행인가를 하고자 하는 경우에는 건축물의 높이・층수・용적률 등 대통령령이 정하는 사항에 대하여 건축법 제4조의 규정에 의하여 시・군・구(자치구를 말한다)에 설치하는 건축위원회(이하 "건축위원회"라 한다)의 심의를 거쳐야 한다.

③ 시장・군수는 제1항의 규정에 의한 사업시행인가(시장・군수가 사업시행계획서를 작성한 경우를 포함한다)를 하거나 그 정비사업을 변경・중지 또는 폐지하는 경우에는 건설교통부령이 정하는 방법 및 절차에 의하여 그 내용을 당해 지방자치단체의 공보에 고시하여야 한다. 다만, 제1항 단서의 규정에 의한 경미한 사항을 변경하고자 하는 경우에는 그러하지 아니하다.

④ 사업시행자(시장・군수 또는 주택공사등을 제외한다)는 제1항의 규정에 의한 사업시행인가를 신청하기 전에 사업시행계획서의 내용에 대하여 미리 정비구역 안의 토지면적의 3분의 2 이상의 토지소유자의 동의와 토지등소유자의 5분의 4 이상의 동의를 얻어야 한다. 다만, 사업시행자가 지정개발자인 경우 토지등소유자의 동의에 관하여는 대통령령이 정하는 기준에 의하며, 주택재건축사업과 제1항 단서의 규정에 의한 경미한 사항의 변경인 경우에는 토지소유자와 토지등소유자의 동의를 필요로 하지 아니한다.

⑤ 제17조의 규정은 제4항의 규정에 의한 동의에 관하여 이를 준용한다.

제29조(지정개발자의 정비사업비의 예치 등) ①시장・군수는 도시환경정비사업의 사업시행인가를 하고자 하는 경우 당해 정비사업의 사업시행자가 지정개발자인 때에는 정비사업비의 100분의 20의 범위 이내에서 특별시・광역시 또는 도의 조례(이하 "시・도조례"라 한다)가 정하는 금액을 예치하게 할 수 있다.

② 제1항의 규정에 의한 예치금은 제57조제1항의 규정에 의한 청산금의 지급이 완료된 때에 이를 반환한다.

③ 제1항의 규정에 의한 예치 및 반환 등에 관하여 필요한 사항은 시・도조례로 정한다.

제30조(사업시행계획서의 작성) 사업시행자는 제4조제3항의 규정에 의하여 고시된 정비계획에 따라 다음 각호의 사항을 포함하여 사업시행계획서를 작성하여야 한다. 다만, 주택재건축사업 및 도시환경정비사업의 사업시행계획서를 작성하고자 하는 때에는 제3호 내지 제5호의 내용을 포함하지 아니할 수 있다.

1. 토지이용계획(건축물배치계획을 포함한다)
2. 정비기반시설 및 공동이용시설의 설치계획
3. 임시수용시설을 포함한 주민이주대책

4. 세입자의 주거대책
5. 임대주택의 건설계획
6. 건축물의 높이 및 용적률 등에 관한 건축계획
7. 정비사업의 시행과정에서 발생하는 폐기물의 처리계획
8. 시행규정(시장·군수 또는 주택공사등이 단독으로 시행하는 정비사업에 한한다)
9. 그 밖에 사업시행을 위하여 필요한 사항으로서 대통령령이 정하는 사항

제31조(관계서류의 공람과 의견청취) ①시장·군수는 사업시행인가를 하고자 하거나 사업시행계획서를 작성하고자 하는 경우에는 대통령령이 정하는 방법 및 절차에 따라 관계서류의 사본을 30일 이상 일반인이 공람하게 하여야 한다. 다만, 제28조제1항 단서의 규정에 의한 경미한 사항을 변경하고자 하는 경우에는 그러하지 아니하다.

② 토지등소유자 또는 조합원 그밖에 정비사업과 관련하여 이해관계를 가지는 자는 제1항의 공람기간 이내에 시장·군수에게 서면으로 의견을 제출할 수 있다.

③ 시장·군수는 제2항의 규정에 의하여 제출된 의견을 심사하여 채택할 필요가 있다고 인정하는 때에는 이를 채택하고, 그러하지 아니한 경우에는 의견을 제출한 자에게 그 사유를 알려주어야 한다.

제32조(다른 법률의 인·허가등의 의제) ①사업시행자가 사업시행인가를 받은 때(시장·군수가 직접 정비사업을 시행하는 경우에는 사업시행계획서를 작성한 때를 말한다. 이하 이 조에서 같다)에는 다음 각호의 인가·허가·승인·신고·등록·협의·동의·심사 또는 해제(이하 "인·허가등"이라 한다)가 있은 것으로 보며, 제28조제3항의 규정에 의한 사업시행인가의 고시가 있은 때에는 다음 각호의 관계 법률에 의한 인·허가등의 고시·공고 등이 있은 것으로 본다.

1. 주택건설촉진법 제6조의 규정에 의한 주택건설사업자등록 및 동법 제33조의 규정에 의한 사업계획의 승인
2. 건축법 제8조의 규정에 의한 건축허가 및 동법 제15조의 규정에 의한 가설건축물의 건축허가 또는 축조신고
3. 도로법 제34조의 규정에 의한 도로공사시행의 허가 및 동법 제40조의 규정에 의한 도로점용의 허가
4. 사방사업법 제20조의 규정에 의한 사방지 지정의 해제
5. 농지법 제36조의 규정에 의한 농지전용의 허가·협의 및 동법 제37조의 규정에 의한 농지전용신고
6. 산림법 제18조의 규정에 의한 보전임지전용의 허가 또는 협의와 동법 제62조 및 동법 제90조의 규정에 의한 허가. 다만, 산림유전자원보호림·채종림 및 시험림의 경우를 제외한다.
7. 하천법 제30조제1항의 규정에 의한 하천공사시행의 허가, 동법 동조제6항의 규정에 의한 하천공사실시계획인가 및 동법 제33조의 규정에 의한 하천의 점용 등의 허가
8. 수도법 제12조의 규정에 의한 일반수도사업의 인가 및 동법 제36조 또는 제38조의 규정에 의한 전용상수도 또는 전용공업용수도 설치의 인가
9. 하수도법 제13조의 규정에 의한 공공하수도 사업의 허가
10. 측량법 제25조의 규정에 의한 측량성과사용의 심사
11. 유통산업발전법 제8조의 규정에 의한 대규모점포의 등록
12. 국유재산법 제24조의 규정에 의한 사용·수익허가(주택재개발사업 및 도시환경정비사업에 한한다)
13. 지방재정법 제82조의 규정에 의한 사용·수익허가(주택재개발사업 및 도시환경정비사업에 한한다)
14. 지적법 제27조의 규정에 의한 사업의 착수·변경의 신고

② 사업시행자가 공장이 포함된 구역에 대한 도시환경정비사업에 대하여 사업시행인가를 받은 때에는 제1항의 규정에 의한 인·허가등이 있은 것으로 보는 것 외에 다음 각호의 인·허

가등이 있은 것으로 보며, 제28조제3항의 규정에 의한 사업시행인가의 고시가 있은 때에는 다음 각호의 관계 법률에 의한 인·허가 등의 고시·공고 등이 있은 것으로 본다.

1. 산업집적활성화및공장설립에관한법률 제13조의 규정에 의한 공장설립등의 승인 및 동법 제15조의 규정에 의한 공장설립등의 완료신고
2. 전기사업법 제62조의 규정에 의한 자가용 전기설비공사계획의 인가 및 신고
3. 폐기물관리법 제30조제2항의 규정에 의한 폐기물처리시설의 설치승인 또는 설치신고(변경승인 또는 변경신고를 포함한다)
4. 오수·분뇨및축산폐수의처리에관한법률 제9조제2항 및 동법 제10조제2항의 규정에 의한 오수처리시설 또는 단독정화조의 설치신고
5. 소방법 제8조제1항의 규정에 의한 건축허가등의 동의, 동법 제16조제1항의 규정에 의한 제조소등의 설치의 허가(제조소등은 공장건축물 또는 그 부속시설에 관계된 것에 한한다)
6. 대기환경보전법 제10조, 수질환경보전법 제10조 및 소음·진동규제법 제9조의 규정에 의한 배출시설설치의 허가 및 신고
7. 총포·도검·화약류등단속법 제25조제1항의 규정에 의한 화약류저장소 설치의 허가

③ 사업시행자는 정비사업에 대하여 제1항 및 제2항의 규정에 의한 인·허가등의 의제를 받고자 하는 경우에는 제28조제1항의 규정에 의한 사업시행인가를 신청하는 때에 해당 법률이 정하는 관계 서류를 함께 제출하여야 한다.

④ 시장·군수는 제28조제1항의 규정에 의한 사업시행인가를 하거나 사업시행계획서를 작성하고자 함에 있어서 제1항 각호 및 제2항 각호의 규정에 의하여 의제되는 인·허가등에 해당하는 사항이 있는 경우에는 미리 관계행정기관의 장과 협의하여야 한다. 이 경우 관계행정기관의 장은 당해 법률에서 규정한 인·허가등의 기준을 위반하여 협의에 응하여서는 아니된다.

⑤ 정비사업에 대하여 제1항 및 제2항의 규정에 의하여 다른 법률에 의한 인·허가등이 있은 것으로 보는 경우에는 관계 법률 또는 시·도조례에 의하여 당해 인·허가등의 대가로 부과되는 수수료 등은 이를 면제한다.

제33조(사업시행인가의 특례) ①사업시행자는 일부 건축물의 존치 또는 리모델링(건축물의 노후화 억제 또는 기능향상 등을 위하여 증축·개축 또는 대수선을 하는 행위를 말한다. 이하 같다)에 관한 내용이 포함된 사업시행계획서를 작성하여 사업시행인가의 신청을 할 수 있다. 이 경우 시장·군수는 존치 또는 리모델링되는 건축물 및 건축물이 있는 토지가 주택건설촉진법 및 건축법상의 다음 각호의 건축관련 기준에 적합하지 아니하더라도 대통령령이 정하는 기준에 따라 사업시행인가를 할 수 있다.

1. 주택건설촉진법 제3조제8호의 규정에 의한 주택단지의 범위
2. 주택건설촉진법 제31조제1항의 규정에 의한 부대시설 및 복리시설의 설치 기준
3. 건축법 제33조의 규정에 의한 대지와 도로의 관계
4. 건축법 제36조의 규정에 의한 건축선의 지정
5. 건축법 제53조의 규정에 의한 일조등의 확보를 위한 건축물의 높이 제한

② 사업시행자가 제1항의 규정에 의한 사업시행계획서를 작성하고자 하는 경우에는 존치 또는 리모델링되는 건축물 소유자의 동의(집합건물의소유및관리에관한법률 제2조제2호의 규정에 의한 구분소유자가 있는 경우에는 구분소유자의 3분의 2 이상의 동의와 당해 건축물 연면적의 3분의 2 이상의 구분소유자의 동의로 한다)를 얻어야 한다. 이 경우 동의의 방법 등에 관하여는 제17조의 규정을 준용한다.

제34조(정비구역의 분할) 시장·군수는 정비사업을 효율적으로 추진하기 위하여 필요하다고 인정하는 경우에는 제4조의 규정에 의한 정비구역을 2 이상의 구역으로 분할할 수 있다.

제35조(순환정비방식의 정비사업) ①사업시행자는 제2조제2호가목 내지 다목의 정비사업을 원활히 시행하기 위하여 정비구역의 내·외에 새로 건설한 주택 또는 이미 건설되어 있는 주택에 그 정비사업의 시행으로 철거되는 주택의 소유자(정비구역안에서 실제 거주하는 자에 한

한다. 이하 제36조제1항에서 같다)가 임시로 거주하게 하는 등의 방식으로 그 정비구역을 순차적으로 정비할 수 있다.

② 사업시행자는 제1항의 규정에 의한 방식으로 정비사업을 시행하는 경우에는 그 임시로 거주하는 주택(이하 "순환용주택"이라 한다)을 주택건설촉진법 제32조의 규정에 불구하고 제36조의 규정에 의한 임시수용시설로 사용하거나 임대할 수 있다. 다만, 임시로 거주하는 자가 정비사업이 완료된 후에도 순환용주택에 계속 거주하기를 희망하는 때에는 이를 분양하거나 계속 임대할 수 있으며, 이 경우 순환용주택은 제48조의 규정에 따라 인가받은 관리처분계획에 의하여 토지등소유자에게 처분된 것으로 본다.

제4절 정비사업시행을 위한 조치 등

제36조(임시수용시설의 설치 등) ①사업시행자는 주거환경개선사업 및 주택재개발사업의 시행으로 철거되는 주택의 소유자에 대하여 당해 정비구역 내·외에 소재한 임대주택 등의 시설에 임시로 거주하게 하거나 주택자금의 융자알선 등 임시수용에 상응하는 조치를 하여야 한다. 이 경우 사업시행자는 그 임시수용을 위하여 필요한 때에는 국가·지방자치단체 그 밖의 공공단체 또는 개인의 시설이나 토지를 일시 사용할 수 있다.

② 국가 또는 지방자치단체는 사업시행자로부터 제1항의 임시수용시설에 필요한 건축물이나 토지의 사용신청을 받은 때에는 대통령령이 정하는 사유가 없는 한 이를 거절하지 못한다. 이 경우 그 사용료 또는 대부료는 이를 면제한다.

③ 사업시행자는 정비사업의 공사를 완료한 때에는 그 완료한 날부터 30일 이내에 임시수용시설을 철거하고, 그 건축물이나 토지를 원상회복하여야 한다.

제37조(손실보상) ①제36조의 규정에 의하여 공공단체(지방자치단체를 제외한다) 또는 개인의 시설이나 토지를 일시 사용함으로써 손실을 받은 자가 있는 경우에는 사업시행자는 그 손실을 보상하여야 하며, 손실을 보상함에 있어서는 손실을 받은 자와 협의하여야 한다.

② 사업시행자 또는 손실을 받은 자는 제1항의 규정에 의한 손실보상의 협의가 성립되지 아니하거나 협의할 수 없는 경우에는 공익사업을위한토지등의취득및보상에관한법률 제49조의 규정에 의하여 설치되는 관할 토지수용위원회에 재결을 신청할 수 있다.

③ 손실보상에 관하여는 이 법에 규정된 것을 제외하고는 공익사업을위한토지등의취득및보상에관한법률을 준용한다.

제38조(토지 등의 수용 또는 사용) 사업시행자는 정비구역안에서 정비사업(주택재건축사업의 경우에는 제8조제3항제1호의 규정에 해당하는 사업에 한한다. 이하 이 조에서 같다)을 시행하기 위하여 필요한 경우에는 공익사업을위한토지등의취득및보상에관한법률 제3조의 규정에 의한 토지·물건 또는 그 밖의 권리를 수용 또는 사용할 수 있다.

제39조(매도청구) 사업시행자는 주택재건축사업을 시행함에 있어 제16조제2항 및 제3항의 규정에 의한 조합 설립의 동의를 하지 아니한 자(건축물 또는 토지만 소유한 자를 포함한다)의 토지 및 건축물에 대하여는 집합건물의소유및관리에관한법률 제48조의 규정을 준용하여 매도청구를 할 수 있다. 이 경우 재건축결의는 조합 설립의 동의로 보며, 구분소유권 및 대지사용권은 사업시행구역 안의 매도청구의 대상이 되는 토지 또는 건축물의 소유권과 그 밖의 권리로 본다.

제40조(공익사업을위한토지등의취득및보상에관한법률의 준용) ①정비구역안에서 정비사업의 시행을 위한 토지 또는 건축물의 소유권과 그 밖의 권리에 대한 수용 또는 사용에 관하여는 이 법에 특별한 규정이 있는 경우를 제외하고는 공익사업을위한토지등의취득및보상에관한법률을 준용한다.

② 제1항의 규정에 의하여 공익사업을위한토지등의취득및보상에관한법률을 준용함에 있어서 사업시행인가의 고시(시장·군수가 직접 정비사업을 시행하는 경우에는 제28조제3항의 규정에 의한 사업시행계획서의 고시를 말한다. 이하 이 조에서 같다)가 있은 때에는 공익사업을위한토지등의취득및보상에관한법률 제20조제1항 및 제22조제1항의 규정에 의한 사업인

정 및 그 고시가 있은 것으로 본다.

③ 제1항의 규정에 의한 수용 또는 사용에 대한 재결의 신청은 공익사업을위한토지등의취득및보상에관한법률 제23조 및 동법 제28조제1항의 규정에 불구하고 사업시행인가를 할 때 정한 사업시행기간 이내에 이를 행하여야 한다.

④ 대지 또는 건축물을 현물보상하는 경우에는 공익사업을위한토지등의취득및보상에관한법률 제42조의 규정에 불구하고 제52조의 규정에 의한 준공인가 이후에 그 현물보상을 할 수 있다.

제41조(주택재건축사업의 범위에 관한 특례) ①사업시행자 또는 추진위원회는 주택건설촉진법 제33조제1항의 규정에 의하여 사업계획승인을 받아 건설한 2 이상의 건축물이 있는 주택단지에 주택재건축사업을 하는 경우, 제16조제2항의 규정에 의한 조합 설립의 동의요건을 충족시키기 위하여 필요한 경우에는 그 주택단지안의 일부 토지에 대하여 건축법 제49조의 규정에 불구하고 분할하고자 하는 토지면적이 동법 동조에서 정하고 있는 면적에 미달되더라도 토지분할을 청구할 수 있다.

② 사업시행자 또는 추진위원회는 제1항의 규정에 의하여 토지분할청구를 하는 때에는 토지분할대상이 되는 토지 및 그 위의 건축물과 관련된 토지등소유자와 협의하여야 한다.

③ 사업시행자 또는 추진위원회는 제2항의 규정에 의한 토지분할의 협의가 성립되지 아니한 경우에는 법원에 토지분할을 청구할 수 있다.

④ 제3항의 규정에 의하여 토지분할이 청구된 경우 시장·군수는 분할되어나갈 토지 및 그 위의 건축물이 다음 각호의 요건을 충족하는 경우에는 토지분할이 완료되지 아니하여 제1항의 규정에 의한 동의요건에 미달되더라도 건축위원회의 심의를 거쳐 제16조의 규정에 의한 조합 설립의 인가와 제28조의 규정에 의한 사업시행인가를 할 수 있다.

1. 당해 토지 및 건축물과 관련된 토지등소유자의 수가 전체의 10분의 1 이하일 것
2. 분할되어 나가는 토지 위의 건축물이 분할선상에 위치하지 아니할 것
3. 그 밖에 사업시행인가를 위하여 필요한 사항으로서 대통령령이 정하는 요건에 해당할 것

제42조(건축법 등의 적용특례) ①주거환경개선사업에 따른 건축허가를 받는 때와 부동산등기(소유권 보존등기 또는 이전등기에 한한다)를 하는 때에는 주택건설촉진법 제16조의 국민주택채권의 매입에 관한 규정은 적용하지 아니한다.

② 주거환경개선구역안에서 국토의계획및이용에관한법률 제43조제2항의 규정에 의한 도시계획시설의 결정·구조 및 설치의 기준 등에 관하여는 건설교통부령이 따로 정하는 바에 의한다.

③ 사업시행자는 주거환경개선구역안에서 다음 각호의 1에 해당하는 사항에 대하여는 시·도 조례가 정하는 바에 의하여 그 기준을 따로 정할 수 있다.

1. 건축법 제33조의 규정에 의한 대지와 도로의 관계(소방활동에 지장이 없는 경우에 한한다)
2. 건축법 제51조 및 제53조의 규정에 의한 건축물의 높이제한(사업시행자가 공동주택을 건설·공급하는 경우에 한한다)

제43조(다른 법령의 적용 및 배제) ①주거환경개선구역은 당해 정비구역의 지정고시가 있은 날부터 국토의계획및이용에관한법률 제36조제1항제1호가목 및 제2항의 규정에 의하여 주거지역을 세분하여 정하는 지역중 대통령령이 정하는 지역으로 결정·고시된 것으로 본다. 다만, 당해 정비구역이 개발제한구역의지정및관리에관한특별조치법 제3조제1항의 규정에 의하여 결정된 개발제한구역인 경우에는 그러하지 아니하다.

② 도시개발법 제27조 내지 제48조의 규정은 정비사업과 관련된 환지에 관하여 이를 준용한다. 이 경우 동법 제40조제2항의 규정에 의한 "환지처분을 하는 때"는 이를 "사업시행인가를 하는 때"로 본다.

제44조(지상권 등 계약의 해지) ①정비사업의 시행으로 인하여 지상권·전세권 또는 임차권의 설정목적을 달성할 수 없는 때에는 그 권리자는 계약을 해지할 수 있다.

② 제1항의 규정에 의하여 계약을 해지할 수 있는 자가 가지는 전세금·보증금 그밖의 계약상

의 금전의 반환청구권은 사업시행자에게 이를 행사할 수 있다.
③ 제2항의 규정에 의한 금전의 반환청구권의 행사에 따라 당해 금전을 지급한 사업시행자는 당해 토지등소유자에게 이를 구상할 수 있다.
④ 사업시행자는 제3항의 규정에 의한 구상이 되지 아니하는 때에는 당해 토지등소유자에게 귀속될 대지 또는 건축물을 압류할 수 있다. 이 경우 압류한 권리는 저당권과 동일한 효력을 가진다.
⑤ 제16조의 규정에 의한 조합 설립의 인가일(시장·군수 또는 주택공사등이 단독으로 시행하는 경우에는 제8조제4항의 규정에 의한 고시일을 말한다. 이하 제45조에서 같다) 이후에 체결되는 지상권·전세권설정계약 또는 임대차계약의 계약기간에 대하여는 민법 제280조·제281조 및 제312조제2항, 주택임대차보호법 제4조제1항, 상가건물임대차보호법 제9조제1항의 규정은 이를 적용하지 아니한다.

제45조(소유자의 확인이 곤란한 건축물 등에 대한 처분) ①사업시행자는 정비사업을 시행함에 있어 제16조의 규정에 의한 조합 설립의 인가일 현재 건축물 또는 토지의 소유자의 소재확인이 현저히 곤란한 경우에는 전국적으로 배포되는 2 이상의 일간신문에 2회 이상 공고하고, 그 공고한 날부터 30일 이상이 지난 때에는 그 소유자의 소재확인이 현저히 곤란한 건축물 또는 토지의 감정평가액에 해당하는 금액을 법원에 공탁하고 정비사업을 시행할 수 있다.
② 주택재건축사업을 시행함에 있어 조합 설립의 인가일 현재 조합원 전체의 공동소유인 토지 또는 건축물에 대하여는 조합 소유의 토지 또는 건축물로 본다.
③ 제2항의 규정에 의하여 조합 소유로 보는 토지 또는 건축물의 처분에 관한 사항은 제48조제1항의 규정에 의한 관리처분계획에 이를 명시하여야 한다.
④ 제1항의 규정에 의한 토지 또는 건축물의 감정평가에 관하여는 제48조제5항제2호를 준용한다.

제5절 관리처분계획 등

제46조(분양공고 및 분양신청) ①사업시행자는 제28조제3항의 규정에 의한 사업시행인가의 고시가 있은 날부터 21일 이내에 개략적인 부담금내역 및 분양신청기간 그밖에 대통령령이 정하는 사항을 토지등소유자에게 통지하고 분양의 대상이 되는 대지 또는 건축물의 내역 등 대통령령이 정하는 사항을 해당 지역에서 발간되는 일간신문에 공고하여야 한다. 이 경우 분양신청기간은 그 통지한 날부터 30일 이상 60일 이내로 하여야 한다. 다만, 사업시행자는 제48조제1항의 규정에 의한 관리처분계획의 수립에 지장이 없다고 판단되는 경우에는 분양신청기간을 20일의 범위 이내에서 연장할 수 있다.
② 대지 또는 건축물에 대한 분양을 받고자 하는 토지등소유자는 제1항의 규정에 의한 분양신청기간 이내에 대통령령이 정하는 방법 및 절차에 의하여 사업시행자에게 대지 또는 건축물에 대한 분양신청을 하여야 한다.

제47조(분양신청을 하지 아니한 자 등에 대한 조치) 사업시행자는 토지등소유자가 다음 각호의 1에 해당하는 경우에는 그 해당하게 된 날부터 150일 이내에 대통령령이 정하는 절차에 따라 토지·건축물 또는 그 밖의 권리에 대하여 현금으로 청산하여야 한다.
1. 분양신청을 하지 아니한 자
2. 분양신청을 철회한 자
3. 제48조의 규정에 의하여 인가된 관리처분계획에 의하여 분양대상에서 제외된 자

제48조(관리처분계획의 인가 등) ①사업시행자(주거환경개선사업을 제외한다)는 제46조의 규정에 의한 분양신청기간이 종료된 때에는 이 법이 정하는 바에 의하여 기존의 건축물을 철거하기 전에 제46조의 규정에 의한 분양신청의 현황을 기초로 다음 각호의 사항이 포함된 관리처분계획을 수립하여 시장·군수의 인가를 받아야 하며, 관리처분계획을 변경·중지 또는 폐지하고자 하는 경우에도 또한 같다. 다만, 대통령령이 정하는 경미한 사항을 변경하고자 하는 때에는 시장·군수에게 신고하여야 한다.

1. 분양설계
2. 분양대상자의 주소 및 성명
3. 분양대상자별 분양예정인 대지 또는 건축물의 추산액
4. 분양대상자별 종전의 토지 또는 건축물의 명세 및 사업시행인가의 고시가 있은 날을 기준으로 한 가격
5. 정비사업비의 추산액 및 그에 따른 조합원 부담규모 및 부담시기
6. 분양대상자의 종전의 토지 또는 건축물에 관한 소유권 외의 권리명세
7. 그밖에 정비사업과 관련한 권리 등에 대하여 대통령령이 정하는 사항

② 제1항의 규정에 의한 관리처분계획의 내용은 다음 각호의 기준에 의한다.

1. 종전의 토지 또는 건축물의 면적·이용상황·환경 그 밖의 사항을 종합적으로 고려하여 대지 또는 건축물이 균형있게 분양신청자에게 배분되고 합리적으로 이용되도록 한다.
2. 지나치게 좁거나 넓은 토지 또는 건축물에 대하여 필요한 경우에는 이를 증가하거나 감소시켜 대지 또는 건축물이 적정 규모가 되도록 한다.
3. 너무 좁은 토지 또는 건축물이나 정비구역 지정후 분할된 토지를 취득한 자에 대하여는 현금으로 청산할 수 있다.
4. 재해 또는 위생상의 위해를 방지하기 위하여 토지의 규모를 조정할 특별한 필요가 있는 때에는 너무 좁은 토지를 증가시키거나 토지에 갈음하여 보상을 하거나 건축물의 일부와 그 건축물이 있는 대지의 공유지분을 교부할 수 있다.
5. 분양설계에 관한 계획은 제46조의 규정에 의한 분양신청기간이 만료되는 날을 기준으로 하여 수립한다.
6. 1세대가 1 이상의 주택을 소유한 경우 1주택을 공급하고, 2인 이상이 1주택을 공유한 경우에는 1주택만 공급한다.
7. 주택재건축사업에 대하여는 제6호의 규정에 불구하고 1세대가 2 이상의 주택을 소유한 경우에는 2 이상의 주택을 공급할 수 있다. 다만, 투기의 우려가 있다고 인정되어 건설교통부령이 정하는 지역에 대하여는 1세대가 2 이상의 주택을 소유하더라도 2 이하의 주택을 공급하여야 한다.

③ 사업시행자는 제46조의 규정에 의하여 분양신청을 받은 후 잔여분이 있는 경우에는 정관등 또는 사업시행계획이 정하는 목적을 위하여 보류지(건축물을 포함한다)로 정하거나 조합원 외의 자에게 분양할 수 있다. 이 경우 분양공고와 분양신청절차 등 필요한 사항은 대통령령으로 정한다.

④ 정비사업의 시행으로 조성된 대지 및 건축물은 관리처분계획에 의하여 이를 처분 또는 관리하여야 한다.

⑤ 주택재개발사업에서 제1항제3호 및 제4호의 규정에 의한 재산을 평가할 때에는 다음 각호의 방법에 의한다.

1. 제1항제3호의 분양예정인 대지 또는 건축물의 추산액은 시·도의 조례가 정하는 바에 의하여 산정하되, 시장·군수가 추천하는 지가공시및토지등의평가에관한법률에 의한 2인 이상의 감정평가업자의 감정평가 의견을 참작하여야 한다.
2. 제1항제4호에 규정된 사항중 종전의 토지 또는 건축물의 가격은 시장·군수가 추천하는 지가공시및토지등의평가에관한법률에 의한 감정평가업자 2인 이상이 평가한 금액을 산술평균하여 산정한다.
3. 제1호 및 제2호의 규정에 불구하고 관리처분계획을 변경·중지 또는 폐지하고자 하는 경우에는 분양예정인 대지 또는 건축물의 추산액과 종전의 토지 또는 건축물의 가격은 사업시행자 및 토지등의소유자 전원이 합의하여 이를 산정할 수 있다.

⑥ 주택재건축사업에서 사업시행자가 제1항제3호 및 제4호의 규정에 의한 재산에 대하여 지가공시및토지등의평가에관한법률에 의한 감정평가업자의 평가를 받고자 하는 경우에는 제5항 각호의 규정을 준용하여 할 수 있다.

⑦ 제1항의 규정에 의한 관리처분계획의 내용, 관리처분의 방법·기준 등에 관하여 필요한 사항은 대통령령으로 정한다.

⑧ 제1항 각호의 관리처분계획의 내용과 제2항 내지 제7항의 규정은 시장·군수가 직접 수립하는 관리처분계획에 관하여 이를 준용한다.

제49조(관리처분계획의 공람 및 인가절차 등) ①사업시행자는 제48조의 규정에 의한 관리처분계획의 인가를 받기 전에 관계서류의 사본을 30일 이상 토지등소유자에게 공람하게 하고 의견을 들어야 한다.

② 시장·군수는 사업시행자의 관리처분계획의 인가신청이 있은 날부터 30일 이내에 인가여부를 결정하여 사업시행자에게 통보하여야 한다.

③ 시장·군수는 제2항의 규정에 의하여 관리처분계획을 인가하는 때에는 그 내용을 당해 지방자치단체의 공보에 고시하여야 한다.

④ 사업시행자는 제3항의 규정에 의한 고시가 있은 때에는 지체없이 대통령령이 정하는 방법 및 절차에 의하여 분양신청을 한 자에게 관리처분계획의 인가내용을 통지하여야 한다.

⑤ 제1항, 제3항 및 제4항의 규정은 시장·군수가 직접 관리처분계획을 수립하는 경우에 이를 준용한다.

⑥ 제3항의 규정에 의한 고시가 있은 때에는 종전의 토지 또는 건축물의 소유자·지상권자·전세권자·임차권자 등 권리자는 제54조의 규정에 의한 이전의 고시가 있은 날까지 종전의 토지 또는 건축물에 대하여 이를 사용하거나 수익할 수 없다. 다만, 사업시행자의 동의를 얻은 경우에는 그러하지 아니하다.

제50조(주택의 공급 등) ①사업시행자는 정비사업(주거환경개선사업은 제외한다)의 시행으로 건설된 건축물은 제48조의 규정에 의하여 인가된 관리처분계획에 따라 토지등소유자에게 공급하여야 한다.

② 사업시행자가 정비구역안에 주택을 건설하는 경우에는 입주자 모집조건·방법·절차, 입주금(계약금·중도금 및 잔금을 말한다)의 납부방법·시기·절차, 주택공급방법·절차 등에 관하여는 주택건설촉진법 제32조의 규정에 불구하고 대통령령이 정하는 범위안에서 시장·군수의 승인을 얻어 사업시행자가 이를 따로 정할 수 있다.

③ 정비사업의 시행으로 임대주택을 건설하는 경우에 임차인의 자격·선정방법·임대보증금·임대료 등 임대조건에 관한 기준 및 무주택세대주에게 우선 매각하도록 하는 기준 등에 관하여는 임대주택법 제14조 및 제15조의 규정에 불구하고 대통령령이 정하는 범위안에서 시장·군수의 승인을 얻어 사업시행자가 이를 따로 정할 수 있다.

④ 사업시행자는 제1항 내지 제3항의 규정에 의한 공급대상자에게 주택을 공급하고 남은 주택에 대하여는 제1항 내지 제3항의 규정에 의한 공급대상자외의 자에게 공급할 수 있다. 이 경우 주택의 공급방법·절차 등에 관하여는 주택건설촉진법 제32조의 규정을 준용한다.

⑤ 사업시행자는 제2항의 규정에 의하여 주택을 공급하는 때에 제48조제2항제6호 및 제7호의 규정에 의한다.

제51조(시공보증) ①조합이 정비사업의 시행을 위하여 시장·군수 또는 주택공사등이 아닌 자를 제11조제1항의 규정에 의한 시공자로 선정한 경우 그 시공자는 도급받은 공사의 시공보증(시공사가 도급받은 공사의 계약상 의무를 이행하지 못하거나 의무이행을 하지 아니할 경우 보증기관에서 시공사를 대신하여 계약이행의무를 부담하거나 일정금액을 납부할 것을 보증하는 것을 말한다)을 위하여 건설교통부령이 정하는 기관의 시공보증서를 조합에 제출하여야 한다.

② 시장·군수는 건축법 제16조의 규정에 의한 착공신고를 받는 경우에는 제1항의 규정에 의한 시공보증서 제출여부를 확인하여야 한다.

제6절 공사완료에 따른 조치 등

제52조(정비사업의 준공인가) ①시장·군수가 아닌 사업시행자는 정비사업에 관한 공사를 완료한 때에는 대통령령이 정하는 방법 및 절차에 의하여 시장·군수의 준공인가를 받아야 한다.

② 제1항의 규정에 의하여 준공인가신청을 받은 시장·군수는 지체없이 준공검사를 실시하여야 한다. 이 경우 시장·군수는 효율적인 준공검사를 위하여 필요한 때에는 관계행정기관·정부투자기관·연구기관 그 밖의 전문기관 또는 단체에 준공검사의 실시를 의뢰할 수 있다.

③ 시장·군수는 제2항 전단 또는 후단의 규정에 의한 준공검사의 실시결과 정비사업이 인가받은 사업시행계획대로 완료되었다고 인정하는 때에는 준공인가를 하고 공사의 완료를 당해 지방자치단체의 공보에 고시하여야 한다.

④ 시장·군수는 직접 시행하는 정비사업에 관한 공사가 완료된 때에는 그 공사의 완료를 당해 지방자치단체의 공보에 고시하여야 한다.

⑤ 시장·군수는 제1항의 규정에 의한 준공인가를 하기 전이라도 완공된 건축물이 사용에 지장이 없는 등 대통령령이 정하는 기준에 적합한 경우에는 입주예정자가 완공된 건축물을 사용할 것을 사업시행자에 대하여 허가할 수 있다. 다만, 자신이 사업시행자인 경우에는 허가를 받지 아니하고 입주예정자가 완공된 건축물을 사용하게 할 수 있다.

⑥ 제3항 및 제4항의 규정에 의한 공사완료의 고시절차 및 방법 그 밖에 필요한 사항은 대통령령으로 정한다.

第53조(공사완료에 따른 관련 인·허가등의 의제) ①제52조제1항 내지 제4항의 규정에 의하여 준공인가를 하거나 공사완료의 고시를 함에 있어 시장·군수가 제32조의 규정에 의하여 의제되는 인·허가등에 따른 준공검사·준공인가·사용검사·사용승인 등(이하 "준공검사·인가등"이라 한다)에 관하여 제3항의 규정에 의하여 관계행정기관의 장과 협의한 사항에 대하여는 당해 준공검사·인가등을 받은 것으로 본다.

② 시장·군수가 아닌 사업시행자는 제1항의 규정에 의한 준공검사·인가등의 의제를 받고자 하는 경우에는 제52조제1항의 규정에 의한 준공인가를 신청하는 때에 해당 법률이 정하는 관계서류를 함께 제출하여야 한다.

③ 시장·군수는 제52조제1항 내지 제4항의 규정에 의한 준공인가를 하거나 공사완료의 고시를 함에 있어서 그 내용에 제32조의 규정에 의하여 의제되는 인·허가 등에 따른 준공검사·인가등에 해당하는 사항이 있은 때에는 미리 관계행정기관의 장과 협의하여야 한다.

④ 제32조제5항의 규정은 제1항의 규정에 의한 준공검사·인가등의 의제에 관하여 이를 준용한다.

第54조(이전고시 등) ①사업시행자는 제52조제3항 및 제4항의 규정에 의한 고시가 있은 때에는 지체없이 대지확정측량을 하고 토지의 분할절차를 거쳐 관리처분계획에 정한 사항을 분양을 받을 자에게 통지하고 대지 또는 건축물의 소유권을 이전하여야 한다. 다만, 정비사업의 효율적인 추진을 위하여 필요한 경우에는 당해 정비사업에 관한 공사가 전부 완료되기 전에 완공된 부분에 대하여 준공인가를 받아 대지 또는 건축물별로 이를 분양받을 자에게 그 소유권을 이전할 수 있다.

② 사업시행자는 제1항의 규정에 의하여 대지 및 건축물의 소유권을 이전한 때에는 그 내용을 당해 지방자치단체의 공보에 고시한 후 이를 시장·군수에게 보고하여야 한다.

第55조(대지 및 건축물에 대한 권리의 확정) ①대지 또는 건축물을 분양받을 자에게 제54조제2항의 규정에 의하여 소유권을 이전한 경우종전의 토지 또는 건축물에 설정된 지상권·전세권·저당권·임차권·가등기담보권·가압류 등 등기된 권리 및 주택임대차보호법 제3조제1항의 요건을 갖춘 임차권은 소유권을 이전받은 대지 또는 건축물에 설정된 것으로 본다.

② 제1항의 규정에 의하여 취득하는 대지 또는 건축물중 토지등소유자에게 분양하는 대지 또는 건축물은 도시개발법 제39조의 규정에 의하여 행하여진 환지로 보며, 제48조제3항의 규정에 의한 보류지와 일반에게 분양하는 대지 또는 건축물은 도시개발법 제33조의 규정에 의한 보류지 또는 체비지로 본다.

第56조(등기절차 및 권리변동의 제한) ①사업시행자는 제54조제2항의 규정에 의한 이전의 고시가 있은 때에는 지체없이 대지 및 건축물에 관한 등기를 지방법원지원 또는 등기소에 촉탁 또는 신청하여야 한다.

② 제1항의 등기에 관하여 필요한 사항은 대법원규칙으로 정한다.

③ 정비사업에 관하여 제54조제2항의 규정에 의한 이전의 고시가 있은 날부터 제1항의 규정에 의한 등기가 있을 때까지는 저당권 등의 다른 등기를 하지 못한다.

제57조(청산금 등) ①대지 또는 건축물을 분양받은 자가 종전에 소유하고 있던 토지 또는 건축물의 가격과 분양받은 대지 또는 건축물의 가격사이에 차이가 있는 경우에는 사업시행자는 제54조제2항의 규정에 의한 이전의 고시가 있은 후에 그 차액에 상당하는 금액(이하 "청산금"이라 한다)을 분양받은 자로부터 징수하거나 분양받은 자에게 지급하여야 한다. 다만, 정관등에서 분할징수 및 분할지급에 대하여 정하고 있거나 총회의 의결을 거쳐 따로 정한 경우에는 관리처분계획인가후부터 제54조제2항의 규정에 의한 이전의 고시일까지 일정기간별로 분할징수하거나 분할지급할 수 있다.

② 제1항의 규정을 적용함에 있어서 종전에 소유하고 있던 토지 또는 건축물의 가격과 분양받은 대지 또는 건축물의 가격은 그 토지 또는 건축물의 규모·위치·용도·이용상황·정비사업비 등을 참작하여 평가하여야 한다.

③ 제2항의 규정에 의한 가격평가의 방법 및 절차 등에 관하여 필요한 사항은 대통령령으로 정한다.

제58조(청산금의 징수방법 등) ①청산금을 납부할 자가 이를 납부하지 아니하는 경우에는 시장·군수인 사업시행자는 지방세체납처분의 예에 의하여 이를 징수(분할징수를 포함한다. 이하 이 조에서 같다)할 수 있으며, 시장·군수가 아닌 사업시행자는 시장·군수에게 청산금의 징수를 위탁할 수 있다. 이 경우 제61조제5항의 규정을 준용한다.

② 제57조제1항의 규정에 의한 청산금을 지급받을 자가 이를 받을 수 없거나 거부한 때에는 사업시행자는 그 청산금을 공탁할 수 있다.

③ 청산금을 지급(분할지급을 포함한다)받을 권리 또는 이를 징수할 권리는 제54조제2항의 규정에 의한 이전의 고시일 다음 날부터 5년간 이를 행사하지 아니하면 소멸한다.

제59조(저당권의 물상대위) 정비사업을 시행하는 지역안에 있는 토지 또는 건축물에 저당권을 설정한 권리자는 저당권이 설정된 토지 또는 건축물의 소유자가 지급받을 청산금에 대하여 청산금을 지급하기 전에 압류절차를 거쳐 저당권을 행사할 수 있다.

제4장 비용의 부담 등

제60조(비용부담의 원칙) ①정비사업비는 이 법 또는 다른 법령에 특별한 규정이 있는 경우를 제외하고는 사업시행자가 부담한다.

② 시장·군수는 시장·군수가 아닌 사업시행자가 시행하는 정비사업의 정비계획에 따라 설치되는 도시계획시설중 대통령령이 정하는 주요 정비기반시설에 대하여는 그 설치에 소요되는 비용의 전부 또는 일부를 부담할 수 있다.

제61조(비용의 조달) ①사업시행자는 토지등소유자로부터 제60조제1항의 규정에 의한 비용과 정비사업의 시행과정에서 발생한 수입의 차액을 부과금으로 부과·징수할 수 있다.

② 사업시행자는 토지등소유자가 제1항의 규정에 의한 부과금의 납부를 태만히 한 때에는 연체료를 부과·징수할 수 있다.

③ 제1항 및 제2항의 규정에 의한 부과금 및 연체료의 부과·징수에 관하여 필요한 사항은 정관등으로 정한다.

④ 시장·군수가 아닌 사업시행자는 부과금 또는 연체료를 체납하는 자가 있는 때에는 시장·군수에게 그 부과·징수를 위탁할 수 있다.

⑤ 시장·군수는 제4항의 규정에 의하여 부과·징수를 위탁받은 경우에는 지방세체납처분의 예에 의하여 이를 부과·징수할 수 있다. 이 경우 사업시행자는 징수한 금액의 100분의 4에 해당하는 금액을 당해 시장·군수에게 교부하여야 한다.

제62조(정비기반시설 관리자의 비용부담) ①시장·군수는 그가 시행하는 정비사업으로 인하여 현저한 이익을 받는 정비기반시설의 관리자가 있는 경우에는 대통령령이 정하는 방법 및 절차에 따라 당해 정비사업비의 일부를 그 정비기반시설의 관리자와 협의하여 그 관리자에게 이를 부담시킬 수 있다.

② 사업시행자는 정비사업을 시행하는 지역에 전기·가스 등의 공급시설을 설치하기 위하여 공동구를 설치하는 경우에는 다른 법령에 의하여 그 공동구에 수용될 시설을 설치할 의무가 있는 자에게 공동구의 설치에 소요되는 비용을 부담시킬 수 있다.

③ 제2항의 비용부담의 비율 및 부담방법과 공동구의 관리에 관하여 필요한 사항은 건설교통부령으로 정한다.

제63조(보조 및 융자) ①국가 또는 시·도는 시장·군수 또는 주택공사등이 시행하는 정비사업에 관한 기초조사 및 정비사업의 시행에 필요한 시설로서 대통령령이 정하는 정비기반시설의 설치에 소요되는 비용의 일부를 보조하거나 융자할 수 있다.

② 시장·군수는 사업시행자가 주택공사등인 주거환경개선사업과 관련하여 제1항의 규정에 의한 정비기반시설을 설치하는 경우 설치에 소요되는 비용의 전부 또는 일부를 주택공사등에게 보조하여야 한다.

③ 국가 또는 지방자치단체는 시장·군수가 아닌 사업시행자가 시행하는 정비사업에 소요되는 비용의 일부를 보조 또는 융자하거나 융자를 알선할 수 있다.

제64조(정비기반시설의 설치 등) ①사업시행자는 관할 지방자치단체장과의 협의를 거쳐 정비구역안에 정비기반시설을 설치하여야 한다.

② 제1항의 규정에 의한 정비기반시설의 설치를 위하여 토지 또는 건축물이 수용된 자는 당해 정비구역안에 소재하는 대지 또는 건축물로서 매각대상이 되는 대지 또는 건축물에 대하여 제50조제4항의 규정에 불구하고 다른 사람에 우선하여 매수청구할 수 있다. 이 경우 당해 대지 또는 건축물이 국가 또는 지방자치단체의 소유인 때에는 국유재산법 제12조 또는 지방재정법 제77조의 규정에 의한 국유재산관리계획 또는 공유재산관리계획과 국유재산법 제33조 또는 지방재정법 제61조의 규정에 의한 계약의 방법에 불구하고 수의계약에 의하여 매각할 수 있다.

③ 시·도지사는 제4조의 규정에 의하여 정비구역을 지정함에 있어서 정비구역의 진입로 설치를 위하여 필요한 경우에는 진입로 지역과 그 인접지역을 포함하여 정비구역을 지정할 수 있다.

④ 제2항의 규정에 의한 매각대금의 결정방법·납부기간·납부방법 등에 관하여 필요한 사항은 대통령령으로 정한다.

제65조(정비기반시설 및 토지 등의 귀속) ①시장·군수 또는 주택공사등이 정비사업의 시행으로 새로이 정비기반시설을 설치하거나 기존의 정비기반시설에 대체되는 정비기반시설을 설치한 경우에는 국유재산법 또는 지방재정법의 규정에 불구하고 종래의 정비기반시설은 사업시행자에게 무상으로 귀속되고, 새로이 설치된 정비기반시설은 그 시설을 관리할 국가 또는 지방자치단체에 무상으로 귀속된다.

② 시장·군수 또는 주택공사등이 아닌 사업시행자가 정비사업의 시행으로 새로이 설치한 정비기반시설은 그 시설을 관리할 국가 또는 지방자치단체에 무상으로 귀속되고, 정비사업의 시행으로 인하여 용도가 폐지되는 국가 또는 지방자치단체 소유의 정비기반시설은 그가 새로이 설치한 정비기반시설의 설치비용에 상당하는 범위안에서 사업시행자에게 무상으로 양도된다.

③ 시장·군수는 제1항 및 제2항의 규정에 의한 정비기반시설의 귀속 및 양도에 관한 사항이 포함된 정비사업을 시행하고자 하거나 그 시행을 인가하고자 하는 경우에는 미리 그 관리청의 의견을 들어야 한다. 인가받은 사항을 변경하고자 하는 경우에도 또한 같다.

④ 사업시행자는 제1항 및 제2항의 규정에 의하여 관리청에 귀속될 정비기반시설과 사업시행자에게 귀속 또는 양도될 재산의 종류와 세목을 정비사업의 준공전에 관리청에 통지하여야

하며, 당해 정비기반시설은 그 정비사업이 준공인가되어 관리청에 준공인가통지를 한 때에 국가 또는 지방자치단체에 귀속되거나 사업시행자에게 귀속 또는 양도된 것으로 본다.

⑤ 제4항의 규정에 의한 정비기반시설의 등기에 있어서는 정비사업의 시행인가서와 준공인가서(시장·군수가 직접 정비사업을 시행하는 경우에는 제28조제3항의 규정에 의한 사업시행인가의 고시와 제52조제4항의 규정에 의한 공사완료의 고시를 말한다)는 부동산등기법에 의한 등기원인을 증명하는 서류에 갈음한다.

제66조(국·공유재산의 처분 등) ①시장·군수는 제28조 및 제30조의 규정에 의하여 인가하고자 하는 사업시행계획 또는 직접 작성하는 사업시행계획서에 국·공유재산의 처분에 관한 내용이 포함되어 있는 때에는 미리 관리청과 협의하여야 한다. 이 경우 관리청이 불분명한 재산 중 도로·하천·구거 등에 대하여는 건설교통부장관을, 그 외의 재산에 대하여는 재정경제부장관을 관리청으로 본다.

② 제1항의 규정에 의하여 협의를 받은 관리청은 20일 이내에 의견을 제시하여야 한다.

③ 정비구역 안의 국·공유재산은 정비사업외의 목적으로 매각하거나 양도할 수 없다.

④ 정비구역 안의 국·공유재산은 국유재산법 제12조 또는 지방재정법 제77조의 규정에 의한 국유재산관리계획 또는 공유재산관리계획과 국유재산법 제33조 및 지방재정법 제61조의 규정에 의한 계약의 방법에 불구하고 사업시행자 또는 점유자 및 사용자에게 다른 사람에 우선하여 수의계약으로 매각 또는 임대할 수 있다.

⑤ 제4항의 규정에 의하여 다른 사람에 우선하여 매각 또는 임대할 수 있는 국·공유재산은 국유재산법·지방재정법 그 밖에 국·공유지의 관리와 처분에 관하여 규정한 관계 법령의 규정에 불구하고 사업시행인가의 고시가 있은 날부터 종전의 용도가 폐지된 것으로 본다.

⑥ 제4항의 규정에 의하여 정비사업을 목적으로 우선 매각하는 국·공유지의 평가는 사업시행인가의 고시가 있은 날을 기준으로 하여 행하며, 주거환경개선사업의 경우 매각가격은 이 평가금액의 100분의 80으로 한다. 다만, 사업시행인가의 고시가 있은 날부터 3년 이내에 매매계약을 체결하지 아니한 국·공유지는 국유재산법 또는 지방재정법이 정하는 바에 의한다.

제67조(국·공유재산의 임대) ①지방자치단체 또는 주택공사등은 주거환경개선구역 및 주택재개발구역에서 임대주택(임대주택법 제2조제1호의 규정에 의한 임대주택을 말한다. 이하 같다)을 건설하는 경우에는 국유재산법 제36조제1항 또는 지방재정법 제83조의 규정에 불구하고 국·공유지 관리청과 협의하여 정한 기간동안 국·공유지를 임대할 수 있다.

② 시장·군수는 제1항의 규정에 의하여 임대하는 국·공유지는 국유재산법 제38조제1항 또는 지방재정법 제83조의 규정에 불구하고 그 토지위에 공동주택 그 밖의 영구건축물을 축조하게 할 수 있다. 이 경우 당해 시설물의 임대기간이 종료되는 때에는 임대한 국·공유지 관리청에 기부 또는 원상으로 회복시켜서 반환하거나 국·공유지 관리청으로부터 매입하여야 한다.

③ 제1항의 규정에 의하여 임대하는 국·공유지의 임대료는 국유재산법 또는 지방재정법이 정하는 바에 의한다.

제68조(국·공유지의 무상양여 등) ①주거환경개선구역안에서 국가 또는 지방자치단체가 소유하는 토지는 제28조제3항의 규정에 의한 사업시행인가의 고시가 있은 날부터 종전의 용도가 폐지된 것으로 보며, 국유재산법·지방재정법 그 밖에 국·공유지의 관리 및 처분에 관하여 규정한 관계 법령의 규정에 불구하고 당해 사업시행자에게 무상으로 양여된다. 다만, 국유재산법 제4조제1항 또는 지방재정법 제72조제2항의 규정에 의한 행정재산 또는 보존재산과 국가 또는 지방자치단체가 양도계약을 체결하여 정비구역지정 고시일 현재 대금의 일부를 수령한 토지에 대하여는 그러하지 아니하다.

② 주거환경개선구역안에서 국가 또는 지방자치단체가 소유하는 토지는 제4조제3항에 의한 정비구역지정의 고시가 있은 날부터 정비사업 외의 목적으로 이를 양도하거나 매각할 수 없다.

③ 제1항의 규정에 의하여 무상양여된 토지의 사용수익 또는 처분으로 인한 수입은 주거환경개선사업외의 용도로 이를 사용할 수 없다.
④ 시장·군수는 제1항의 규정에 의한 무상양여의 대상이 되는 국·공유지를 소유 또는 관리하고 있는 국가 또는 지방자치단체와 협의를 하여야 한다.
⑤ 사업시행자에게 양여된 토지의 관리처분에 관하여 필요한 사항은 건설교통부장관의 승인을 얻어 당해 시·도조례 또는 주택공사등의 시행규정으로 정한다.

제5장 정비사업전문관리업

제69조(정비사업전문관리업의 등록) ①정비사업의 시행을 위하여 필요한 다음 각호의 사항을 추진위원회 또는 조합으로부터 위탁받거나 이와 관련한 자문을 하고자 하는 자는 대통령령이 정하는 자본·기술인력 등의 기준을 갖춰 건설교통부장관에게 등록하여야 한다. 다만, 주택의 건설·감정평가 등 정비사업관련 업무를 하는 정부투자기관 등으로 대통령령이 정하는 기관의 경우에는 그러하지 아니하다.
1. 조합 설립의 동의 및 정비사업의 동의에 관한 업무의 대행
2. 조합 설립인가의 신청에 관한 업무의 대행
3. 사업성 검토 및 정비사업의 시행계획서의 작성
4. 설계자 및 시공자 선정에 관한 업무의 대행
5. 사업시행인가의 신청에 관한 업무의 대행
6. 분양 및 관리처분계획의 수립에 관한 업무의 대행
7. 설계도서의 검토 및 공사비 변동내역의 검토
8. 그 밖에 조합의 업무중 조합이 요청하는 것

② 제1항의 규정에 의한 등록의 절차 및 방법, 등록수수료 등에 관하여 필요한 사항은 대통령령으로 정한다.

제70조(정비사업전문관리업자의 업무제한 등) 정비사업전문관리업자는 동일한 정비사업에 대하여 다음 각호의 업무를 병행하여 수행할 수 없다.
1. 건축물의 철거
2. 정비사업의 설계
3. 정비사업의 시공
4. 정비사업의 회계감사
5. 그 밖에 정비사업의 공정한 질서유지에 필요하다고 인정하여 대통령령이 정하는 업무

제71조(정비사업전문관리업자와 위탁자와의 관계) 정비사업전문관리업자에게 업무를 위탁하거나 자문을 요청한 자와 정비사업전문관리업자 사이의 관계에 관하여 이 법에 규정이 있는 것을 제외하고는 민법중 위임에 관한 규정을 준용한다.

제72조(정비사업전문관리업자의 결격사유) ①다음 각호의 1에 해당하는 자는 정비사업전문관리업의 등록을 신청할 수 없으며, 정비사업전문관리업자의 업무를 대표 또는 보조하는 임직원이 될 수 없다.
1. 미성년자·금치산자 또는 한정치산자
2. 파산자로서 복권되지 아니한 자
3. 금고 이상의 실형의 선고를 받고 그 집행이 종료(종료된 것으로 보는 경우를 포함한다)되거나 집행이 면제된 날부터 2년이 경과되지 아니한 자
4. 금고 이상의 형의 집행유예를 받고 그 유예기간중에 있는 자
5. 이 법을 위반하여 벌금형의 선고를 받고 1년이 경과되지 아니한 자
6. 제73조의 규정에 의하여 등록이 취소된 후 2년이 경과되지 아니한 자
7. 법인의 업무를 대표 또는 보조하는 임직원중 제1호 내지 제6호의 1에 해당하는 자가 있는

법인

② 정비사업전문관리업자의 업무를 대표 또는 보조하는 임직원이 제1항 각호의 1에 해당하게 되거나 선임 당시 그에 해당하는 자이었음이 판명된 때에는 당연 퇴직한다.

③ 제2항의 규정에 의하여 퇴직된 임·직원이 퇴직전에 관여한 행위는 그 효력을 잃지 아니한다.

제73조(정비사업전문관리업의 등록취소 등) ①건설교통부장관은 정비사업전문관리업자가 다음 각호의 1에 해당하는 때에는 그 등록을 취소하거나 1년 이내의 기간을 정하여 업무의 전부 또는 일부의 정지를 명할 수 있다. 다만, 제1호·제6호 및 제7호에 해당하는 때에는 그 등록을 취소하여야 한다.

1. 사위 그 밖의 부정한 방법으로 등록을 한 때
2. 제69조제1항의 규정에 의한 등록기준에 미달하게 된 때
3. 고의 또는 과실로 조합에게 계약금액(정비사업전문관리업자가 조합과 체결한 총계약금액을 말한다)의 3분의 1 이상의 재산상 손실을 끼친 때
4. 제74조의 규정에 의한 보고·자료제출을 하지 아니하거나 허위로 한 때 또는 조사·검사를 거부·방해 또는 기피한 때
5. 제75조의 규정에 의한 보고·자료제출을 하지 아니하거나 허위로 한 때 또는 조사를 거부·방해 또는 기피한 때
6. 최근 3년간 2회 이상의 업무정지처분을 받은 자로서 그 정지처분을 받은 기간이 합산하여 12월을 초과한 때
7. 다른 사람에게 자기의 성명 또는 상호를 사용하여 이 법이 정한 업무를 수행하게 하거나 등록증을 대여한 때
8. 그 밖에 이 법 또는 이 법에 의한 명령이나 처분에 위반한 때

② 제1항의 규정에 의한 등록의 취소 및 업무의 정지처분에 관한 기준은 대통령령으로 정한다.

제74조(정비사업전문관리업자에 대한 조사 등) ①건설교통부장관은 정비사업전문관리업자에 대하여 그 업무의 감독상 필요한 때에는 그 업무에 관한 사항을 보고하게 하거나 자료의 제출 그 밖의 필요한 명령을 할 수 있으며, 소속 공무원으로 하여금 영업소 등에 출입하여 장부·서류 등을 조사 또는 검사하게 할 수 있다.

② 제1항의 규정에 의하여 출입·검사 등을 하는 공무원은 그 권한을 표시하는 증표를 지니고 관계인에게 이를 내보여야 한다.

제6장 감독 등

제75조(자료의 제출 등) ①시·도지사는 건설교통부령이 정하는 방법 및 절차에 의하여 정비사업추진실적을 분기별로 건설교통부장관에게, 시장·군수는 시·도조례가 정하는 바에 의하여 정비사업의 추진실적을 시·도지사에게 보고하여야 한다.

② 건설교통부장관, 시·도지사 또는 시장·군수는 정비사업의 원활한 시행을 위하여 감독상 필요하다고 인정하는 때에는 추진위원회·사업시행자·정비사업전문관리업자·철거업자·설계자 및 시공자 등 이 법에 의한 업무를 하는 자에 대하여 건설교통부령이 정하는 내용에 따라 보고 또는 자료의 제출을 명할 수 있으며 소속 공무원으로 하여금 그 업무에 관한 사항을 조사하게 할 수 있다.

③ 제2항의 규정에 의하여 업무를 조사하는 공무원은 건설교통부령이 정하는 방법 및 절차에 따라 조사일시·조사목적 등을 미리 알려주어야 한다.

제76조(회계감사) 시장·군수 또는 주택공사등이 아닌 사업시행자는 대통령령이 정하는 방법 및 절차에 의하여 각호의 1에 해당하는 시기에 주식회사의외부감사에관한법률 제3조의 규정에 의한 감사인의 회계감사를 받아야 하며, 그 감사결과를 회계감사가 종료된 날부터 15일 이내

에 시장・군수에게 보고하고 이를 당해 조합에 보고하여 조합원이 공람할 수 있도록 하여야 한다.

1. 제15조제5항의 규정에 의하여 추진위원회에서 조합으로 인계되기 전 7일 이내
2. 제28조제3항의 규정에 의한 사업시행인가의 고시일부터 20일 이내
3. 제52조제1항의 규정에 의한 준공인가의 신청일부터 7일 이내

제77조(감독) ①정비사업의 시행이 이 법 또는 이 법에 의한 명령・처분이나 사업시행계획서 또는 관리처분계획에 위반되었다고 인정되는 때에는 정비사업의 적정한 시행을 위하여 필요한 범위안에서 건설교통부장관은 시・도지사, 시장・군수, 사업시행자 또는 정비사업전문관리업자에게, 시・도지사는 시장・군수, 사업시행자 또는 정비사업전문관리업자에게, 시장・군수는 사업시행자 또는 정비사업전문관리업자에게 그 처분의 취소・변경 또는 정지, 그 공사의 중지・변경, 임원의 개선 권고 그 밖의 필요한 조치를 취할 수 있다.

② 시장・군수는 사정변경으로 인하여 정비사업의 계속시행이 현저히 공익을 해할 우려가 있다고 인정하는 때에는 이 법에 의한 인가 또는 승인을 취소하거나 사업시행자에게 공사의 중지・변경 그 밖의 필요한 처분이나 조치를 명할 수 있다.

③ 건설교통부장관은 이 법에 의한 정비사업의 원활한 시행을 위하여 관계공무원 및 전문가로 구성된 점검반을 구성하여 정비사업 현장조사를 통하여 분쟁의 조정, 위법사항의 시정요구 등 필요한 조치를 할 수 있다. 이 경우 관할 지방자치단체의 장과 조합 등은 대통령령이 정하는 자료의 제공 등 점검반의 활동에 적극 협조하여야 한다.

④ 제75조제3항의 규정은 제3항의 정비사업 현장조사를 하는 공무원에 대하여 이를 준용한다.

제78조(청문) 건설교통부장관, 시・도지사 또는 시장・군수는 다음 각호의 1에 해당하는 처분을 하고자 하는 경우에는 청문을 실시하여야 한다.

1. 제73조제1항의 규정에 의한 정비사업전문관리업자의 등록취소
2. 제77조제2항의 규정에 의한 조합 설립인가의 취소, 사업시행인가의 취소 또는 관리처분계획인가의 취소

제7장 보칙

제79조(정비구역안에서의 건축물의 유지・관리) ①시장・군수는 정비사업으로 건축된 건축물에 대하여 기본계획 및 정비계획에 포함된 건축기준에 적합하게 유지・관리하여야 한다.

② 시장・군수는 제52조제3항 및 제4항의 규정에 의한 공사완료의 고시가 된 후에 정비기반시설의 설치가 필요한 경우에는 제1항의 규정에 불구하고 국토의계획및이용에관한법률 제85조 내지 제100조의 규정에 의한 도시계획시설의 설치에 관한 규정을 적용하여 이를 설치할 수 있다.

제80조(주택재개발사업의 시행방식의 전환) ①시장・군수는 제9조제1항의 규정에 의하여 사업대행자를 지정하거나, 토지등소유자의 5분의 4 이상의 요구가 있어 제6조제2항의 규정에 의한 주택재개발사업의 시행방식의 전환이 필요하다고 인정하는 경우에는 정비사업이 완료되기 전이라도 대통령령이 정하는 범위안에서 정비구역의 전부 또는 일부에 대하여 시행방식의 전환을 승인할 수 있다.

② 사업시행자는 제1항의 규정에 의하여 시행방식을 전환하기 위하여 관리처분계획을 변경하고자 하는 경우 토지면적의 3분의 2 이상의 동의와 토지등소유자의 5분의 4 이상의 동의를 얻어야 하며 변경절차에 관하여는 제48조제1항의 관리처분계획 변경에 관한 규정을 준용한다.

③ 사업시행자는 제1항의 정비구역 일부에 대하여 시행방식을 변경하고자 하는 경우에는 주택재개발사업이 완료된 부분에 대하여는 제52조의 규정에 따라 준공인가를 거쳐 당해 지방자치단체의 공보에 공사완료의 고시를 하여야 하며, 변경하고자 하는 부분에 대하여는 이 법

에서 정하고 있는 절차에 따라 시행방식을 전환하여야 한다.

④ 제3항의 규정에 따라 공사완료의 고시를 한 때에는 지적법 제26조제2항의 규정에 불구하고 관리처분계획의 내용에 따라 제54조의 규정에 의한 이전이 된 것으로 본다.

제81조(관련자료의 공개와 보존 등) ①사업시행자는 정비사업시행에 관하여 대통령령이 정하는 서류 및 관련자료를 인터넷 등을 통하여 공개하여야 하며, 조합원 또는 토지등소유자의 공람요청이 있는 경우에는 이를 공람시켜 주어야 한다.

② 추진위원회·조합 또는 정비사업전문관리업자는 총회 또는 중요한 회의가 있은 때에는 속기록·녹음 또는 영상자료를 만들어 이를 청산시까지 보관하여야 한다.

③ 제1항의 규정에 의한 공개 및 공람의 적용범위·절차 등에 관하여 필요한 사항은 건설교통부령으로 정한다.

④ 시장·군수 또는 주택공사등이 아닌 사업시행자는 정비사업을 완료하거나 폐지한 때에는 시·도조례가 정하는 바에 따라 관계서류를 시장·군수에게 인계하여야 한다.

⑤ 시장·군수 또는 주택공사등인 사업시행자와 제4항의 규정에 의하여 관계서류를 인계받은 시장·군수는 당해 정비사업의 관계서류를 5년간 보관하여야 한다.

제82조(도시·주거환경정비기금의 설치 등) ①제3조제1항의 규정에 의하여 기본계획을 수립하는 특별시장·광역시장 또는 시장은 정비사업의 원활한 수행을 위하여 도시·주거환경정비기금(이하 "정비기금"이라 한다)을 설치하여야 한다.

② 정비기금은 다음 각호의 1의 금액을 재원으로 조성한다.

1. 도시계획세중 대통령령이 정하는 일정률 이상의 금액
2. 제62조의 규정에 의한 부담금 및 정비사업으로 발생한 개발이익환수에관한법률에 의한 개발부담금중 지방자치단체의 귀속분의 일부
3. 제66조의 규정에 의한 정비구역(주택재건축구역을 제외한다)안의 국·공유지 매각대금중 대통령령이 정하는 일정률 이상의 금액
4. 그 밖에 시·도조례가 정하는 재원

③ 정비기금은 이 법에 의한 정비사업외의 목적으로 사용하여서는 아니된다.

④ 정비기금의 관리·운용과 개발부담금의 지방자치단체의 귀속분중 정비기금으로 적립되는 비율 등에 관하여 필요한 사항은 시·도조례로 정한다.

제83조(권한의 위임) 건설교통부장관은 이 법의 규정에 의한 권한의 일부를 대통령령이 정하는 바에 의하여 시·도지사 또는 시장·군수에게 위임할 수 있다.

제8장 벌칙

제84조의1(벌칙적용에 있어서의 공무원 의제) 형법 제129조 내지 제132조의 적용에 있어서 조합의 임원과 정비사업전문관리업자의 대표자(법인인 경우에는 임원을 말한다)·직원은 이를 공무원으로 본다.

제84조의2(벌칙) 다음 각호의 1에 해당하는 자는 3년 이하의 징역 또는 3천만원 이하의 벌금에 처한다.

1. 거짓 또는 부정한 방법으로 제19조제2항의 규정에 위반하여 조합원 자격을 취득한 자와 조합원 자격을 취득하게 하여준 토지등소유자 및 조합의 임직원
2. 제19조제2항의 규정을 회피하여 분양주택을 이전 또는 공급받을 목적으로 건축물 또는 토지의 양도·양수사실을 은폐한 자

제85조(벌칙) 다음 각호의 1에 해당하는 자는 2년 이하의 징역 또는 2천만원 이하의 벌금에 처한다.

1. 제5조의 규정에 의한 시장·군수의 허가를 받지 아니하고 건축물을 건축한 자
2. 제12조제4항의 규정에 의한 안전진단결과보고서를 거짓으로 작성한 자

3. 제13조제2항의 규정을 위반하여 추진위원회를 구성·운영한 자
4. 제16조의 규정에 의하여 조합이 설립되었는데도 불구하고 추진위원회를 계속 운영하는 자
5. 제24조의 규정에 의한 총회의 의결을 거치지 아니하고 동조제3항 각호의 사업을 임의로 추진하는 조합의 임원
6. 제26조의 규정에 의하여 주민대표회의가 구성되어 있는데도 불구하고, 주민의 동의를 얻지 아니 하거나 통보를 하지 아니하고 임의로 주민대표회의를 구성하여 이 법에 의한 정비사업을 추진하는 자
7. 제28조의 규정에 의한 사업시행인가를 받지 아니하고 정비사업을 시행한 자와 동 사업시행계획서를 위반하여 건축물을 건축한 자
8. 제48조의 규정에 의한 관리처분계획의 인가를 받지 아니하고 제54조의 규정에 의한 이전을 한 자
9. 제69조제1항의 규정에 의한 등록을 하지 아니하고 이 법에 의한 정비사업의 위탁을 받거나 또는 자문을 하는 자
10. 사위 그 밖의 부정한 방법으로 등록을 한 정비사업전문관리업자
11. 제73조제1항 단서의 규정에 의하여 등록이 취소되었음에도 불구하고 영업을 하는 자
12. 제77조제1항의 규정에 따른 처분의 취소·변경 또는 정지, 그 공사의 중지 및 변경에 관한 명령을 받고도 이에 응하지 아니한 사업시행자 및 정비사업전문관리업자

제86조(벌칙) 다음 각호의 1에 해당하는 자는 1년 이하의 징역 또는 1천만원 이하의 벌금에 처한다.

1. 제15조제5항의 규정에 위반하여 추진위원회의 회계장부 및 관계서류를 조합에 인계하지 아니하는 추진위원회 임원
2. 제52조제1항의 규정에 의한 준공인가를 받지 아니하고 건축물 등을 사용한 자와 동조제5항의 규정에 의하여 시장·군수의 사용허가를 받지 아니하고 건축물을 사용하는 자
3. 다른 사람에게 자기의 성명 또는 상호를 사용하여 이 법이 정한 업무를 수행하게 하거나 등록증을 대여한 정비사업전문관리업자
4. 제76조의 규정에 의한 회계감사를 받지 아니한 자
5. 제77조제3항의 규정에 의한 점검반의 현장조사를 거부·기피 또는 방해한 자
6. 제81조제2항의 규정에 위반하여 속기록 등을 만들지 아니하거나 청산시까지 보관하지 아니한 추진위원회·조합 또는 정비사업전문관리업자의 임직원

제87조(양벌규정) 법인의 대표자, 법인 또는 개인의 대리인·사용인 그 밖의 종업원이 그 법인 또는 개인의 업무에 관하여 제84조의2·제85조 및 제86조의 위반행위를 한 때에는 행위자를 벌하는 외에 그 법인 또는 개인에 대하여도 각 해당 조의 벌금형을 과한다.

제88조(과태료) ①다음 각호의 1에 해당하는 자는 500만원 이하의 과태료에 처한다.

1. 제49조제4항 또는 제54조제1항의 규정에 의한 통지를 태만히 한 자
2. 제74조제1항 및 제75조제2항의 규정에 의한 보고 또는 자료의 제출을 태만히 한 자
3. 제81조제4항의 규정에 의한 관계서류의 인계를 태만히 한 자

② 제1항의 규정에 의한 과태료는 대통령령이 정하는 방법 및 절차에 의하여 건설교통부장관, 시·도지사 또는 시장·군수(이하 "처분권자"라 한다)가 부과·징수한다.

③ 제2항의 규정에 의한 과태료의 처분에 불복이 있는 자는 그 처분의 고지를 받은 날부터 30일 이내에 그 처분권자에게 이의를 제기할 수 있다.

④ 제2항의 규정에 의한 과태료의 처분을 받은 자가 제3항의 규정에 의하여 이의를 제기한 때에는 그 처분권자는 지체없이 관할법원에 그 사실을 통보하여야 하며, 그 통보를 받은 관할법원은 비송사건절차법에 의한 과태료의 재판을 한다.

⑤ 제3항의 규정에 의한 기간 이내에 이의를 제기하지 아니하고 과태료를 납부하지 아니한 때에는 국세 또는 지방세체납처분의 예에 의하여 이를 징수한다.

부 칙

제1조(시행일) 이 법은 공포후 6월이 경과한 날부터 시행한다.

제2조(폐지법률) 도시재개발법 및 도시저소득주민의주거환경개선을위한임시조치법은 이를 폐지한다.

제3조(일반적 경과조치) 이 법 시행 당시 도시재개발법·도시저소득주민의주거환경개선을위한임시조치법 및 주택건설촉진법의 재건축 관련 규정(이하 "종전법률"이라 한다)에 의하여 행하여진 처분·절차 그밖의 행위는 이 법의 규정에 의하여 행하여진 것으로 본다.

제4조(기본계획의 수립 및 정비구역 지정에 관한 경과조치) ①본칙 제3조의 규정에 의한 기본계획을 수립하여야 하는 지방자치단체의 장은 이 법 시행후 3년 이내에 기본계획을 수립하여야 한다. 다만, 기본계획수립대상의 지역적 범위가 넓어 단계적으로 수립할 필요가 있는 등 불가피한 사유가 있어 건설교통부장관의 승인을 얻은 경우에는 그러하지 아니하다.

② 이 법 시행전에 도시재개발법 제3조의 규정에 의하여 수립된 재개발기본계획은 이 법 제3조의 규정에 의한 기본계획(주택재개발사업 및 도시환경정비사업에 한한다)으로 본다.

③ 제1항의 규정에 의하여 기본계획이 수립되지 아니한 기간중이라도 본칙 제4조의 규정에 의한 정비구역을 지정할 수 있다.

제5조(주거환경개선지구 등에 관한 경과조치) ①이 법 시행 당시 도시저소득주민의주거환경개선을위한임시조치법에 의하여 지정·수립된 주거환경개선지구 및 주거환경개선계획은 이 법의 규정에 의하여 지정·수립된 주거환경개선구역 및 정비계획으로 보며, 이 법 시행후 2년까지 종전 도시저소득주민의주거환경개선을위한임시조치법의 규정을 적용하여 정비사업을 시행할 수 있다.

② 이 법 시행전에 도시재개발법에 의하여 지정된 재개발구역은 이 법의 규정에 의하여 지정된 주택재개발구역 또는 도시환경정비구역으로 본다.

③ 국토의계획및이용에관한법률에 의한 용도지구중 대통령령이 정하는 용도지구 및 주택건설촉진법의 종전 규정에 의하여 재건축을 추진하고자 하는 구역으로서 국토의계획및이용에관한법률에 의하여 지구단위계획구역으로 결정된 구역은 이 법에 의한 주택재건축구역으로 보며, 주택건설촉진법 제20조의 규정에 의하여 수립된 아파트지구개발기본계획과 지구단위계획은 본칙 제4조의 규정에 의하여 수립된 정비계획으로 본다.

④ 이 법 시행전에 주택건설촉진법시행령 제4조의2제2항의 규정에 의하여 노후·불량주택으로 보아 주택건설촉진법 제44조제1항의 규정에 따라 시장·군수의 인가를 받아 조합이 설립된 경우에는 재건축하고자 하는 지역을 본칙 제4조의 규정에 의하여 지정된 정비구역으로 본다.

제6조(주거환경개선사업 등에 관한 경과조치) 종전법률에 의하여 사업계획승인이나 사업시행인가를 받아 시행중인 주거환경개선사업·주택재개발사업·재건축사업·도심재개발사업·공장재개발사업은 각각 이 법에 의한 주거환경개선사업·주택재개발사업·주택재건축사업·도시환경정비사업으로 본다.

제7조(사업시행방식에 관한 경과조치) ①종전법률에 의하여 사업계획의 승인이나 사업시행인가를 받아 시행중인 것은 종전의 규정에 의한다.

② 조합 설립의 인가를 받은 조합으로서 토지등소유자 2분의 1 이상의 동의를 얻어 시공자를 선정하여 이미 시공계약을 체결한 정비사업 또는 2002년 8월 9일 이전에 토지등소유자 2분의 1 이상의 동의를 얻어 시공자를 선정한 주택재건축사업으로서 이 법 시행일 이후 2월 이내에 건설교통부령이 정하는 방법 및 절차에 따라 시장·군수에게 신고한 경우에는 당해 시공자를 본칙 제11조의 규정에 의하여 선정된 시공자로 본다.

제8조(재건축사업의 안전진단에 관한 경과조치) ①이 법 시행 당시 주택건설촉진법 제44조의3제1항 내지 제3항의 규정에 의하여 신청하거나 실시한 재건축사업의 안전진단은 본칙 제12조제

1항 또는 제4항의 규정에 의하여 신청 또는 실시한 안전진단으로 본다.

② 이 법 시행 당시 주택건설촉진법 제44조의3제1항 내지 제3항의 규정에 의하여 정하는 바에 따라 재건축의 허용여부가 결정된 재건축사업은 본칙 제12조제5항의 규정에 의하여 재건축의 시행여부가 결정된 재건축사업으로 본다.

제9조(추진위원회에 관한 경과조치) 이 법 시행 당시 재개발사업 또는 재건축사업의 시행을 목적으로 하는 조합을 설립하기 위하여 토지등소유자가 운영중인 기존의 추진위원회는 본칙 제13조제2항의 규정에 의한 동의 구성요건을 갖추어 이 법 시행일부터 6월 이내에 시장·군수의 승인을 얻은 경우 이 법에 의한 추진위원회로 본다.

제10조(조합의 설립에 관한 경과조치) ①종전법률에 의하여 조합 설립의 인가를 받은 조합은 본칙 제18조제2항의 규정에 의하여 주된 사무소의 소재지에 등기함으로써 이 법에 의한 법인으로 설립된 것으로 본다. 다만, 종전법률에 의하여 설립된 법인이 아닌 조합(종전법률에 의하여 준공인가를 받은 조합을 제외한다)은 이 법 시행일부터 1월 이내에 등기하여야 한다.

② 제1항의 규정에 의하여 법인으로 보는 조합의 규약은 본칙 제20조의 규정에 의한 정관으로 본다.

제11조(대의원회의 구성에 관한 조치) 종전 도시재개발법에 의하여 구성된 대의원회는 본칙 제25조의 규정에 의한 대의원회로 본다.

제12조(사업시행계획에 관한 경과조치) 종전법률에 의한 사업시행계획인가·사업계획승인은 본칙 제28조의 규정에 의하여 인가된 사업시행계획으로 본다.

제13조(정비사업전문관리업자에 관한 경과조치) 이 법 시행 당시 관계법률에 의하여 재개발사업 또는 재건축사업의 시행을 목적으로 하는 토지등소유자, 조합 또는 제9조의 규정에 의한 기존의 추진위원회와 민사계약을 하여 정비사업을 위탁받거나 자문을 하는 자는 이 법 시행일부터 9월 이내에 본칙 제69조제1항의 규정에 의한 등록기준을 갖추어 건설교통부장관에게 등록하여야 한다.

제14조(주택재개발사업추진방식의 전환에 관한 경과조치) 본칙 제80조의 규정은 이 법 시행 이후 지정된 정비구역에 한하여 적용한다. 다만, 토지등소유자의 3분의 2 이상의 요구와 관할 시장·군수가 공공의 이익을 위하여 필요하다고 지방도시계획위원회의 심의를 거쳐 인정하는 경우에는 이 법 시행 이전에 시행중인 정비사업에도 적용할 수 있다.

제15조(관련자료의 공개와 보존에 관한 경과조치) 본칙 제81조제1항의 규정은 이 법 시행일부터 모든 정비사업에 대하여 적용하며 동조제2항, 제4항 및 제5항의 규정은 이 법 시행일 이후 발생되는 것부터 적용한다.

제16조(벌칙 등에 관한 경과조치) 이 법 시행전의 행위에 대한 벌칙과 과태료의 적용에 있어서는 종전법률의 규정에 의한다.

제17조(다른 법률과의 관계) 이 법 시행 당시 다른 법률에서 종전법률의 규정을 인용하고 있는 경우 이 법에 그에 해당하는 규정이 있는 때에는 이 법 또는 이 법의 해당 규정을 인용한 것으로 본다.

제18조(다른 법률의 개정) ①주택건설촉진법중 다음과 같이 개정 한다.

제3조제9호를 다음과 같이 한다.

9. "주택조합"이라 함은 동일 또는 인접한 시(특별시 및 광역시를 포함한다)·군에 거주하는 주민이 주택을 마련하기 위하여 설립한 조합(이하 "지역조합"이라 한다) 및 동일한 직장의 근로자가 주택을 마련하기 위하여 설립한 조합(이하 "직장조합"이라 한다)을 말한다.

제22조제1항 전단중 "都市再開發法"을 "도시및주거환경정비법"으로 하고, 동항 후단을 다음과 같이 하며, 동조제2항 각호외의 부분중 "都市再開發法 第31條第2項"을 "도시및주거환경정비법 제38조"로 한다.

이 경우 아파트지구개발사업은 정비사업으로 보며, 제20조제2항의 규정에 의한 지구개발계획의 고시가 있은 때에는 도시및주거환경정비법 제4조의 규정에 의한 정비구역의 지정고시가 있은 것으로 본다.

제34조제1항중 "同一規模의 住宅을 建設하거나 第44條의3第4項의 規定에 의하여 老朽·不良住宅을 再建築하기 위하여 필요한 경우에는"을 "동일규모의 주택을 건설하는 경우에는"으로 한다.

제44조제3항 전단중 "登錄業者(再建築의 경우에는 地方自治團體·大韓住宅公社·地方公社를 포함한다. 이하 이 項에서 같다)"를 "등록업자"로 한다.

제44조의3 및 제44조의4를 각각 삭제한다.

② 국토의계획및이용에관한법률중 다음과 같이 개정한다.

제2조제4호라목중 "재개발사업"을 "정비사업"으로 하고, 동조제11호중 "도시재개발법에 의한 재개발사업"을 "도시및주거환경정비법에 의한 정비사업"으로 한다.

제51조제1항제4호를 다음과 같이 하고, 동항제6호를 삭제한다.

4. 도시및주거환경정비법 제4조의 규정에 의하여 지정된 정비구역

③ 건축법중 다음과 같이 개정한다.

제53조제3항제7호를 다음과 같이 하고, 동항제8호를 삭제한다.

7. 도시및주거환경정비법 제4조의 규정에 의한 정비구역

④ 대한주택공사법중 다음과 같이 개정한다.

제9조제1항제4호를 다음과 같이 한다.

4. 도시및주거환경정비법에 의한 정비사업

제9조제2항제2호를 다음과 같이 한다.

2. 도시및주거환경정비법 제52조의 규정에 의한 준공인가

⑤ 수도권정비계획법중 다음과 같이 개정한다.

제13조제2호를 다음과 같이 한다.

2. 도시및주거환경정비법에 의한 도시환경정비사업에 따른 건축물

⑥ 지방세법중 다음과 같이 개정한다.

제109조제3항 각호외의 부분 본문중 "都市再開發法에 의한 再開發事業"을 "도시및주거환경정비법에 의한 정비사업(주택재개발사업 및 도시환경정비사업에 한한다)"으로 하고, 동항제1호중 "都市再開發法등 관계법령에 의하여"를 "도시및주거환경정비법 등 관계 법령에 의하여"로 한다.

제234조의9제2항제6호중 "都市再開發法에 의한 再開發事業"을 "도시및주거환경정비법에 의한 정비사업(주택재개발사업 및 도시환경정비사업에 한한다)"으로 한다.

⑦ 조세특례제한법중 다음과 같이 개정한다.

제77조제1항제2호중 "都市再開發法에 의한 再開發區域(公共施設을 隨伴하지 아니하는 再開發區域을 제외한다)"을 "도시및주거환경정비법에 의한 정비구역(정비기반시설을 수반하지 아니하는 정비구역을 제외한다)"로 하고, 동조제2항제2호중 "都市再開發法에 의한 再開發事業施行認可"를 "도시및주거환경정비법에 의한 사업시행인가"로 하며, 동조제4항중 "再開發事業의 施行者"를 "정비사업의 시행자"로 한다..

제99조제1항제1호 및 제2호중 "都市再開發法에 의한 再開發組合"을 각각 "도시및주거환경정비법에 의한 정비사업조합"으로 한다.

제99조의3제1항제1호 및 제2호중 "도시재개발법에 의한 재개발조합"을 각각 "도시및주거환경정비법에 의한 정비사업조합"으로 한다.

⑧ 제주국제자유도시특별법중 다음과 같이 개정한다.

제60조제1항제23호를 다음과 같이 한다.

23. 도시및주거환경정비법 제28조의 규정에 의한 사업시행인가

⑨사회간접자본시설에대한민간투자법중 다음과 같이 개정한다.

제21조제1항제4호를 다음과 같이 한다.

4. 도시및주거환경정비법에 의한 도시환경정비사업

제21조제3항제4호를 다음과 같이 한다.

4. 도시및주거환경정비법 제9조제1항의 규정에 의한 지정개발자 지정 및 제28조의 규정에 의한 사업시행인가

⑩ 대도시권광역교통관리에관한특별법중 다음과 같이 개정한다.

제11조제5호를 다음과 같이 한다.

5. 도시및주거환경정비법에 의한 주택재개발사업과 주택재건축사업

제11조의2제1항제1호를 다음과 같이 한다.

1. 도시및주거환경정비법에 의한 주거환경개선사업

제11조의2제2항제1호 및 제2호를 각각 다음과 같이 한다.

2. 도시및주거환경정비법에 의한 주택재개발사업

3. 도시및주거환경정비법에 의한 주택재건축사업

⑪ 중소기업의구조개선과재래시장활성화를위한특별조치법중 다음과 같이 개정한다.

제16조제5항중 "시장재개발사업에 관하여는 도시재개발법을, 시장재건축사업에 관하여는 주택건설촉진법 및 집합건물의소유및관리에관한법률을 각각 준용한다."를 "도시및주거환경정비법 및 집합건물의소유및관리에관한법률을 각각 준용한다."로 한다.

제20조제4항중 "도시재개발법 제9조제5항 및 제6항·제23조·제25조 및 제32조"를 "도시및주거환경정비법 제9조제2항 및 제3항·제28조제1항 및 제3항·제30조·제31조·제40조"로 한다.

⑫ 법인세법중 다음과 같이 개정한다.

제55조의2제2항제3호중 "도시재개발법"을 "도시및주거환경정비법"으로 한다.

⑬ 소득세법중 다음과 같이 개정한다.

제52조제4항제3호중 "都市再開發法"을 "도시및주거환경정비법"으로 한다.

⑭ 한국토지공사법중 다음과 같이 개정한다.

제22조제2호중 "都市再開發法 第48條第1項 내지 第3項"을 "도시및주거환경정비법 제52조제2항"으로 한다.

<대통령령 제18044호>

도시및주거환경정비법시행령

제1장 총 칙

제1조(목적) 이 영은 도시및주거환경정비법에서 위임된 사항과 그 시행에 관하여 필요한 사항을 규정함을 목적으로 한다.

제2조(노후 · 불량건축물의 범위) ①도시및주거환경정비법(이하 "법"이라 한다) 제2조 제3호 나목에서 "대통령령이 정하는 건축물"이라 함은 다음 각호의 1에 해당하는 건축물을 말한다.

1. 건축법 제49조제1항의 규정에 의하여 당해 지방자치단체의 조례가 정하는 면적에 미달되거나 국토의계획및이용에관한법률 제2조제7호의 규정에 의한 도시계획시설(이하 "도시계획시설"이라 한다) 등의 설치로 인하여 효용을 다할 수 없게 된 대지에 있는 건축물
2. 공장의 매연·소음 등으로 인하여 위해를 초래할 우려가 있는 지역안에 있는 건축물로서 특별시·광역시 또는 도의 조례(이하 "시·도조례"라 한다)가 정하는 건축물
3. 당해 건축물을 준공일 기준으로 40년까지 사용하기 위하여 보수·보강하는데 드는 비용이 철거후 새로운 건축물을 건설하는 데 드는 비용보다 클 것으로 예상되는 건축물

② 법 제2조제3호다목에서 "대통령령이 정하는 건축물"이라 함은 다음 각호의 1에 해당하는 건축물을 말한다. 이 경우 제2호 및 제3호의 건축물에 관한 세부적인 기준은 시·도조례로 이를 정할 수 있다.

1. 준공된 후 20년(시·도조례가 그 이상의 연수로 정하는 경우에는 그 연수로 한다)이 지난 건축물
2. 국토의계획및이용에관한법률 제19조제1항제8호의 규정에 의한 도시기본계획상의 경관에 관한 사항에 저촉되는 건축물
3. 건축물의 급수·배수·오수설비 등이 노후화되어 수선만으로는 그 기능을 회복할 수 없게 된 건축물

제3조(정비기반시설) 법 제2조제4호에서 "대통령령이 정하는 시설"이라 함은 다음 각호의 시설을 말한다.

1. 녹지
2. 하천
3. 공공공지
4. 광장
5. 소방용수시설
6. 비상대피시설
7. 가스공급시설
8. 주거환경개선사업을 위하여 지정·고시된 법 제2조제1호의 규정에 의한 정비구역(이하 "정비구역"이라 한다)안에 설치하는 법 제2조제5호의 규정에 의한 공동이용시설(이하 "공동이용시설"이라 한다)로서 법 제30조의 규정에 의한 사업시행계획서(이하 "사업시행계획서"라 한다)에 당해 시장·군수 또는 자치구의 구청장(이하 "시장·군수"라 한다)이 관리하는 것으로 포함된 것

제4조(공동이용시설) 법 제2조제5호에서 "대통령령이 정하는 시설"이라 함은 다음 각호의 시설을 말한다.

1. 공동으로 사용하는 구판장·세탁장·화장실 및 수도
2. 탁아소·어린이집·경로당 등 노유자시설
3. 그 밖에 주민이 공동으로 사용하는 시설로서 제1호 및 제2호의 시설과 유사한 용도의 시설

제5조(주택단지의 범위) 법 제2조제7호에서 "대통령령이 정하는 범위에 해당하는 일단의 토지"라 함은 다음 각호의 토지를 말한다.

1. 주택건설촉진법 제33조의 규정에 의한 사업계획승인을 얻어 주택과 부대·복리시설을 건설한 일단의 토지
2. 제1호의 규정에 의한 일단의 토지중 도시계획시설인 도로 그 밖에 이와 유사한 시설로 분리되어 각각 관리되고 있는 각각의 토지
3. 제1호의 규정에 의한 일단의 토지 2 이상이 공동으로 관리되고 있는 경우 그 전체 토지
4. 법 제41조의 규정에 의하여 분할된 토지 또는 분할되어 나가는 토지

제6조(정비구역이 아닌 구역에서의 주택재건축사업의 대상) 법 제2조제9호나목(2)에서 "대통령령이 정하는 주택"이라 함은 주택건설촉진법 제33조의 규정에 의한 사업계획승인 또는 건축법 제8조의 규정에 의한 건축허가(이하 이 조에서 "사업계획승인등"이라 한다)를 얻어 건설한 아파트 또는 연립주택(건축법시행령 별표 1 제2호가목 및 나목의 규정에 의한 아파트 또는 연립주택을 말한다. 이하 이 조에서 같다)중 법 제2조제3호의 규정에 의한 노후·불량건축물(이하 "노후·불량건축물"이라 한다)에 해당하는 것으로서 다음 각호의 1에 해당하는 것을 말한다. 다만, 건축법 제8조의 규정에 의한 건축허가를 받아 주택외의 시설과 주택을 동일 건축물로 건축한 것을 제외한다.

1. 기존 세대수가 20세대 이상인 것. 다만, 지형여건 및 주변 환경으로 보아 사업시행상 불가피한 경우에는 아파트 및 연립주택이 아닌 주택을 일부 포함할 수 있다.
2. 기존 세대수가 20세대 미만으로서 20세대 이상으로 재건축하고자 하는 것. 이 경우 사업계획승인등에 포함되어 있지 아니하는 인접대지의 세대수를 포함하지 아니한다.

제2장 기본계획의 수립 및 정비구역의 지정

제7조(기본계획을 수립하지 아니할 수 있는 시의 범위) 법 제3조제1항 각호외의 부분 단서에서 "대통령령이 정하는 소규모 시"라 함은 인구 50만명 미만의 시를 말한다. 다만, 도지사가 법 제3조제1항의 규정에 의한 도시·주거환경정비기본계획(이하 "기본계획"이라 한다)의 수립이 필요하다고 인정하여 지정하는 시를 제외한다.

제8조(기본계획의 내용) 법 제3조제1항제12호에서 "대통령령이 정하는 사항"이라 함은 다음 각호의 사항을 말한다.

1. 도시관리·주택·교통정책 등 도시계획과 연계된 도시정비의 기본방향
2. 도시정비의 목표
3. 도심기능의 활성화 및 도심공동화 방지 방안
4. 역사적 유물 및 전통건축물의 보존계획
5. 법 제2조제2호의 규정에 의한 정비사업(이하 "정비사업"이라 한다)의 유형별 공공 및 민간부문의 역할
6. 정비사업의 시행을 위하여 필요한 재원조달에 관한 사항
7. 법 제5조의 규정에 의한 정비구역안에서의 건축제한에 관한 사항

제9조(기본계획의 수립을 위한 공람 등) ①특별시장·광역시장 또는 시장은 법 제3조제3항 본문의 규정에 의하여 기본계획을 주민에게 공람하고자 하는 때에는 미리 공람의 요지 및 장소를 당해 지방자치단체의 공보 및 인터넷(이하 "공보등"이라 한다)에 공고하고, 공람장소에 관계서류를 비치하여야 한다.

② 법 제31조제2항 및 제3항의 규정은 제1항의 규정에 의한 공람에 관하여 이를 준용한다. 이

경우 “토지등소유자 또는 조합원 그 밖에 정비사업과 관련하여 이해관계를 가지는 자”는 “주민”으로, “시장·군수”는 “특별시장·광역시장 또는 시장”으로 본다.

③ 법 제3조제3항 단서에서 “대통령령이 정하는 경미한 사항을 변경하는 경우”라 함은 다음 각 호의 경우를 말한다.

1. 법 제2조제4호의 규정에 의한 정비기반시설(제3조제8호에 해당하는 것을 제외한다. 이하 제12조·제13조·제31조·제41조제1항 및 제57조제3항에서 같다)의 규모를 확대하거나 그 면적의 10퍼센트 미만을 축소하는 경우
2. 정비사업의 계획기간을 단축하는 경우
3. 공동이용시설에 대한 설치계획의 변경인 경우
4. 사회복지시설 및 주민문화시설 등의 설치계획의 변경인 경우
5. 정비구역으로 지정할 예정인 구역의 면적을 구체적으로 명시한 경우 당해 구역면적의 20퍼센트 미만의 변경인 경우
6. 단계별 정비사업추진계획의 변경인 경우
7. 건폐율(건축법 제47조의 규정에 의한 건폐율을 말한다. 이하 같다) 및 용적률(건축법 제48조의 규정에 의한 용적률을 말한다. 이하 같다)의 각 20퍼센트 미만의 변경인 경우
8. 정비사업의 시행을 위하여 필요한 재원조달에 관한 사항의 변경인 경우
9. 국토의계획및이용에관한법률 제2조제3호의 규정에 의한 도시기본계획의 변경에 따른 변경인 경우

제10조(정비계획의 수립대상지역) ①법 제4조제1항 본문의 규정에 의하여 시장·군수는 별표 1의 요건에 해당하는 지역에 대하여 법 제4조제1항의 규정에 의한 정비계획(이하 “정비계획”이라 한다)을 수립할 수 있다.

② 시장·군수는 정비계획을 수립하는 경우에는 다음 각호의 사항을 조사하여 별표 1의 요건에 적합한지 여부를 확인하여야 하며, 정비계획을 변경하고자 하는 경우에는 변경내용에 해당하는 사항을 조사·확인하여야 한다.

1. 주민 또는 산업의 현황
2. 토지 및 건축물의 이용과 소유현황
3. 도시계획시설 및 법 제2조제4호의 규정에 의한 정비기반시설(이하 “정비기반시설”이라 한다)의 설치현황
4. 정비구역 및 주변지역의 교통상황
5. 토지 및 건축물의 가격과 임대차 현황
6. 정비사업의 시행계획 및 시행방법 등에 대한 주민의 의견
7. 그 밖에 시·도조례가 정하는 사항

③ 시장·군수는 법 제2조제8호의 규정에 의한 사업시행자(사업시행자가 2 이상인 경우에는 그 대표자를 말하며, 이하 “사업시행자”라 한다)로 하여금 제2항의 규정에 의한 조사를 하게 할 수 있다.

제11조(정비구역의 지정을 위한 주민공람 등) ①시장·군수는 법 제4조제1항의 규정에 의하여 정비계획을 주민에게 공람하고자 하는 때에는 미리 공람의 요지 및 공람장소를 당해 지방자치단체의 공보등에 공고하고, 공람장소에 관계서류를 비치하여야 한다.

② 법 제31조제2항 및 제3항의 규정은 제1항의 규정에 의한 공람에 관하여 이를 준용한다. 이 경우 “토지등소유자 또는 조합원 그 밖에 정비사업과 관련하여 이해관계를 가지는 자”는 “주민”으로 본다.

제12조(정비계획의 경미한 변경) 법 제4조제1항 각호외의 부분 단서에서 “대통령령이 정하는 경미한 사항을 변경하는 경우”라 함은 다음 각호의 경우를 말한다.

1. 정비구역면적의 10퍼센트 미만의 변경인 경우
2. 건축물에 대한 건축계획의 변경을 수반하지 아니하는 범위안에서 정비기반시설의 위치를 변경하는 경우와 정비기반시설 규모의 10퍼센트 미만의 변경인 경우

3. 공동이용시설 설치계획의 변경인 경우
4. 재난방지에 관한 계획의 변경인 경우
5. 정비사업 시행예정시기를 1년의 범위안에서 조정하는 경우
6. 건축법시행령 별표 1 각호의 1의 용도범위안에서의 건축물의 주용도(당해 건축물중 가장 넓은 바닥면적을 차지하는 용도를 말한다. 이하 같다)의 변경인 경우
7. 건축물의 건폐율·용적률·최고높이 또는 최고층수를 축소하는 경우
8. 국토의계획및이용에관한법률 제2조제3호 및 동조제4호의 규정에 의한 도시기본계획·도시관리계획 또는 기본계획의 변경에 따른 변경인 경우
9. 정비구역이 통합 또는 분할되는 변경인 경우
10. 그 밖에 제1호 내지 제9호와 유사한 사항으로서 시·도조례가 정하는 사항의 변경인 경우

제13조(정비계획의 내용) ①법 제4조제1항제8호에서 "대통령령이 정하는 사항"이라 함은 다음 각호의 사항을 말한다.
1. 정비사업의 시행방법
2. 법 제6조제1항제2호의 규정에 의한 방법으로 시행하는 주거환경개선사업의 경우 법 제7조의 규정에 의한 사업시행자로 예정된 자
3. 기존 건축물의 정비·개량에 관한 계획
4. 정비기반시설의 설치계획
5. 법 제34조의 규정에 의하여 정비구역을 2 이상의 구역으로 분할하여 정비사업을 시행하는 경우 그 분할에 관한 계획
6. 건축물의 건축선에 관한 계획
7. 정비사업의 시행으로 증가할 것으로 예상되는 세대수
8. 홍수 등 재해에 대한 취약요인에 관한 검토결과
9. 그 밖에 정비사업의 원활한 추진을 위하여 시·도조례가 정하는 사항

② 정비계획의 세부적인 작성기준 및 작성방법은 시·도조례로 이를 정할 수 있다.

제3장 정비사업의 시행 등

제1절 정비사업의 시행

제14조(지정개발자의 요건) ①법 제8조제3항에서 "대통령령이 정하는 요건을 갖춘 자"라 함은 다음 각호의 1에 해당하는 자를 말한다.
1. 정비구역(제6조의 규정에 의하여 정비구역이 아닌 구역안에서 주택재건축사업이 시행되는 경우에는 그 구역을 말한다. 이하 제3호·제15조제1항제3호·제28조제3항·제30조제1항제2호·제40조·제41조제2항제2호·동항제7호 및 제47조제1항제2호에서 같다)안의 토지면적의 50퍼센트 이상을 소유한 자로서 법 제2조제9호의 규정에 의한 토지등소유자(제69조의 규정에 의하여 사업시행방식이 전환된 경우로서 당해 정비구역안에 환지예정지를 지정받은 자가 있는 경우에는 환지예정지 지정을 받은 자를 포함하고 당해 환지예정지의 소유자를 제외하며, 이하 "토지등소유자"라 한다)의 50퍼센트 이상의 추천을 받은 자
2. 사회간접자본시설에대한민간투자법 제2조제12호의 규정에 의한 민관합동법인(민간투자사업의 부대사업으로 시행하는 경우에 한한다)으로서 토지등소유자의 50퍼센트 이상의 추천을 받은 자
3. 정비구역 안의 토지면적의 3분의 1 이상의 토지를 신탁받은 부동산신탁회사

② 제28조제1항·제2항 및 제4항의 규정은 제1항제1호 및 제2호의 규정에 의한 토지등소유자의 추천인수 산정에 관하여 이를 준용한다.

제15조(사업시행자지정의 고시 등) ①법 제8조제4항에서 "대통령령이 정하는 사항"이라 함은 다음 각호의 사항을 말한다.

1. 정비사업의 종류 및 명칭
2. 사업시행자의 성명 및 주소(법인인 경우에는 법인의 명칭 및 주된 사무소의 소재지와 대표자의 성명 및 주소를 말한다. 이하 같다)
3. 정비구역(법 제34조의 규정에 의하여 정비구역을 2 이상의 구역으로 분할하는 경우에는 분할된 각각의 구역을 말한다. 이하 같다)의 위치 및 면적
4. 정비사업의 착수예정일 및 준공예정일

② 시장·군수는 토지등소유자에게 제1항 각호의 고시내용을 통지하여야 한다.

제16조(사업대행개시결정 등) ①시장·군수는 법 제9조제1항의 규정에 의하여 정비사업을 직접 시행하거나 법 제8조제3항의 규정에 의한 지정개발자(이하 "지정개발자"라 한다) 또는 법 제2조제10호의 규정에 의한 주택공사등(이하 "주택공사등"이라 한다)으로 하여금 정비사업을 대행하게 하고자 하는 때에는 법 제9조제3항의 규정에 의하여 다음 각호의 사항에 관한 사업대행개시결정을 하여 당해 지방자치단체의 공보등에 고시하여야 한다.

1. 제15조제1항 각호의 사항
2. 대행개시결정일
3. 사업대행자
4. 대행사항

② 시장·군수는 토지등소유자 및 사업시행자에게 제1항 각호의 고시내용을 통지하여야 한다.

제17조(사업대행개시결정의 효과) ①제16조의 규정에 의한 고시가 있은 때에는 사업대행자는 법 제9조제3항의 규정에 의하여 그 고시일의 다음 날부터 제18조의 규정에 의한 사업대행완료의 고시일까지 자기의 이름 및 사업시행자의 계산으로 사업시행자의 업무를 집행하고 재산을 관리한다. 이 경우 법 또는 법에 의한 명령이나 법 제2조제11호의 규정에 의한 정관등(이하 "정관등"이라 한다)이 정하는 바에 의하여 사업시행자가 행하거나 사업시행자에 대하여 행하여진 처분·절차 그 밖의 행위는 사업대행자가 행하거나 사업대행자에 대하여 행하여진 것으로 본다.

② 시장·군수가 아닌 사업대행자는 재산의 처분, 자금의 차입 그 밖에 사업시행자에게 재산상 부담을 가하는 행위를 하고자 하는 때에는 미리 시장·군수의 승인을 얻어야 한다.

제18조(사업대행의 완료) ①사업대행자가 법 제9조제2항의 규정에 의하여 사업시행자에게 보수 또는 비용의 상환을 청구함에 있어서는 그 보수 또는 비용을 지출한 날 이후의 이자를 청구할 수 있다.

② 사업대행자는 법 제9조제3항의 규정에 의하여 사업대행의 원인이 된 사유가 없어지거나 법 제56조제1항의 규정에 의한 등기를 완료한 때에는 사업대행을 완료하여야 한다. 이 경우 시장·군수가 아닌 사업대행자는 미리 시장·군수에게 사업대행을 완료할 뜻을 보고하여야 한다.

③ 시장·군수는 사업대행이 완료된 때에는 법 제9조제3항의 규정에 의하여 제16조제1항 각호의 사항과 사업대행완료일을 당해 지방자치단체의 공보등에 고시하고, 토지등소유자 및 사업시행자에게 각각 통지하여야 한다.

④ 사업대행자는 제3항의 규정에 의한 사업대행완료의 고시가 있은 때에는 지체없이 사업시행자에게 업무를 인계하여야 하며, 사업시행자는 정당한 사유가 없는 한 이를 인수하여야 한다.

⑤ 제4항의 규정에 의한 인계·인수가 완료된 때에는 사업대행자가 정비사업을 대행함에 있어서 취득하거나 부담한 권리와 의무는 사업시행자에게 승계된다.

제19조(사업대행자의 주의의무 등) ①사업대행자는 제17조의 규정에 의한 업무를 행함에 있어서는 선량한 관리자로서의 주의의무를 다하여야 한다.

② 사업대행자는 제17조의 규정에 의한 업무를 행함에 있어서 필요한 때에는 사업시행자에게 협조를 요청할 수 있으며, 사업시행자는 특별한 사유가 없는 한 이에 응하여야 한다.

제20조(주택재건축사업의 안전진단대상 등) ①법 제12조의 규정에 의한 주택재건축사업을 위한

안전진단은 공동주택으로서 다음 각호의 1에 해당하는 주택을 대상으로 한다.
1. 정비구역안에 있는 주택
2. 노후·불량건축물에 해당하는 주택
② 시장·군수는 법 제12조제1항의 규정에 의한 안전진단의 신청이 있는 공동주택이 노후·불량건축물에 해당하지 아니함이 명백하다고 인정하는 경우에는 그 사유를 명시하여 신청을 반려할 수 있으며, 천재·지변 등으로 주택이 붕괴되어 신속히 재건축을 추진할 필요가 있거나 주택의 구조상 사용금지가 필요한 경우에는 안전진단을 실시하지 아니하고 주택재건축사업을 시행할 것을 결정할 수 있다.
③ 시장·군수는 법 제12조제1항의 규정에 의한 안전진단의 신청이 있는 때에는 동조제2항의 규정에 의하여 신청일부터 30일 이내에 건설교통부장관이 정하는 바에 따라 안전진단의 실시여부를 결정하여 당해 신청인에게 통보하여야 한다.
④ 시장·군수는 법 제12조제2항의 규정에 의하여 안전진단의 실시가 필요하다고 결정한 경우에는 다음 각호의 1에 해당하는 기관중에서 안전진단을 실시할 기관을 지정하여야 한다.
1. 시설물의안전관리에관한특별법 제9조의 규정에 의한 안전진단전문기관
2. 시설물의안전관리에관한특별법 제25조의 규정에 의한 한국시설안전기술공단
3. 정부출연연구기관등의설립·운영및육성에관한법률 제8조의 규정에 의한 한국건설기술연구원

제21조(안전진단의 비용 등) ①법 제12조제1항의 규정에 의하여 시장·군수에게 안전진단을 신청한 자는 동조제2항의 규정에 의하여 안전진단의 실시가 결정된 때에는 안전진단에 필요한 비용을 시장·군수에게 예치하여야 한다. 이 경우 비용의 산정에 관하여는 시설물의안전관리에관한특별법시행령 제8조의 규정에 의한 안전점검 및 정밀안전진단의 대가를 준용한다.
② 특별시장·광역시장 또는 도지사(이하 "시·도지사"라 한다)는 법 제12조제3항 전단의 규정에 의하여 동조제2항의 규정에 의한 안전진단 실시여부 결정전에 평가를 함에 있어 주택재건축사업의 시행으로 인하여 주변지역의 주택가격 및 주택임대차가격의 상승과 주택에 대한 투기가 우려되는 등의 사유로 주택재건축사업의 시기를 조정할 필요가 있다고 인정하는 경우에는 안전진단 실시시기 또는 사업시행인가시기를 조정하는 것을 내용으로 평가할 수 있다.
③ 시장·군수는 법 제12조제4항의 규정에 의하여 안전진단결과보고서를 제출받은 때에는 제1항의 규정에 의하여 예치된 금액에서 안전진단을 실시한 기관에 안전진단의 수수료를 직접 지불하고, 나머지 금액이 있는 경우에는 안전진단을 신청한 자에게 즉시 반환하여야 한다.
④ 시장·군수는 법 제12조제4항의 규정에 의하여 제20조제4항제1호의 규정에 의한 안전진단전문기관이 제출한 안전진단결과보고서를 받은 때에는 동항제2호 또는 제3호의 규정에 의한 안전진단기관에 안전진단결과보고서의 적정여부에 대한 검토를 의뢰할 수 있다.

제2절 조합설립추진위원회 및 조합의 설립 등

제22조(추진위원회의 업무) 법 제14조제1항제5호에서 "대통령령이 정하는 업무"라 함은 다음 각호의 사항을 말한다.
1. 법 제13조제2항의 규정에 의한 조합설립추진위원회(이하 "추진위원회"라 한다) 운영규정의 작성
2. 토지등소유자의 동의서 징구
3. 조합의 설립을 위한 창립총회의 준비
4. 조합정관의 초안 작성
5. 그 밖에 추진위원회 운영규정이 정하는 사항

제23조(추진위원회의 업무에 대한 토지등소유자의 동의) ①법 제14조제3항의 규정에 의하여 추진위원회는 업무의 내용이 비용부담을 수반하는 것이거나 권리·의무에 변동을 발생시키는 것인 때에는 다음 각호의 기준에 따라 토지등소유자의 동의를 얻어야 한다. 이 경우 다음 각

호의 사항외의 사항에 대하여는 추진위원회 운영규정이 정하는 바에 의한다.

1. 토지등소유자의 과반수 또는 추진위원회의 구성에 동의한 토지등소유자의 3분의 2 이상의 동의가 필요한 사항
   가. 추진위원회 운영규정의 작성
   나. 정비사업을 시행할 범위의 확대 또는 축소
2. 추진위원회의 구성에 동의한 토지등소유자의 과반수의 동의가 필요한 사항
   가. 법 제69조의 규정에 의한 정비사업전문관리업자(이하 "정비사업전문관리업자"라 한다)의 선정
   나. 개략적인 사업시행계획서의 작성

② 제28조제1항·제2항 및 제4항의 규정은 제1항의 규정에 의한 토지등소유자의 동의자수 산정에 관하여 이를 준용한다.

제24조(추진위원회의 운영) ①추진위원회는 법 제15조제1항의 규정에 의하여 다음 각호의 사항을 토지등소유자가 쉽게 접할 수 있는 일정한 장소에 게시하거나 인터넷 등을 통하여 공개하고, 필요한 경우에는 토지등소유자에게 서면통지를 하는 등 토지등소유자가 그 내용을 충분히 알 수 있도록 하여야 한다.

1. 법 제12조의 규정에 의한 안전진단 결과
2. 정비사업전문관리업자의 선정에 관한 사항
3. 토지등소유자의 부담액 범위를 포함한 개략적인 사업시행계획서
4. 추진위원회 임원의 선정에 관한 사항
5. 토지등소유자의 비용부담을 수반하거나 권리·의무에 변동을 일으킬 수 있는 사항
6. 제22조의 규정에 의한 추진위원회의 업무에 관한 사항

② 추진위원회는 추진위원회의 지출내역서를 매분기별로 토지등소유자가 쉽게 접할 수 있는 일정한 장소에 게시하거나 인터넷 등을 통하여 공개하고, 토지등소유자가 열람할 수 있도록 하여야 한다.

제25조(추진위원회 운영규정) 법 제15조제2항제6호에서 "대통령령이 정하는 사항"이라 함은 다음 각호의 사항을 말한다.

1. 추진위원회 운영경비의 회계에 관한 사항
2. 정비사업전문관리업자의 선정에 관한 사항
3. 그 밖에 정비사업의 원활한 추진을 위하여 추진위원회가 운영규정에 포함하여 정하여야 하는 사항

제26조(조합설립인가신청의 방법 등) ①법 제16조제1항 내지 제3항의 규정에 의한 토지등소유자의 동의는 다음 각호의 사항이 기재된 동의서에 동의를 받는 방법에 의한다.

1. 건설되는 건축물의 설계의 개요
2. 건축물의 철거 및 신축에 소요되는 비용의 개략적인 금액
3. 제2호의 비용의 분담에 관한 사항
4. 사업완료후의 소유권의 귀속에 관한 사항
5. 조합정관

② 조합은 법 제16조제1항 내지 제3항의 규정에 의하여 조합설립의 인가를 받은 때에는 정관이 정하는 바에 따라 토지등소유자에게 그 내용을 통지하고, 이해관계인이 열람할 수 있도록 하여야 한다.

제27조(조합설립인가내용의 경미한 변경) 법 제16조제1항 단서에서 "대통령령이 정하는 경미한 사항"이라 함은 다음 각호의 사항을 말한다.

1. 조합의 명칭 및 주된 사무소의 소재지와 조합장의 주소 및 성명
2. 토지 또는 건축물의 매매 등으로 인하여 조합원의 권리가 이전된 경우의 조합원의 교체 또는 신규가입
3. 법 제4조의 규정에 의한 정비구역 또는 정비계획의 변경에 따라 변경되어야 하는 사항

4. 그 밖에 시·도조례가 정하는 사항

제28조(토지등소유자의 동의자수 산정방법 등) ①법 제17조의 규정에 의하여 법 제13조 내지 제16조의 규정에 의한 토지등소유자의 동의는 다음 각호의 기준에 의하여 산정한다.

1. 주택재개발사업 또는 도시환경정비사업의 경우에는 다음 각목의 기준에 의할 것
   가. 1필지의 토지 또는 하나의 건축물이 수인의 공유에 속하는 때에는 그 수인을 대표하는 1인을 토지등소유자로 산정할 것
   나. 토지에 지상권이 설정되어 있는 경우 토지의 소유자 및 지상권자는 각각 해당 토지에 대하여 50퍼센트의 동의권한을 가진 토지등소유자로 산정할 것
   다. 1인이 다수 필지의 토지 또는 다수의 건축물을 소유하고 있는 경우에는 필지나 건축물의 수에 관계없이 토지등소유자를 1인으로 산정할 것
2. 주택재건축사업의 경우 소유권 또는 구분소유권이 수인의 공유에 속하는 때에는 그 수인을 대표하는 1인을 토지등소유자로 산정할 것

② 제1항 각호의 기준을 적용함에 있어 추진위원회 또는 조합의 설립에 동의한 자로부터 토지 또는 건축물을 취득한 자는 추진위원회 또는 조합의 설립에 동의한 것으로 본다.

③ 제1항 각호의 기준을 적용함에 있어 정비구역 안의 토지등소유자가 추진위원회의 승인 또는 조합설립의 인가전에 동의를 철회하는 경우에는 이를 동의자의 수에서 제외한다. 다만, 제26조제1항 각호의 사항의 변경이 없는 경우에는 조합설립의 인가를 위한 동의자의 수에서 이를 제외하지 아니한다.

④ 법 제13조 내지 제16조의 규정에 의한 토지등소유자의 동의(동의의 철회를 포함한다)는 인감도장을 사용한 서면동의의 방법에 의하며, 이 경우 인감증명서를 첨부하여야 한다. 다만, 외국인인 경우에는 동의서에 서명을 하고, 출입국관리법 제88조의 규정에 의한 외국인등록사실증명을 첨부하여야 한다.

제29조(조합의 등기사항) 법 제18조제2항에서 "대통령령이 정하는 사항"이라 함은 다음 각호의 사항을 말한다.

1. 설립목적
2. 조합의 명칭
3. 주된 사무소의 소재지
4. 설립인가일
5. 임원의 성명 및 주소
6. 임원의 대표권을 제한하는 경우에는 그 내용

제30조(조합원) ①법 제19조의 규정에 의한 정비사업의 조합원은 토지등소유자로서 다음 각호의 1에 해당하는 자로 한다.

1. 주택재개발사업 또는 도시환경정비사업의 경우 조합이 시행하는 정비구역 안의 토지등소유자
2. 주택재건축사업의 경우 조합이 시행하는 정비구역 안의 토지등소유자로서 조합설립에 동의한 자

② 법 제16조제1항 내지 제3항의 규정에 의한 조합의 설립인가후 양도·증여·판결 등으로 인하여 조합원의 권리가 이전된 때에는 조합원의 권리를 취득한 자를 조합원으로 본다.

제31조(조합정관에 정할 사항) 법 제20조제1항제17호에서 "대통령령이 정하는 사항"이라 함은 다음 각호의 사항을 말한다.

1. 정비사업의 종류 및 명칭
2. 임원의 임기, 업무의 분담 및 대행 등에 관한 사항
3. 대의원회의 구성, 개회와 기능, 의결권의 행사방법 그 밖에 회의의 운영에 관한 사항
4. 법 제8조제1항 및 제2항의 규정에 의한 정비사업의 공동시행에 관한 사항
5. 정비사업전문관리업자에 관한 사항
6. 정비사업의 시행에 따른 회계 및 계약에 관한 사항

7. 정비기반시설 및 공동이용시설의 부담에 관한 개략적인 사항
8. 공고·공람 및 통지의 방법
9. 토지 및 건축물 등에 관한 권리의 평가방법에 관한 사항
10. 법 제48조제1항의 규정에 의한 관리처분계획(이하 "관리처분계획"이라 한다) 및 청산(분할 징수 또는 납입에 관한 사항을 포함한다)에 관한 사항
11. 사업시행계획서의 변경에 관한 사항
12. 조합의 합병 또는 해산에 관한 사항
13. 임대주택의 건설 및 처분에 관한 사항(주택재개발사업에 한한다)
14. 총회의 의결을 거쳐야 할 사항의 범위
15. 조합원의 권리·의무에 관한 사항
16. 조합직원의 채용 및 임원중 상근임원의 지정에 관한 사항과 직원 및 상근임원의 보수에 관한 사항
17. 그 밖에 시·도조례가 정하는 사항

제32조(정관의 경미한 변경사항) 법 제20조제3항 단서에서 "대통령령이 정하는 경미한 사항"이라 함은 다음 각호의 사항을 말한다.
1. 법 제20조제1호·제5호·제6호 및 제10호의 사항
2. 제31조제8호·제14호 및 제16호의 사항
3. 그 밖에 시·도조례가 정하는 사항

제33조(조합임원의 수) 법 제21조제2항의 규정에 의하여 조합에 두는 이사의 수는 3인 이상 5인 이하로 하고, 감사의 수는 1인 이상 3인 이하로 한다. 다만, 토지등소유자의 수가 100인을 초과하는 경우에는 이사의 수를 5인 이상 10인 이하로 한다.

제34조(총회의 의결사항) 법 제24조제3항제12호의 규정에 의하여 총회의 의결을 거쳐야 하는 사항은 다음 각호와 같다.
1. 조합의 합병 또는 해산에 관한 사항
2. 대의원의 선임 및 해임에 관한 사항

제35조(대의원회가 대행할 수 없는 사항) 법 제25조제2항에서 "대통령령이 정하는 사항"이라 함은 다음 각호의 사항을 말한다.
1. 법 제24조제3항제1호·제2호·제5호·제6호 및 제10호의 사항
2. 법 제24조제3항제8호 및 이 영 제34조제2호의 사항. 다만, 정관이 정하는 바에 따라 임기중 궐위된 자를 보궐선임하는 경우를 제외한다.
3. 제34조제1호의 사항. 다만, 사업완료로 인한 해산의 경우를 제외한다.
4. 법 제24조제4항의 규정에 의하여 총회에 상정하여야 하는 사항

제36조(대의원회) ①대의원은 조합원중에서 선출하며, 대의원회의 의장은 조합장이 된다.
② 대의원의 선임 및 해임에 관하여는 정관이 정하는 바에 의한다.
③ 대의원의 수는 법 제25조제2항에 규정된 범위안에서 정관이 정하는 바에 의한다.
④ 대의원회는 조합장이 필요하다고 인정하는 때에 소집한다. 다만, 다음 각호의 1에 해당하는 때에는 조합장은 해당일부터 14일 이내에 대의원회를 소집하여야 한다.
1. 정관이 정하는 바에 따라 소집청구가 있는 때
2. 대의원의 3분의 1 이상(정관으로 달리 정한 경우에는 그에 의한다)이 회의의 목적사항을 제시하여 청구하는 때
⑤ 제4항 각호의 1에 의한 소집청구가 있는 경우로서 조합장이 제4항 각호외의 부분 단서의 규정에 의한 기간내에 정당한 이유없이 대의원회를 소집하지 아니한 때에는 감사가 지체없이 이를 소집하여야 하며, 감사가 소집하지 아니하는 때에는 제4항 각호의 규정에 의하여 소집을 청구한 자의 대표가 이를 소집한다. 이 경우 미리 시장·군수의 승인을 얻어야 한다.
⑥ 제5항의 규정에 의하여 대의원회를 소집하는 경우에는 소집주체에 따라 감사 또는 제4항 각호의 규정에 의하여 소집을 청구한 자의 대표가 의장의 직무를 대행한다.

⑦ 대의원회의 소집은 집회 7일전까지 그 회의의 목적·안건·일시 및 장소를 기재한 서면을 대의원에게 통지하는 방법에 의한다. 이 경우 정관이 정하는 바에 따라 대의원회의 소집내용을 공고하여야 한다.
⑧ 대의원회는 대의원 과반수의 출석과 출석대의원 과반수의 찬성으로 의결한다. 다만, 그 이상의 범위안에서 정관이 달리 정하는 경우에는 그에 의한다.
⑨ 대의원회는 제7항 전단의 규정에 의하여 사전에 통지한 안건에 관하여만 의결할 수 있다. 다만, 사전에 통지하지 않은 안건으로서 대의원회의 회의에서 정관이 정하는 바에 따라 채택된 안건의 경우에는 그러하지 아니하다.
⑩ 특정한 대의원의 이해와 관련된 사항에 대하여는 그 대의원은 의결권을 행사할 수 없다.

제37조(주민대표회의) ①법 제26조제1항의 규정에 의한 주민대표회의(이하 "주민대표회의"라 한다)에는 위원장과 부위원장 각 1인을 두며, 필요한 경우에는 감사를 둘 수 있다.
② 제28조제1항·제2항 및 제4항의 규정은 법 제26조제3항의 규정에 의한 동의자수의 산정에 관하여 이를 준용하되, 제28조제1항제2호의 규정은 주거환경개선사업에 관하여는 이를 준용하지 아니한다. 이 경우 "토지등소유자"는 "법 제26조제1항 각호의 자"로 본다.
③ 법 제26조제4항제5호에서 "대통령령이 정하는 사항"이라 함은 다음 각호의 사항을 말한다.
1. 관리처분계획 및 청산에 관한 사항(주거환경개선사업의 경우를 제외한다)
2. 법 제26조제4항제1호 내지 제4호 및 이 항 제1호의 사항의 변경에 관한 사항
④ 사업시행자는 주민대표회의의 운영에 필요한 경비의 일부를 당해 정비사업비에서 지원할 수 있다.
⑤ 주민대표회의의 위원의 선출·교체 및 해임, 운영방법, 운영비용의 조달 그 밖에 주민대표회의의 운영에 관하여 필요한 사항은 주민대표회의가 이를 정한다.

제3절 사업시행계획 등

제38조(사업시행인가의 경미한 변경) 법 제28조제1항 단서에서 "대통령령이 정하는 경미한 사항을 변경하고자 하는 때"라 함은 다음 각호의 1에 해당하는 때를 말한다.
1. 정비사업비를 10퍼센트의 범위안에서 변경하는 때. 다만, 주택건설촉진법 제3조제1호의 규정에 의한 국민주택을 건설하는 사업인 경우에는 국민주택기금의 지원금액이 증가되지 아니하는 경우에 한한다.
2. 건축물이 아닌 부대·복리시설의 설치규모를 확대하는 때(위치가 변경되는 경우를 제외한다)
3. 대지면적을 10퍼센트의 범위안에서 변경하는 때
4. 세대수 또는 세대당 단위규모(공용면적을 제외한다)를 변경하지 아니하는 범위안에서 내부구조의 위치 또는 면적을 변경하는 때
5. 내장재료 또는 외장재료를 변경하는 때
6. 사업시행인가의 조건으로 부과된 사항의 이행에 따라 변경하는 때
7. 건축물의 설계와 용도별 위치를 변경하지 아니하는 범위안에서 건축물의 배치 및 주택단지안의 도로선형을 변경하는 때
8. 건축법시행령 제12조제3항 각호의 1에 해당하는 사항을 변경하는 때
9. 조합의 명칭 또는 사무소 소재지를 변경하는 때
10. 정비구역 또는 정비계획의 변경에 따라 사업시행계획서를 변경하는 때
11. 법 제16조의 규정에 의한 조합변경의 인가에 따라 사업시행계획서를 변경하는 때
12. 그 밖에 시·도조례가 정하는 사항을 변경하는 때

제39조(건축심의 내용) 법 제28조제2항에서 "대통령령이 정하는 사항"이라 함은 법 제4조제1항제4호 내지 제6호, 이 영 제13조제1항제4호 및 제6호의 사항을 말한다. 다만, 국토의계획및이용에관한법률 제51조의 규정에 의하여 지정된 지구단위계획구역인 경우 도시계획위원회의 심의를 거쳐 지구단위계획으로 결정된 사항을 제외한다.

제40조(지정개발자에 대한 토지등소유자의 동의) 법 제28조제4항 단서에서 "대통령령이 정하는 기준"이라 함은 정비구역 안의 토지면적 50퍼센트 이상의 토지소유자의 동의와 토지등소유자의 50퍼센트 이상의 동의를 각각 얻는 것을 말한다.

제41조(사업시행계획서의 작성) ①법 제30조제8호의 규정에 의한 시행규정(이하 "시행규정"이라 한다)에는 다음 각호의 사항중 당해 정비사업에 필요한 사항이 포함되어야 한다.

1. 정비사업의 종류 및 명칭
2. 정비사업의 시행연도 및 시행방법
3. 비용부담 및 회계에 관한 사항
4. 토지등소유자의 권리·의무에 관한 사항
5. 정비기반시설 및 공동이용시설의 부담에 관한 사항
6. 공고·공람 및 통지의 방법
7. 토지 및 건축물에 관한 권리의 평가방법에 관한 사항
8. 관리처분계획 및 청산(분할징수 또는 납입에 관한 사항을 포함한다)에 관한 사항(수용의 방법으로 시행하는 경우에는 제외한다)
9. 시행규정의 변경에 관한 사항
10. 사업시행계획서의 변경에 관한 사항
11. 그 밖에 시·도조례가 정하는 사항

② 법 제30조제9호에서 "대통령령이 정하는 사항"이라 함은 다음 각호의 사항중 당해 정비사업에 필요한 사항을 말한다.

1. 정비사업의 종류·명칭 및 시행기간
2. 정비구역의 위치 및 면적
3. 사업시행자의 성명 및 주소
4. 설계도서
5. 자금계획
6. 철거할 필요는 없으나 개보수할 필요가 있다고 인정되는 건축물의 명세 및 개보수계획
7. 정비사업의 시행에 지장이 있다고 인정되는 정비구역 안의 건축물 또는 공작물 등의 명세
8. 토지 또는 건축물 등에 관한 권리자 및 그 권리의 명세
9. 공동구의 설치에 관한 사항
10. 법 제65조제1항의 규정에 의하여 용도가 폐지되는 정비기반시설의 조서 및 도면과 정비사업에 의하여 새로이 설치되는 정비기반시설의 조서 및 도면(주택공사등이 사업시행자인 경우에 한한다)
11. 정비사업의 시행으로 법 제65조제2항의 규정에 의하여 용도폐지되는 정비기반시설의 조서·도면 및 그 정비기반시설에 대한 2 이상의 감정평가업자의 감정평가서와 새로이 설치할 정비기반시설의 조서·도면 및 그 설치비용 계산서
12. 사업시행자에게 무상으로 양여되는 국·공유지의 조서
13. 토지등소유자가 자치적으로 정하여 운영하는 규약
14. 빗물처리계획
15. 주택재건축사업의 경우 기존주택의 철거계획서(석면을 함유한 건축자재가 사용된 경우에는 그 현황과 동 자재의 철거 및 처리계획을 포함한다)

③ 국토의계획및이용에관한법률시행령 제36조 및 제37조의 규정은 제2항제9호의 규정에 의한 공동구의 설치에 관하여 이를 준용한다. 이 경우 "행정청인 도시계획사업의 시행자"는 "사업시행자"로 본다.

④ 제2항제13호의 규정에 의한 규약에는 다음 각호의 사항중 당해 정비사업에 필요한 사항이 포함되어야 한다.

1. 정비사업의 종류 및 명칭
2. 주된 사무소의 소재지

3. 비용부담에 관한 사항(사업시행자인 토지등소유자와 사업시행자가 아닌 토지등소유자의 비용부담이 균형을 잃지 아니하도록 하는 내용과 부담하는 비용의 납부시기·납부방법 등에 관한 사항이 포함되어야 한다)
4. 업무를 대표할 자 및 임원을 정하는 경우에는 그 자격·임기·업무분담·선임방법 및 업무대행에 관한 사항
5. 총회 및 대의원회 등의 조직에 관한 사항
6. 회의에 관한 사항
7. 토지등소유자의 권리·의무에 관한 사항
8. 제31조제4호 내지 제10호의 사항
9. 규약 및 사업시행계획서의 변경에 관한 사항

⑤ 제4항의 규정은 지정개발자가 정비사업을 시행하는 경우 작성하는 규약에 관하여 이를 준용한다.

제42조(공람) 시장·군수는 법 제31조제1항 본문의 규정에 의하여 사업시행인가 또는 사업시행계획서 작성과 관계된 서류를 일반인에게 공람하게 하고자 하는 때에는 그 요지와 공람장소를 당해 지방자치단체의 공보등에 공고하여야 한다. 이 경우 주택재개발사업·주거환경개선사업 및 도시환경정비사업의 경우에는 토지등소유자에게 공고내용을 통지하여야 한다.

제43조(사업시행인가의 특례) 법 제33조제1항 각호외의 부분 후단에서 "대통령령이 정하는 기준"이라 함은 다음 각호의 기준을 말한다.

1. 주택건설촉진법시행령 제3조의 규정에 불구하고 존치 또는 리모델링(건축물의 노후화 억제 또는 기능향상 등을 위하여 증축·개축 또는 대수선을 하는 행위를 말한다. 이하 같다)되는 건축물도 하나의 주택단지안에 있는 것으로 본다.
2. 주택건설촉진법 제31조제1항의 규정에 의한 부대시설·복리시설의 설치기준은 존치 또는 리모델링되는 건축물을 포함하여 적용할 수 있다.
3. 건축법 제33조의 규정에 의한 대지와 도로의 관계는 존치 또는 리모델링되는 건축물의 출입에 지장이 없다고 인정되는 경우 이를 적용하지 아니할 수 있다.
4. 건축법 제36조의 규정에 의한 건축선의 지정은 존치 또는 리모델링되는 건축물에 대하여는 이를 적용하지 아니할 수 있다.
5. 건축법 제53조의 규정에 의한 일조등의 확보를 위한 건축물의 높이제한은 리모델링되는 건축물에 대하여는 이를 적용하지 아니할 수 있다.

제4절 정비사업시행을 위한 조치 등

제44조(임시수용시설의 설치 등) 법 제36조제2항 전단의 규정에 의하여 국가 또는 지방자치단체는 사업시행자로부터 법 제36조제1항의 임시수용시설에 필요한 건축물이나 토지의 사용신청을 받은 때에는 그 건축물이나 토지에 관하여 다음 각호의 1에 해당하는 사유가 없는 한 이를 거절하지 못한다.

1. 제3자와 이미 매매계약을 체결한 경우
2. 사용신청 이전에 사용계획이 확정된 경우
3. 제3자에게 이미 사용허가를 한 경우

제45조(주택재건축사업의 범위에 관한 특례) 법 제41조제4항제3호에서 "대통령령이 정하는 요건"이라 함은 다음 각호의 요건을 말한다.

1. 분할되어 나가는 토지가 건축법 제33조의 규정에 적합할 것
2. 분할되어 나가는 토지에 대한 권리관계가 명확할 것

제46조(다른 법령의 적용) 법 제43조제1항에서 "대통령령이 정하는 지역"이라 함은 국토의계획및이용에관한법률시행령 제30조제1호나목(2)의 규정에 의한 제2종일반주거지역을 말한다. 다만, 당해 정비구역에서의 정비사업이 법 제6조제1항제2호의 규정에 의한 방법으로 시행되는 경우에는 국토의계획및이용에관한법률시행령 제30조제1호나목(3)의 규정에 의한 제3종일반

주거지역을 말한다.

제5절 관리처분계획 등

제47조(분양신청의 절차 등) ①법 제46조제1항의 규정에 의하여 사업시행자는 법 제28조제3항의 규정에 의한 사업시행인가의 고시가 있은 날부터 21일 이내에 다음 각호의 사항을 토지등소유자에게 통지하고 해당 지역에서 발간되는 일간신문에 공고하여야 한다. 이 경우 제9호의 사항은 통지하지 아니하고, 제3호 및 제6호의 사항은 공고하지 아니한다.

1. 사업시행인가의 내용
2. 정비사업의 종류·명칭 및 정비구역의 위치·면적
3. 분양신청서
4. 분양신청기간 및 장소
5. 분양대상 대지 또는 건축물의 내역
6. 개략적인 부담금 내역
7. 분양신청자격
8. 분양신청방법
9. 토지등소유자외의 권리자의 권리신고방법
10. 분양을 신청하지 아니한 자에 대한 조치
11. 그 밖에 시·도조례가 정하는 사항

② 법 제46조제2항의 규정에 의하여 분양신청을 하고자 하는 자는 제1항제3호의 규정에 의한 분양신청서에 소유권의 내역을 명기하고, 그 소유의 토지 및 건축물에 관한 등기부등본 또는 환지예정지증명원을 첨부하여 사업시행자에게 제출하여야 한다. 이 경우 우편의 방법으로 분양신청을 하는 때에는 제1항제4호의 규정에 의한 분양신청기간내에 발송된 것임을 증명할 수 있는 우편으로 하여야 한다.

③ 도시환경정비사업의 경우 토지등소유자가 정비사업에 제공되는 종전의 토지 또는 건축물에 의하여 분양받을 수 있는 것외에 공사비 등 사업시행에 필요한 비용의 일부를 부담하고 그 대지 및 건축물을 분양받고자 하는 때에는 제2항의 규정에 의한 분양신청을 하는 때에 그 의사를 분명히 하고, 그가 종전에 소유하던 토지 또는 건축물의 개략적인 평가액의 10퍼센트에 상당하는 금액을 사업시행자에게 납입하여야 한다. 이 경우 그 금액은 납입하였으나 제50조제4호의 규정에 의하여 정하여진 비용부담액을 정하여진 시기에 납입하지 아니한 자는 그 납입한 금액의 비율에 해당하는 만큼의 대지 및 건축물에 한하여 분양을 받을 수 있다.

제48조(분양신청을 하지 아니한 자 등에 대한 청산절차) 사업시행자가 법 제47조의 규정에 의하여 토지등소유자의 토지·건축물 그 밖의 권리에 대하여 현금으로 청산하는 경우 청산금액은 사업시행자와 토지등소유자가 협의하여 산정한다. 이 경우 시장·군수가 추천하는 지가공시및토지등의평가에관한법률에 의한 감정평가업자 2인 이상이 평가한 금액을 산술평균하여 산정한 금액을 기준으로 협의할 수 있다.

제49조(관리처분계획의 경미한 변경) 법 제48조제1항 각호외의 부분 단서에서 "대통령령이 정하는 경미한 사항을 변경하고자 하는 때"라 함은 다음 각호의 1에 해당하는 때를 말한다.

1. 계산착오·오기·누락 등에 따른 조서의 단순정정인 때(불이익을 받는 자가 없는 경우에 한한다)
2. 법 제10조의 규정에 의한 권리·의무의 변동이 있는 경우로서 분양설계의 변경을 수반하지 아니하는 때
3. 관리처분계획의 변경에 대하여 이해관계가 있는 토지등소유자 전원의 동의를 얻어 변경하는 때
4. 법 제20조제3항 및 법 제28조제1항의 규정에 의한 정관 및 사업시행인가의 변경에 따라 관리처분계획을 변경하는 때

5. 법 제39조의 규정에 의한 매도청구에 대한 판결에 따라 관리처분계획을 변경하는 때
6. 주택분양에 관한 권리를 포기하는 토지등소유자에 대한 임대주택의 공급에 따라 관리처분계획을 변경하는 때

제50조(관리처분계획의 내용) 법 제48조제1항제7호에서 "대통령령이 정하는 사항"이라 함은 다음 각호의 사항을 말한다.

1. 법 제47조의 규정에 의하여 현금으로 청산하여야 하는 토지등소유자별 기존의 토지·건축물 또는 그 밖의 권리의 명세와 이에 대한 청산방법
2. 정비사업의 시행으로 인하여 새로이 설치되는 정비기반시설의 명세와 용도가 폐지되는 정비기반시설의 명세
3. 법 제48조제3항 전단의 규정에 의한 보류지 등의 명세와 추산가액 및 처분방법
4. 제52조제1항제4호의 규정에 의한 비용의 부담비율에 의한 대지 및 건축물의 분양계획과 그 비용부담의 한도·방법 및 시기. 이 경우 비용부담에 의하여 분양받을 수 있는 한도는 정관등에서 따로 정하는 경우를 제외하고는 기존의 토지 또는 건축물의 가격의 비율에 따라 부담할 수 있는 비용의 50퍼센트를 기준으로 정한다.

제51조(일반분양신청절차 등) 주택건설촉진법 제32조의 규정은 법 제48조제3항의 규정에 의하여 조합원외의 자에게 분양하는 경우의 공고·신청절차·공급조건·방법 및 절차 등에 관하여 이를 준용한다. 이 경우 "사업주체"는 "사업시행자(주택공사등이 공동사업시행자인 경우에는 주택공사등을 말한다)"로 본다.

제52조(관리처분의 기준 등) ①주택재개발사업 및 도시환경정비사업의 경우 법 제48조제7항의 규정에 의한 관리처분은 다음 각호의 방법 및 기준에 의한다.

1. 시·도조례가 분양주택의 규모를 제한하는 경우에는 그 규모 이하로 주택을 공급할 것
2. 1개의 건축물의 대지는 1필지의 토지가 되도록 정할 것. 다만, 주택단지의 경우에는 그러하지 아니하다.
3. 정비구역 안의 토지등소유자(지상권자를 제외한다. 이하 이 항에서 같다)에게 분양할 것. 다만, 공동주택을 분양하는 경우 시·도조례가 정하는 금액·규모·취득시기 또는 유형에 대한 기준에 부합하지 아니하는 토지등소유자는 시·도조례가 정하는 바에 의하여 분양대상에서 제외할 수 있다.
4. 1필지의 대지 및 그 대지에 건축된 건축물(법 제48조제3항에 의하여 보류지로 정하거나 조합원외의 자에게 분양하는 부분을 제외한다)을 2인 이상에게 분양하는 때에는 기존의 토지 및 건축물의 가격(제69조의 규정에 의하여 사업시행방식이 전환된 경우에는 환지예정지의 권리가액을 말한다. 이하 제8호에서 같다)과 제41조제1항·제4항·제5항, 제47조제3항 및 제50조제4호의 규정에 의하여 토지등소유자가 부담하는 비용(주택재개발사업의 경우에는 이를 고려하지 아니한다)의 비율에 따라 분양할 것
5. 분양대상자가 공동으로 취득하게 되는 건축물의 공용부분은 각 권리자의 공유로 하되, 당해 공용부분에 대한 각 권리자의 지분비율은 그가 취득하게 되는 부분의 위치 및 바닥면적 등의 사항을 고려하여 정할 것
6. 1필지의 대지위에 2인 이상에게 분양될 건축물이 설치된 경우에는 건축물의 분양면적의 비율에 의하여 그 대지소유권이 주어지도록 할 것. 이 경우 토지의 소유관계는 공유로 한다.
7. 법 제48조제5항 각호의 규정은 도시환경정비사업에 대한 법 제48조제1항제3호 및 제4호의 규정에 의한 평가에 관하여 이를 준용할 것
8. 주택의 공급순위는 기존의 토지 또는 건축물의 가격을 고려하여 정할 것. 이 경우 그 구체적인 기준은 시·도조례로 정할 수 있다.
9. 건설교통부장관이 주택수급의 적정을 기하기 위하여 국민주택규모의 주택의 건설비율을 75퍼센트 이하의 범위안에서 정하는 경우에는 그에 적합하게 할 것

② 주택재건축사업의 경우 법 제48조제7항의 규정에 의한 관리처분은 다음 각호의 방법 및 기준에 의한다. 다만, 다음 각호의 범위안에서 시·도조례가 따로 정하는 경우에는 그에 의하

고, 조합이 조합원 전원의 동의를 얻어 그 기준을 따로 정하는 경우에는 그에 의한다.
1. 제1항제5호 및 제6호의 규정을 적용할 것
2. 부대·복리시설(부속토지를 포함한다. 이하 이 호에서 같다)의 소유자에게는 부대·복리시설을 공급할 것. 다만, 다음 각목의 1에 해당하는 경우에는 1주택을 공급할 수 있다.
   가. 새로운 부대·복리시설을 건설하지 아니하는 경우로서 기존 부대·복리시설의 가액이 분양주택중 최소분양단위규모의 추산액에 정관등으로 정하는 비율(정관등으로 정하지 아니하는 경우에는 1로 한다. 이하 나목에서 같다)을 곱한 가액보다 클 것
   나. 기존 부대·복리시설의 가액에서 새로이 공급받는 부대·복리시설의 추산액을 뺀 금액이 분양주택중 최소분양단위규모의 추산액에 정관등으로 정하는 비율을 곱한 가액보다 클 것
   다. 새로이 공급받는 부대·복리시설의 추산액이 분양주택중 최소분양단위규모의 추산액보다 클 것
3. 건설교통부장관이 주택수급의 적정을 기하기 위하여 국민주택규모의 주택의 건설비율을 75퍼센트 이하의 범위안에서 정하는 경우에는 그에 적합하게 할 것

③ 제1항 및 제2항의 규정을 적용함에 있어 수도권정비계획법 제6조제1항제1호의 규정에 의한 과밀억제권역에서 300세대 이상의 주택을 건설하는 경우에는 주택중 세대당 전용면적이 60제곱미터 이하인 주택의 수가 20퍼센트(20퍼센트 미만의 범위안에서 시·도조례가 따로 정하는 경우에는 그 비율로 한다) 이상이어야 한다. 다만, 주택재건축정비사업조합의 조합원에게 분양하는 주택은 기존주택의 규모까지로 할 수 있다.

제53조(통지사항) 사업시행자는 법 제49조제3항 및 제5항의 규정에 의한 고시가 있는 때에는 동조제4항의 규정에 의하여 분양신청을 한 자에게 다음 각호의 사항을 통지하여야 하며, 관리처분계획 변경의 고시가 있는 때에는 변경내용을 통지하여야 한다.
1. 정비사업의 종류 및 명칭
2. 정비사업 시행구역의 면적
3. 사업시행자의 성명 및 주소
4. 관리처분계획의 인가일
5. 분양대상자별 기존의 토지 또는 건축물의 명세 및 가격과 분양예정인 대지 또는 건축물의 명세 및 추산가액

제54조(주택의 공급 등) ①법 제50조제2항의 규정에 의하여 주거환경개선사업의 사업시행자가 정비구역안에 주택을 건설하는 경우의 주택의 공급에 관하여는 별표 2에 규정된 범위안에서 시장·군수의 승인을 얻어 사업시행자가 이를 따로 정할 수 있다.

② 법 제50조제3항의 규정에 의하여 임대주택을 건설하는 경우의 임차인의 자격·선정방법·임대보증금·임대료 등 임대조건에 관한 기준 및 무주택세대주에게 우선분양전환하도록 하는 기준 등에 관하여는 별표 3에 규정된 범위안에서 시장·군수의 승인을 얻어 사업시행자가 이를 따로 정할 수 있다.

제6절 공사완료에 따른 조치 등

제55조(준공인가) ①시장·군수가 아닌 사업시행자는 법 제52조제1항의 규정에 의하여 준공인가를 받고자 하는 때에는 건설교통부령이 정하는 준공인가신청서를 시장·군수에게 제출하여야 한다. 다만, 주택공사등인 사업시행자(공동시행자인 경우를 포함한다)가 다른 법률에 의하여 자체적으로 준공인가를 처리한 경우에는 준공인가를 받은 것으로 보며, 이 경우 주택공사등인 사업시행자는 그 내용을 지체없이 시장·군수에게 통보하여야 한다.

② 시장·군수는 법 제52조제3항의 규정에 의하여 준공인가를 한 때에는 건설교통부령이 정하는 준공인가증에 다음 각호의 사항을 기재하여 사업시행자에게 교부하여야 한다.
1. 정비사업의 종류 및 명칭
2. 정비사업 시행구역의 위치 및 명칭

3. 사업시행자의 성명 및 주소
4. 준공인가의 내역

③ 사업시행자는 제1항 단서의 규정에 의하여 자체적으로 처리한 준공인가결과를 시장·군수에게 통보한 때 또는 제2항의 규정에 의한 준공인가증을 교부받은 때에는 그 사실을 분양대상자에게 지체없이 통지하여야 한다.

④ 시장·군수는 법 제52조제3항 및 제4항의 규정에 의한 공사완료의 고시를 하는 때에는 제2항 각호의 사항을 고시하여야 한다.

제56조(준공인가전 사용허가) ①시장·군수는 법 제52조제5항의 규정에 의하여 완공된 건축물이 다음 각호의 요건을 갖춘 경우에는 준공인가를 하기 전이라도 입주예정자에게 완공된 건축물을 사용할 것을 사업시행자에게 허가하거나 입주예정자가 사용하도록 할 수 있다.

1. 완공된 건축물에 전기·수도·난방 및 상·하수도 시설 등이 갖추어져 있어 당해 건축물을 사용하는데 지장이 없을 것
2. 완공된 건축물이 법 제48조제1항의 규정에 의하여 인가받은 관리처분계획에 적합할 것
3. 입주자가 공사에 따른 차량통행·소음·분진 등의 위해로부터 안전할 것

② 사업시행자는 법 제52조제5항의 규정에 의한 사용허가를 얻고자 하는 때에는 건설교통부령이 정하는 신청서를 시장·군수에게 제출하여야 한다.

③ 시장·군수는 법 제52조제5항의 규정에 의한 사용허가를 하는 때에는 동별·세대별 또는 구획별로 사용허가를 할 수 있다.

제57조(청산기준가격의 평가) ①법 제57조제3항의 규정에 의하여 대지 또는 건축물을 분양받은 자가 기존에 소유하고 있던 토지 또는 건축물의 가격은 다음 각호의 방법에 의하여 평가한다.

1. 주택재개발사업 및 도시환경정비사업의 경우에는 법 제48조제5항제2호의 규정을 준용하여 평가할 것
2. 주택재건축사업의 경우에는 사업시행자가 정하는 바에 따라 평가할 것. 다만, 지가공시및토지등의평가에관한법률에 의한 감정평가업자의 평가를 받고자 하는 경우에는 법 제48조제5항제2호의 규정을 준용할 수 있다.

② 법 제57조제3항의 규정에 의하여 분양받은 대지 또는 건축물의 가격은 다음 각호의 방법에 의하여 평가한다.

1. 주택재개발사업 및 도시환경정비사업의 경우에는 법 제48조제5항제1호의 규정을 준용하여 평가할 것
2. 주택재건축사업의 경우에는 사업시행자가 정하는 바에 따라 평가할 것. 다만, 지가공시및토지등의평가에관한법률에 의한 감정평가업자의 평가를 받고자 하는 경우에는 법 제48조제5항제1호의 규정을 준용할 수 있다.

③ 제2항 각호의 규정에 의한 평가에 있어 다음 각호의 비용은 가산하여야 하며, 법 제63조의 규정에 의한 보조금은 이를 공제하여야 한다.

1. 정비사업의 조사·측량·설계 및 감리에 소요된 비용
2. 공사비
3. 정비사업의 관리에 소요된 등기비용·인건비·통신비·사무용품비·이자 그 밖에 필요한 경비
4. 법 제63조의 규정에 의한 융자금이 있는 경우에는 그 이자에 해당하는 금액
5. 정비기반시설 및 공동이용시설의 설치에 소요된 비용(법 제63조제1항의 규정에 의하여 시장·군수가 부담한 비용을 제외한다)
6. 안전진단의 실시, 정비사업전문관리업자의 선정, 회계감사, 감정평가 그 밖에 정비사업추진과 관련하여 지출한 비용으로서 정관등에서 정한 비용

④ 제1항 및 제2항의 규정에 의한 건축물의 가격평가에 있어서는 층별·위치별 가중치를 참작할 수 있다.

제4장 비용의 부담 등

제58조(주요 정비기반시설) 법 제60조제2항에서 "대통령령이 정하는 주요 정비기반시설"이라 함은 다음 각호의 시설을 말한다.

1. 도로
2. 상·하수도
3. 공원
4. 공용주차장
5. 공동구
6. 녹지
7. 하천
8. 공공공지
9. 광장

제59조(정비기반시설관리자의 비용부담) ①법 제62조제1항의 규정에 의한 부담비용의 총액은 당해 정비사업에 소요된 비용(제57조제3항제1호의 비용을 제외한다. 이하 이 항에서 같다)의 3분의 1을 초과하여서는 아니된다. 다만, 다른 정비기반시설의 정비가 그 정비사업의 주된 내용이 되는 경우에는 그 부담비용의 총액은 당해 정비사업에 소요된 비용의 50퍼센트까지로 할 수 있다.

② 사업시행자는 법 제62조제1항의 규정에 의하여 정비사업비의 일부를 정비기반시설의 관리자에게 부담시키고자 하는 때에는 정비사업에 소요된 비용의 명세와 부담금액을 명시하여 그 비용을 부담시키고자 하는 자에게 통지하여야 한다.

제60조(보조 및 융자 등) ①법 제63조제1항에서 "대통령령이 정하는 정비기반시설"이라 함은 정비기반시설 전부를 말한다.

② 법 제63조제1항의 규정에 의하여 국가 또는 지방자치단체가 보조하거나 융자할 수 있는 금액은 기초조사비 및 정비기반시설사업비의 각 80퍼센트 이내로 한다.

③ 법 제63조제3항의 규정에 의하여 국가 또는 지방자치단체가 보조할 수 있는 금액은 기초조사비 및 정비기반시설사업비의 각 50퍼센트 이내로 한다.

④ 법 제63조제3항의 규정에 의하여 국가 또는 지방자치단체가 융자하거나 융자를 알선할 수 있는 금액은 기초조사비 및 정비기반시설 사업비의 각 80퍼센트 이내로 한다.

제61조(우선매수의 방법 등) ①사업시행자는 법 제64조제2항의 규정에 의하여 정비기반시설의 설치를 위하여 토지 또는 건축물이 수용된 자에게 매각할 대지 또는 건축물이 있는 경우에는 다음 각호의 사항을 당해 지역에서 발간되는 일간신문에 공고하여야 한다.

1. 법 제64조제2항에 해당하는 자는 우선매수할 수 있다는 취지
2. 매각할 대지 또는 건축물의 위치·면적 및 매각예정가격
3. 매각대금의 납부시기 및 납부방법 등
4. 그 밖에 매수에 필요한 사항

② 법 제64조제2항의 규정에 의하여 우선매수를 하고자 하는 자는 제1항 본문의 규정에 의한 공고일부터 14일 이내에 사업시행자에게 서면으로 매수청구를 하여야 한다. 이 경우 그 기간내에 매수청구가 없는 때에는 매수의사가 없는 것으로 본다.

③ 제2항 전단의 규정에 의한 매수청구가 있는 경우 사업시행자는 매수청구를 한 자(이하 "매수청구자"라 한다)와 매각조건에 관하여 협의하여야 한다. 이 경우 협의가 성립되지 아니한 경우에는 사업시행자 또는 매수청구자의 신청에 의하여 시장·군수가 당해 지방도시계획위원회의 심의를 거쳐 결정한다.

④ 사업시행자는 제3항의 규정에 의한 협의가 성립되거나 결정이 있는 때에는 그 내용에 따라 매수청구자에게 매각하여야 한다.

제62조(국·공유지의 무상양여 등) ①법 제68조제1항의 규정에 의하여 국가 또는 지방자치단체

로부터 토지를 무상으로 양여받은 사업시행자는 그 토지의 토지대장등본 또는 등기부등본과 사업시행인가 고시문 사본을 당해 토지의 관리청 또는 지방자치단체의 장에게 제출하여 그 토지에 대한 소유권이전등기절차의 이행을 요청하여야 한다.

② 제1항의 규정에 의한 요청을 받은 관리청 또는 지방자치단체의 장은 즉시 소유권이전등기에 필요한 서류를 사업시행자에게 교부하여야 한다.

③ 사업시행자는 법 제77조의 규정에 의하여 사업시행인가가 취소된 때에는 법 제68조제1항의 규정에 의하여 무상양여된 토지를 원소유자인 국가 또는 지방자치단체에 반환하기 위하여 필요한 조치를 하고, 즉시 관할 등기소에 소유권이전등기를 신청하여야 한다.

제5장 정비사업전문관리업

제63조(정비사업전문관리업의 등록기준 등) ①법 제69조제1항 각호외의 부분 본문의 규정에 의한 정비사업전문관리업의 등록기준은 별표 4와 같다.

② 법 제69조제1항 각호외의 부분 단서에서 "대통령령이 정하는 기관"이라 함은 다음 각호의 기관을 말한다.

1. 대한주택공사법에 의한 대한주택공사
2. 국유재산의현물출자에관한법률시행령 제2조제27호의 규정에 의한 한국감정원

제64조(등록의 절차 및 수수료 등) ①법 제69조제1항의 규정에 의하여 정비사업전문관리업자로 등록하고자 하는 자는 건설교통부령이 정하는 등록신청서를 건설교통부장관에게 제출하여야 한다.

② 건설교통부장관은 제1항의 규정에 의한 등록신청서를 제출받은 때에는 등록기준에의 적합여부를 확인한 후 적합하다고 인정하는 자에 대하여는 건설교통부령이 정하는 바에 따라 정비사업전문관리업자등록부에 등재하고 등록증을 교부하여야 한다.

③ 법 제69조제1항의 규정에 의하여 정비사업전문관리업자의 등록을 신청하는 자는 건설교통부령이 정하는 수수료를 납부하여야 한다.

제65조(정비사업전문관리업자의 업무제한 등) ①법 제70조의 규정을 적용함에 있어 정비사업전문관리업자와 다음 각호의 1의 관계에 있는 자는 이를 당해 정비사업전문관리업자와 같은 자로 본다.

1. 정비사업전문관리업자가 법인인 경우에는 독점규제및공정거래에관한법률 제2조제3호의 규정에 의한 계열사의 관계
2. 정비사업전문관리업자와 상호 출자한 관계

② 법 제70조제5호에서 "대통령령이 정하는 업무"라 함은 안전진단업무를 말한다.

제66조(정비사업전문관리업자의 등록취소 및 영업정지처분 기준) 법 제73조제2항의 규정에 의한 등록취소 및 업무정지처분의 기준은 별표 5와 같다.

제6장 감독 등

제67조(회계감사) ①법 제76조의 규정에 의하여 시장·군수 또는 주택공사등이 아닌 사업시행자는 다음 각호의 1에 해당하는 경우로서 비용의 납부 및 지출내역에 대하여 조합원(조합이 구성되지 아니한 경우에는 토지등소유자를 말한다)의 80퍼센트 이상의 동의를 얻지 아니한 경우에는 법 제76조 각호의 1에 해당하는 시기에 회계감사를 받아야 한다.

1. 법 제76조제1호의 경우에는 추진위원회에서 조합으로 인계되기 전까지 납부 또는 지출된 금액이 3억5천만원 이상인 경우
2. 법 제76조제2호의 경우에는 사업시행인가고시일전까지 납부 또는 지출된 금액이 7억원 이

상인 경우

3. 법 제76조제3호의 경우에는 준공인가신청일까지 납부 또는 지출된 금액이 14억원 이상인 경우

② 제28조제1항·제2항 및 제4항의 규정은 제1항 각호외의 부분 본문의 규정에 의한 토지등소유자의 동의자수 산정에 관하여 이를 준용한다.

제68조(감독) 법 제77조제3항에서 "대통령령이 정하는 자료"라 함은 다음 각호의 자료를 말한다.

1. 토지등소유자의 동의서
2. 총회의 의사록
3. 정비사업과 관련된 계약관련 서류
4. 사업시행계획서·관리처분계획서 및 회계감사보고서를 포함한 회계관련 서류
5. 정비사업의 추진과 관련하여 분쟁이 발생한 경우에는 당해 분쟁과 관련된 서류

제7장 보 칙

제69조(사업시행방식의 전환) 법 제80조제1항의 규정에 의하여 시장·군수는 법 제43조제2항의 규정에 의하여 환지로 공급하는 방법으로 실시하는 주택재개발사업을 위한 정비구역의 전부 또는 일부를 법 제48조의 규정에 의하여 인가받은 관리처분계획에 따라 주택 및 부대·복리시설을 건설하여 공급하는 방법으로 전환하는 것을 승인할 수 있다.

제70조(관련 자료의 공개) 법 제81조제1항에서 "대통령령이 정하는 서류 및 관련자료"라 함은 다음 각호의 서류 및 자료를 말한다.

1. 정관등
2. 설계자·시공자 및 정비사업전문관리업자의 선정계약서
3. 총회·추진위원회 및 조합의 이사회·대의원회의 의사록
4. 사업시행계획서
5. 관리처분계획서
6. 당해 정비사업의 시행에 관한 공문서
7. 회계감사보고서

제71조(도시·주거환경정비기금) ①법 제82조제2항제1호에서 "대통령령이 정하는 일정률"이라 함은 10퍼센트를 말한다. 다만, 당해 지방자치단체의 조례가 10퍼센트 이상의 범위안에서 달리 정하는 경우에는 그 비율을 말한다.

② 법 제82조제2항제3호에서 "대통령령이 정하는 일정률"이라 함은 국유지의 경우에는 20퍼센트, 공유지의 경우에는 30퍼센트를 말한다. 다만, 국유지의 경우에는 국유재산법 제6조의 규정에 의한 관리청과 협의하여야 한다.

제72조(권한의 위임) 법 제83조의 규정에 의하여 건설교통부장관은 다음 각호의 권한을 시·도지사에게 위임한다.

1. 법 제69조의 규정에 의한 정비사업전문관리업의 등록
2. 법 제73조의 규정에 의한 정비사업전문관리업의 등록취소 및 업무정지처분
3. 법 제74조의 규정에 의한 정비사업전문관리업자에 대한 명령·조사 및 검사

제8장 벌 칙

제73조(과태료의 부과·징수 절차) ①건설교통부장관, 시·도지사 또는 시장·군수(이하 이 조에서 "처분권자"라 한다)는 법 제88조제1항의 규정에 의하여 과태료를 부과하는 때에는 당해 위반행위를 조사·확인한 후 위반사실·과태료금액·이의 방법 및 이의 기간 등을 서면으로

명시하여 이를 납부할 것을 과태료처분대상자에게 통지하여야 한다.

② 처분권자는 제1항의 규정에 의하여 과태료를 부과하고자 하는 때에는 10일 이상의 기간을 정하여 과태료처분대상자에게 의견제출의 기회를 주어야 한다. 이 경우 지정된 기일까지 의견제출이 없는 때에는 의견이 없는 것으로 본다.

③ 처분권자는 과태료의 금액을 정함에 있어서는 당해 위반행위의 동기와 그 결과 등을 참작하되, 그 부과기준은 별표 6과 같다.

④ 과태료의 징수절차는 건설교통부장관이 처분권자인 경우에는 건설교통부령으로, 시·도지사 또는 시장·군수가 처분권자인 경우에는 당해 지방자치단체의 조례로 정한다.

부 칙

제1조(시행일) 이 영은 2003년 7월 1일부터 시행한다.

제2조(다른 법령의 폐지) 도시재개발법시행령 및 도시저소득주민의주거환경개선을위한임시조치법시행령은 이를 각각 폐지한다.

제3조(안전진단의 대상에 관한 적용례) 안전진단의 대상에 관한 제20조제1항의 규정은 이 영 시행후 최초로 안전진단을 신청하는 분부터 적용한다.

제4조(조합의 임원에 관한 적용례) 조합에 두는 임원의 수에 관한 제33조의 규정은 이 영 시행후 최초로 설립인가를 신청하는 조합부터 적용한다.

제5조(주거환경개선사업을 위한 정비구역에 관한 적용례) 주거환경사업을 위한 정비구역의 용도지역 구분에 관한 제46조의 규정은 이 영 시행후 최초로 지정되는 정비구역부터 적용한다.

제6조(주택재건축사업의 관리처분기준에 관한 적용례) 주택재건축사업의 부대·복리시설 소유자에 대한 관리처분기준에 관한 제52조제2항제2호의 규정은 이 영 시행후 최초로 인가를 신청하는 관리처분계획부터 적용한다. 다만, 주택건설촉진법에 의한 사업계획의 승인을 얻은 경우로서 전체 조합원 및 의결권 각 80퍼센트 이상의 동의를 얻은 경우에도 이를 적용할 수 있다.

제7조(일반적 경과조치) 이 영 시행 당시 도시재개발법시행령·도시저소득주민의주거환경개선을위한임시조치법시행령 및 주택건설촉진법시행령중 재건축관련 규정(이하 "종전법령"이라 한다)에 의하여 행하여진 처분·절차 그 밖의 행위는 이 영의 규정에 의하여 행하여진 것으로 본다.

제8조(정관 등에 관한 경과조치) 이 영 시행 당시 종전법령에 의하여 인가된 정관 및 시행규정은 각각 이 영에 의한 정관 및 시행규정으로 본다.

제9조(주택재건축사업을 위한 정비구역에 관한 경과조치) ①법 부칙 제5조제3항에서 "대통령령이 정하는 용도지구"라 함은 국토의계획및이용에관한법률에 의한 아파트지구를 말한다.

② 법 시행전에 주택재건축사업을 위한 아파트지구개발기본계획과 지구단위계획의 수립을 위한 공람절차 또는 도시계획위원회 심의 등을 거친 경우에는 법 제4조의 규정에 의한 정비계획 수립을 위한 공람절차 또는 도시계획위원회 심의 등을 거친 것으로 본다.

제10조(회계감사에 대한 경과조치) 이 영 시행 당시 종전법령에 의하여 사업계획의 승인 또는 사업시행인가를 받아 시행중인 정비사업의 회계감사에 관하여는 종전의 규정에 의한다.

제11조(시·도조례에 위임된 사항에 대한 경과조치) ①별표 1 제5호의 규정에 의한 시·도조례가 제정될 때까지 주택재개발사업을 위한 정비구역의 세부지정요건에 관하여는 법 제4조의 규정에 저촉되지 아니하는 범위안에서 종전의 도시재개발법시행령 제11조제2항의 규정에 의하여 제정된 조례를 적용한다.

② 제52조제1항제1호 및 제8호의 규정에 의한 시·도조례가 제정될 때까지 주택재개발사업에 관한 관리처분의 방법 및 기준에 관하여는 종전의 도시재개발법에 의하여 제정된 조례가 그

기준을 정한 경우 법 제50조의 규정에 저촉되지 아니하는 범위안에서 그 기준을 적용한다.

③ 제52조제1항제3호 단서의 규정에 의한 시·도조례가 제정될 때까지 분양대상에서 제외되는 토지 또는 건축물에 관하여는 법 제48조의 규정에 저촉되지 아니하는 범위안에서 종전의 도시재개발법시행령 제43조제2호의 규정에 의하여 제정된 조례를 적용한다.

④ 별표 3 제2호가목(4) 및 동호나목의 규정에 의한 시·도조례가 제정될 때까지 주택재개발사업에서의 임대주택의 공급대상 및 규모 등에 관하여는 종전의 도시재개발법에 의하여 제정된 조례가 그 기준을 정한 경우 법 제50조의 규정에 저촉되지 아니하는 범위안에서 그 기준을 적용한다.

⑤ 제71조제1항 단서의 규정에 의한 조례가 제정될 때까지 도시·주거환경정비기금의 재원에 관하여는 법 제82조의 규정에 저촉되지 아니하는 범위안에서 종전의 도시재개발법시행령 제54조제1항의 규정에 의하여 제정된 조례를 적용한다.

제12조(다른 법령의 개정) ①개발이익환수에관한법률시행령중 다음과 같이 개정한다.

제4조의2제1항제3호를 다음과 같이 한다.

3. 도시및주거환경정비법 제16조의 규정에 의한 주택재개발정비사업조합

제5조제1항제4호를 다음과 같이 한다.

4. 도시환경정비사업(공장을 건설하는 경우를 제외한다)

별표 1 제1호의 사업명란중 "도시저소득주민의주거환경개선을위한임시조치법"을 "도시및주거환경정비법"으로, "주택건설촉진법에 의한 재건축사업"을 "도시및주거환경정비법에 의한 주택재건축사업"으로 하고, 제4호란을 다음과 같이 한다.

4. 도시환경정비사업 (공장을 건설하는 경우를 제외한다)	·도시및주거환경정비법	·도시환경정비사업

별표 2 제4호란을 다음과 같이 한다.

4. 도시환경정비사업 (공장을 건설하는 경우를 제외한다)	·도시환경정비사업	·사업시행인가일	·준공인가일

② 국유재산법시행령중 다음과 같이 개정한다.

제44조의2제1항제4호 및 동조제3항을 각각 다음과 같이 한다.

4. 도시및주거환경정비법 제2조제2호나목의 규정에 의한 주택재개발사업을 시행하기 위한 정비구역안에 있는 토지로서 시·도지사가 도시및주거환경정비법의 규정에 따라 주택재개발사업의 시행을 위하여 정하는 기준에 해당하는 사유건물에 의하여 점유·사용되고 있는 토지를 주택재개발사업 시행인가 당시의 점유·사용자로부터 도시및주거환경정비법 제10조의 규정에 의하여 그 권리·의무를 승계한 자에게 매각하는 경우(당해 토지가 동법 제2조제4호의 규정에 의한 정비기반시설의 설치예정지에 해당되어 그 토지의 점유·사용자로부터 동법 제10조의 규정에 의하여 권리·의무를 승계한 자에게 그 정비구역 안의 다른 국유지를 매각하게 되는 경우를 포함한다)

③ 도시및주거환경정비법 제2조제2호나목의 규정에 의한 주택재개발사업을 시행하기 위한 정비구역안에 있는 토지로서 제1항제4호의 규정에 의한 사유건물에 의하여 점유·사용되고 있는 토지를 주택재개발사업 시행인가 당시의 점유·사용자에게 매각하는 경우(당해 토지가 동법 제2조제4호의 규정에 의한 정비기반시설의 설치예정지에 해당되어 그 토지의 점유·사용자에게 그 정비구역 안의 다른 국유지를 매각하게 되는 경우를 포함한다)에는 법 제40조제2항의 규정에 의하여 그 매각대금을 15년 이내의 기간에 걸쳐 분할납부하게 할 수 있다.

제56조제3항 전단중 "도시재개발법에 의한 주택재개발사업을 시행하기 위한 재개발구역"을 "도시및주거환경정비법에 의한 주택재개발사업을 시행하기 위한 정비구역"으로 한다.

③ 국토의계획및이용에관한법률시행령중 다음과 같이 개정한다.

제43조제1항제6호중 "재건축사업"을 "주택재건축사업"으로 한다.
제85조제5항제3호를 다음과 같이 한다.

3. 도시및주거환경정비법에 의한 주택재개발사업 및 도시환경정비사업을 시행하기 위한 정비구역

제121조제4호를 다음과 같이 한다.

4. 도시및주거환경정비법 제48조의 규정에 의한 관리처분계획에 따른 분양의 경우 및 보류지 등을 매각하는 경우

④ 건축법시행령중 다음과 같이 개정한다.

제47조제1항제2호중 "도시재개발법에 의한 도심재개발사업"을 "도시및주거환경정비법에 의한 도시환경정비사업"으로 한다.

⑤ 공동주택관리령중 다음과 같이 개정한다.

제2조제1항 단서중 "도시재개발법의 규정에 의한 도심재개발사업"을 "도시및주거환경정비법에 의한 도시환경정비사업"으로 한다.

⑥ 대도시권광역교통관리에관한특별법시행령중 다음과 같이 개정한다.

제16조의2제5항제4호중 "재개발조합 및 재건축조합"을 "정비사업조합"으로 한다.

⑦ 대한주택공사법시행령중 다음과 같이 개정한다.

제10조제1항4호중 "주택개량재개발사업"을 "정비사업"으로 한다.

⑧ 도로법시행령중 다음과 같이 개정한다.

제24조의4제6항제7호중 "재개발구역"을 "도시및주거환경정비법에 의한 정비구역"으로 한다.

⑨ 도시가스사업법시행령중 다음과 같이 개정한다.

제7조제2호를 다음과 같이 한다.

2. 도시및주거환경정비법 제4조의 규정에 의한 정비구역으로 지정·고시된 지역

⑩도시개발법시행령중 다음과 같이 개정한다.

제68조중 "도시재개발법에 의한 도시재개발기금"을 "도시및주거환경정비법에 의한 도시·주거환경정비기금"으로 한다.

⑪ 부동산중개업법시행령중 다음과 같이 개정한다.

별표 2차시험의 시험내용란중 "도시재개발법"을 "도시및주거환경정비법"으로 한다.

⑫ 사방사업법시행령중 다음과 같이 개정한다.

제19조제3항제5호를 다음과 같이 한다.

5. 도시및주거환경정비법에 의한 주택재개발사업과 주거환경개선사업 및 동법 제28조의 규정에 의한 사업시행인가를 받아 국민주택규모 이하의 주택을 건설하는 경우(주택재건축사업의 경우에 한한다)

⑬ 산림법시행령중 다음과 같이 개정한다.

제24조의2제1항제9호를 다음과 같이 한다.

9. 도시및주거환경정비법에 의한 주택재개발사업과 주거환경개선사업을 하는 경우

⑭ 소득세법시행령중 다음과 같이 개정한다.

제155조제16항중 "도시재개발법에 의한 재개발조합 또는 주택건설촉진법에 의한 재건축조합의 조합원(도시재개발법 제34조의 규정에 의한 관리처분계획의 인가일 또는 주택건설촉진법 제33조의 규정에 의한 사업계획의 승인일, 그 전에 기존주택이 철거되는 경우에는 기존주택의 철거일 현재 이 법 제154조제1항의 규정에 해당하는 기존주택을 소유하는 자에 한한다)"을 "도시및주거환경정비법에 의한 정비사업조합의 조합원(주택재개발사업의 경우 동법 제48조의 규정에 의한 관리처분계획의 인가일, 주택재건축사업의 경우 동법 제28조의 규정에 의한 사업시행인가일 현재 이 법 제154조제1항의 규정에 해당하는 기존주택을 소유하는 자에 한한다)"으로 한다.

제155조제17항제2호중 "도시재개발법"을 "종전의 도시재개발법"으로 한다.

제166조제1항 각호외의 부분중 "도시재개발법에 의한 재개발조합 또는 주택건설촉진법에 의한

재건축조합"을 "도시및주거환경정비법에 의한 정비사업조합"으로 하고, 동조제3항 전단중 "도시재개발법에 의한 관리처분계획 또는 주택건설촉진법에 의한 사업계획"을 "도시및주거환경정비법에 의한 관리처분계획"으로 하며, 동조제5항 각호외의 부분중 "도시재개발법에 의한 재개발조합 또는 주택건설촉진법에 의한 재건축조합의 조합원이 당해 조합에 기존건물과 그 부수토지를 제공하고 관리처분계획 또는 사업계획"을 "도시및주거환경정비법에 의한 정비사업조합의 조합원이 당해 조합에 기존건물과 그 부수토지를 제공하고 관리처분계획"으로 한다.

⑮ 수도권정비계획법시행령중 다음과 같이 개정한다.

제16조제2항중 "도시재개발법 제8조의 규정에 의한 재개발조합"을 "도시및주거환경정비법 제16조의 규정에 의한 정비사업조합"으로 한다.

제17조제2호중 "도시재개발법에 의한 도심재개발사업"을 "도시및주거환경정비법에 의한 도시환경정비사업"으로 한다.

⑯ 임대주택법시행령중 다음과 같이 개정한다.

제14조제5항중 "도시재개발법 제9조의 규정에 의한 재개발조합"을 "도시및주거환경정비법 제16조의 규정에 의한 정비사업조합"으로 한다.

⑰ 조세특례제한법시행령중 다음과 같이 개정한다.

제72조제2항중 "재개발사업시행인가에 있어서는 도시재개발법"을 "도시및주거환경정비법"으로, "도시재개발법"을 "도시및주거환경정비법"으로 하고, 동조제3항중 "재개발사업의 시행자"를 각각 "사업시행자"로 한다.

제99조제3항제1호중 "도시재개발법에 의한 재개발조합"을 "도시및주거환경정비법에 의한 정비사업조합"으로 한다.

제99조의3제3항제1호중 "도시재개발법에 의한 재개발조합"을 "도시및주거환경정비법에 의한 정비사업조합"으로 하고, 동항제2호중 "도시재개발법 제34조의 규정에 의한 관리처분계획의 인가일"을 "도시및주거환경정비법 제48조의 규정에 의한 관리처분계획의 인가일(주택재건축사업의 경우에는 제28조의 규정에 의한 사업시행인가일을 말한다. 이하 이조에서 같다)"로 한다.

제99조의3제5항중 "도시재개발법 제34조"를 "도시및주거환경정비법 제48조"로 한다.

⑱ 주택건설기준등에관한규정중 다음과 같이 개정한다.

제6조제3항을 다음과 같이 한다.

③ 법 제20조의 규정에 의한 아파트지구개발기본계획, 택지개발촉진법에 의한 택지개발계획, 도시및주거환경정비법에 의한 정비계획 또는 국토의계획및이용에관한법률에 의한 지구단위계획안에서의 건축물의 건축에 관한 기본계획(이하 "개발계획등"이라 한다)을 수립하여 해당 승인권자의 승인(정비계획의 경우에는 도시및주거환경정비법에 의한 정비구역지정고시를 말한다)을 얻어 주택을 건설하는 경우에는 제1항의 규정에 의한 시설외에 당해 개발계획등으로 정하는 시설은 이를 건설하거나 설치할 수 있다.

제7조제4항중 "재개발구역지정고시를 하여 주택을 건설하는 경우로서 개발계획등 또는 재개발구역지정고시로 따로 정한 사항"을 "주택을 건설하는 경우로서 개발계획등으로 따로 정한 사항"으로 하고, 동조제7항을 다음과 같이 한다.

⑦ 도시및주거환경정비법시행령 제6조의 규정에 의한 주택재건축사업의 경우로서 사업시행인가권자가 주거환경에 위해하지 아니하다고 인정하는 경우에는 제9조제2항의 규정을 적용하지 아니한다.

제12조제1항 단서중 "도시재개발법에 의한 도심재개발사업 또는 공장재개발사업"을 "도시및주거환경정비법에 의한 도시환경정비사업"으로 한다.

⑲ 중소기업의구조개선과재래시장활성화를위한특별조치법시행령중 다음과 같이 개정한다.

제13조 각호외의 부분 단서중 "도시재개발법 제22조의 규정에 의한 재개발사업시행인가"를 "도시및주거환경정비법 제28조의 규정에 의한 사업시행인가"로 한다.

제17조제2항중 "도시재개발법 제4조의 규정에 의하여 재개발구역"을 "도시및주거환경정비법 제

4조의 규정에 의하여 도시환경정비사업을 위한 정비구역"으로 한다.
⑳ 지가공시및토지등의평가에관한법률시행령중 다음과 같이 개정한다.
제11조의2제4호중 "도시재개발"을 "도시및주거환경정비법에 의한 정비사업"으로 한다.
㉑ 지방세법시행령중 다음과 같이 개정한다.
제194조의15제4항제8호중 "도시재개발법 제8조 내지 제10조의 규정에 의한 재개발사업시행자"를 "도시및주거환경정비법 제7조 내지 제9조의 규정에 의한 사업시행자"로 한다.
㉒ 지방재정법시행령중 다음과 같이 개정한다.
제100조의3제1항제2호를 다음과 같이 한다.
2. 도시및주거환경정비법 제4조의 규정에 의한 정비구역(주택재개발사업의 경우에 한한다)안에 있는 당해 지방자치단체소유의 재산
㉓ 지적법시행령중 다음과 같이 개정한다.
제32조제1항제4호를 다음과 같이 한다.
4. 도시및주거환경정비법에 의한 정비사업
㉔ 집단에너지사업법시행령중 다음과 같이 개정한다.
제5조제1항제1호라목을 다음과 같이 한다.
라. 도시및주거환경정비법 제2조제2호나목의 규정에 의한 주택재개발사업
제13조(다른 법령과의 관계) 이 영 시행 당시 다른 법령에서 종전법령의 규정을 인용하고 있는 경우 이 영중 그에 해당하는 규정이 있는 때에는 종전의 규정에 갈음하여 이 영 또는 이 영의 해당규정을 인용한 것으로 본다.

[별표 1]

정비계획 수립대상구역(제10조제1항관련)

1. 주거환경개선사업을 위한 정비계획은 다음 각목의 1에 해당하는 지역으로서 그 면적이 2천제곱미터(1천제곱미터 이상 2천제곱미터 미만의 범위안에서 시·도조례가 면적을 따로 정하는 경우에는 그 면적을 말한다) 이상인 지역에 대하여 수립한다. 이 경우 법 제4조제1항의 규정에 의한 공람공고일 3월전부터 당해 지역안에 3월 이상 거주하고 있는 세입자세대수 50퍼센트 이상의 동의를 얻되, 시장·군수가 당해 지역안에 세입자를 위한 주택의 건설·공급이 불가능하다고 판단하는 경우와 당해 지역안의 세입자세대수가 토지 또는 건축물을 소유하고 있는 자 총수의 50퍼센트 미만인 경우에는 그러하지 아니하다.
   가. 1985년 6월 30일 이전에 건축된 법률 제3719호 특정건축물정리에관한특별조치법 제2조의 규정에 의한 무허가건축물 또는 위법시공건축물로서 노후·불량건축물에 해당되는 건축물의 수가 당해 대상구역 안의 건축물수의 50퍼센트 이상인 지역
   나. 개발제한구역의지정및관리에관한특별조치법에 의한 개발제한구역으로서 그 구역지정 이전에 건축된 노후·불량건축물의 수가 당해 정비구역 안의 건축물수의 50퍼센트 이상인 지역
   다. 주택재개발사업을 위한 정비구역 안의 토지면적의 50퍼센트 이상의 소유자와 토지 또는 건축물을 소유하고 있는 자의 50퍼센트 이상이 각각 주택재개발사업의 시행을 원하지 아니하는 지역
   라. 철거민이 50세대 이상 규모로 정착한 지역이거나 인구가 과도하게 밀집되어 있고 기반시설의 정비가 불량하여 주거환경이 열악하고 그 개선이 시급한 지역

마. 정비기반시설이 현저히 부족하여 재해발생시 피난 및 구조 활동이 곤란한 지역
바. 노후·불량건축물이 밀집되어 있어 주거지로서의 기능을 다하지 못하거나 도시미관을 현저히 훼손하고 있는 지역

2. 주택재개발사업을 위한 정비계획은 다음 각목의 1에 해당하는 지역에 대하여 수립한다. 이 경우 법 제35조제2항의 규정에 의한 순환용주택을 건설하기 위하여 필요한 지역을 포함할 수 있다.
   가. 정비기반시설의 정비에 따라 토지가 대지로서의 효용을 다할 수 없게 되거나 과소토지로 되어 도시의 환경이 현저히 불량하게 될 우려가 있는 지역
   나. 건축물이 노후·불량하여 그 기능을 다할 수 없거나 건축물이 과도하게 밀집되어 있어 그 구역 안의 토지의 합리적인 이용과 가치의 증진을 도모하기 곤란한 지역
   다. 제1호라목 또는 마목에 해당하는 지역
3. 주택재건축사업을 위한 정비계획은 제1호·제2호 및 제4호에 해당하지 아니하는 지역으로서 다음 각목의 1에 해당하는 지역에 대하여 수립한다.
   가. 기존의 공동주택을 재건축하고자 하는 경우에는 다음의 1에 해당하는 지역
      (1) 건축물의 일부가 멸실되어 붕괴 그 밖의 안전사고의 우려가 있는 지역
      (2) 재해 등이 발생할 경우 위해의 우려가 있어 신속히 정비사업을 추진할 필요가 있는 지역
      (3) 노후·불량건축물로서 기존 세대수 또는 재건축사업후의 예정세대수가 300세대 이상이거나 그 부지면적이 1만제곱미터 이상인 지역
   나. 기존의 단독주택을 재건축하고자 하는 경우에는 기존의 단독주택이 300호 이상 또는 그 부지면적이 1만제곱미터 이상인 지역으로서 다음에 해당하는 지역. 다만, 당해 지역안의 건축물의 상당수가 붕괴 그 밖의 안전사고의 우려가 있거나 재해 등으로 신속히 정비사업을 추진할 필요가 있는 지역은 다음에 해당하지 아니하더라도 정비계획을 수립할 수 있다.
      (1) 당해 지역의 주변에 도로 등 정비기반시설이 충분히 갖추어져 있어 당해 지역을 개발하더라도 인근지역에 정비기반시설을 추가로 설치할 필요가 없을 것. 다만, 추가로 설치할 필요가 있는 정비기반시설을 정비사업시행자가 부담하여 설치하는 경우에는 그러하지 아니하다.
      (2) 노후·불량건축물이 당해 지역안에 있는 건축물수의 3분의 2 이상일 것
      (3) 당해 지역안의 도로율을 20퍼센트 이상으로 확보할 수 있을 것
4. 도시환경정비사업을 위한 정비계획은 다음 각목의 1에 해당하는 지역에 대하여 수립한다.
   가. 제2호가목 또는 나목에 해당하는 지역
   나. 인구·산업 등이 과도하게 집중되어 있어 도시기능의 회복을 위하여 토지의 합리적인 이용이 요청되는 지역
   다. 당해 지역안의 최저고도지구의 토지(정비기반시설용지를 제외한다)면적이 전체토지면적의 50퍼센트를 초과하고, 그 최저고도에 미달하는 건축물이 당해 지역안의 건축물의 바닥면적합계의 3분의 2 이상인 지역
   라. 공장의 매연·소음 등으로 인접지역에 보건위생상 위해를 초래할 우려가 있는 공업지역 또는 산업집적활성화및공장설립에관한법률에 의한 도시형업종이나 공해발생정도가 낮은 업종으로 전환하고자 하는 공업지역
5. 무허가건축물의 수, 노후·불량건축물의 수, 호수밀도, 토지의 형상 또는 주민의 소득수준 등 정비계획 수립대상구역의 요건은 필요한 경우 제1호 내지 제4호에 규정된 범위안에서 시·도 조례로 이를 따로 정할 수 있다.
6. 건축법 제54조의 규정에 의한 재해관리구역으로 지정된 지역에 대하여는 정비계획을 수립할 수 있다. 이 경우 당해 지역의 성격에 따라 주거환경개선사업·주택재개발사업 또는 주택재건축사업을 위한 구역으로 구분하여야 한다.

[별표 2]

주거환경개선사업의 주택공급조건 등(제54조제1항관련)

1. 주택의 공급기준 : 1세대 1주택을 기준으로 공급한다.
2. 주택의 공급대상 : 다음의 1에 해당하는 자에게 공급한다. 다만, 주거환경개선사업을 위한 정비구역안에 건축법 제49조의 대지분할제한면적 이하의 과소토지 등의 토지만을 소유하고 있는 자 등에 대한 주택공급기준은 시 · 도조례로 따로 정할 수 있다.
   가. 제11조의 규정에 의한 공람공고일 또는 시장 · 군수가 당해 구역 의 특성에 따라 필요하다고 인정하여 시 · 도지사의 승인을 얻어 따로 정하는 날(이하 "기준일"이라 한다) 현재 당해 주거환경개선사업을 위한 정비구역 또는 다른 주거환경개선사업을 위한 정비구역안에 주택이 건설될 토지 또는 철거예정인 건축물을 소유한 자
   나. 국토의계획및이용에관한법률 제2조제11호의 규정에 의한 도시계획사업으로 인하여 주거지를 상실하여 이주하게 되는 자로서 당해 시장 · 군수가 인정하는 자
3. 주택의 규모 및 규모별 입주자 선정방법 : 분양주택의 세대당 전용면적은 85제곱미터 이하로 한다. 다만, 주거환경개선사업의 원활한 추진을 위하여 시장 · 군수가 필요하다고 인정하는 경우에는 당해 정비구역 안의 총 주택건설호수 또는 세대수의 10퍼센트의 범위안에서 전용면적이 85제곱미터를 초과하는 주택을 공급할 수 있다.
4. 주택의 공급순위
   가. 1순위 : 기준일 현재 당해 정비구역안에 주택이 건설될 토지 또는 철거예정인 건축물을 소유하고 있는 자로서 당해 정비구역안에 거주하고 있는 자
   나. 2순위 : 기준일 현재 당해 정비구역안에 주택이 건설될 토지 또는 철거예정인 건축물을 소유하고 있는 자(법인인 경우에는 사회복지를 목적으로 하는 법인에 한한다)로서 당해 정비구역안에 거주하고 있지 아니하는 자
   다. 3순위 : 기준일 현재 다른 주거환경개선사업을 위한 정비구역안에 토지 또는 건축물을 소유하고 있는 자로서 당해 정비구역안에 거주하고 있는 자
   라. 4순위 : 제2호나목에 해당하는 자

[별표 3]

임대주택의 공급조건 등(제54조제2항관련)

1. 주거환경개선사업
   가. 임대주택은 다음의 순위에 따라 입주를 희망하는 자에게 공급한다.
      (1) 1순위 : 기준일 3월전부터 보상계획 공고시까지 계속하여 당해 주거환경개선사업을 위한 정비구역 또는 다른 주거환경개선사업을 위한 정비구역안에 거주하는 세입자
      (2) 2순위 : 별표 2 제4호가목 및 동호나목의 순위에 해당하는 자로서 주택분양에 관한 권리를 포기한 자
      (3) 3순위 : 별표 2 제4호라목의 순위에 해당하는 자
   나. 주택의 규모 및 규모별 입주자 선정방법
      (1) 일정기간 임대후 분양전환하는 주택 : 세대당 전용면적은 85제곱미터 이하로 한다.

(2) 국민임대주택 : 세대당 전용면적은 60제곱미터 이하로 한다.
(3) 세입자에게 공급하는 주택의 규모별 입주자선정기준은 입주대상자의 세대별구성원의 수, 당해 정비구역안에서의 거주기간, 소득수준, 생활보호대상 여부 등을 고려하여 정한다.

다. 공급절차 등
(1) 입주자모집공고내용 및 절차, 공급신청 및 계약조건 등 임대주택의 공급에 관하여는 임대주택법령 및 주택건설촉진법령의 관련규정에 의한다.
(2) 임대보증금·임대료 등에 관하여는 임대주택법령 및 주택건설촉진법령의 관련규정에 의한다. 다만, 시·도조례가 따로 정하는 경우에는 그에 의한다.

2. 주택재개발사업
가. 임대주택은 다음의 1에 해당하는 자로서 입주를 희망하는 자에게 공급한다.
(1) 기준일 3월전부터 당해 주택재개발사업을 위한 정비구역 또는 다른 주택재개발사업을 위한 정비구역안에 거주하는 세입자
(2) 기준일 현재 당해 주택재개발사업을 위한 정비구역안에 주택이 건설될 토지 또는 철거예정인 건축물을 소유한 자로서 주택분양에 관한 권리를 포기한 자
(3) 별표 2 제4호라목의 순위에 해당하는 자
(4) 시·도조례가 정하는 자

나. 주택의 규모 및 규모별 입주자선정방법, 공급절차 등에 관하여는 시·도조례가 정하는 바에 의한다.

다. 공급절차 등 : 입주자모집공고내용 및 절차, 공급신청·계약조건·임대보증금 및 임대료 등 주택공급에 관하여는 임대주택법령 및 주택건설촉진법령의 관련규정에 의한다.

[별표 4]

정비사업전문관리업의 등록기준(제63조제1항관련)

1. 자본금 : 10억원(법인인 경우에는 5억원) 이상이어야 한다.
2. 인력확보기준
가. 다음의 1의 인력을 5인 이상 확보하여야 한다. 다만, 정비사업전문관리업자가 관계법령에 의한 감정평가법인·회계법인 또는 법무법인(이하 "법무법인등"이라 한다)과 정비사업의 공동수행을 위한 업무협약을 체결하는 경우에는 협약을 체결한 법무법인등의 수가 1개인 경우에는 4인, 2개인 경우에는 3인으로 한다.
(1) 건축사 또는 국가기술자격법에 의한 도시계획 및 건축분야 기술사와 건설기술관리법 시행령 제4조의 규정에 의하여 이와 동등하다고 인정되는 특급기술자로서 특급기술자의 자격을 갖춘 후 건축 및 도시계획 관련업무에 3년 이상 종사한 자
(2) 감정평가사·공인회계사 또는 변호사
(3) 법무사 또는 세무사
(4) 다음의 1에 해당하는 자로서 정비사업 관련업무에 5년 이상 종사한 자
(가) 공인중개사
(나) 정부기관·정부투자기관 또는 제63조제2항 각호의 기관에서 근무한 자
(다) 도시계획·건축·부동산·감정평가 등 정비사업 관련분야의 석사 이상의 학위 소지자

(라) 2003년 7월 1일 당시 관계법률에 의하여 주택재개발사업 또는 주택재건축사업의 시행을 목적으로 하는 토지등소유자, 조합 또는 기존의 추진위원회와 민사계약을 하여 정비사업을 위탁받거나 자문을 한 업체에 근무한 자로서 법 제69조제1항제2호 내지 제6호의 업무를 수행한 실적이 건설교통부장관이 정하는 기준에 해당하는 자

나. 가목의 인력확보기준을 적용함에 있어 가목(1) 및 (2)의 인력은 각각 1인 이상을 확보하여야 하며, 동목(4)의 인력이 2인을 초과하는 경우에는 2인으로 본다.

[별표 5]

등록취소 및 업무정지처분의 기준(제66조관련)

위 반 사 항	해당법조문	처분기준
1. 법 제69조제1항의 규정에 의한 등록기준에 3월 이상 미달된 때	법 제73조제1항제2호	등록취소
2. 고의 또는 과실로 조합에게 계약금액의 3분의 1 이상의 재산상 손실을 끼친 때	법 제73조제1항제3호	업무정지 1년
3. 법 제74조의 규정에 의한 감독규정을 위반한 때 가. 조사·검사를 거부·방해 또는 기피한 때 나. 보고 또는 자료제출을 하지 아니한 때 다. 보고 또는 자료제출을 허위로 한 때	법 제73조제1항제4호	업무정지 6월 업무정지 6월 업무정지 3월
4. 법 제75조의 규정에 의한 자료제출 규정등을 위반한 때 가. 조사를 거부·방해 또는 기피한 때 나. 보고 또는 자료의 제출을 하지 아니한 때 다. 보고 또는 자료제출을 허위로 한 때	법 제73조제1항제5호	업무정지 6월 업무정지 6월 업무정지 3월
5. 제1호 내지 제4호외에 법 또는 법에 의한 명령이나 처분에 위반한 때	법 제73조제1항제8호	업무정지 3월

[별표 6]

과태료의 부과기준(제73조제3항관련)

위 반 행 위	해당 법조문	과태료 금액
1. 법 제49조제4항 또는 제54조제1항의 규정에 의한 통지를 태만히 한 자	법 제88조제1항제1호	200만원
2. 법 제74조제1항 또는 제75조제2항의 규정에 의한 보고 또는 자료의 제출을 태만히 한 자	법 제88조제1항제2호	400만원
3. 법 제81조제4항의 규정에 의한 관계서류의 인계를 태만히 한 자	법 제88조제1항제3호	400만원

비고 : 건설교통부장관, 시·도지사 또는 시장·군수는 당해 위반행위의 동기·결과·내용 및 그 횟수 등을 참작하여 해당 금액의 2분의1의 범위안에서 이를 가중 또는 감경할 수 있다. 다만, 가중하는 경우에도 과태료의 총액은 법 제88조제1항의 규정에 의한 과태료 부과한도액을 초과할 수 없다.

< 건설교통부령 제363호. >

도시및주거환경정비법시행규칙

제1조(목적) 이 규칙은 도시및주거환경정비법 및 동법시행령에서 위임된 사항과 그 시행에 관하여 필요한 사항을 규정함을 목적으로 한다.

제2조(정의) 이 규칙에서 사용하는 용어의 정의는 도시및주거환경정비법(이하 "법"이라 한다) 및 동법시행령(이하 "영"이라 한다)이 정하는 바에 의한다.

제3조(도시・주거환경정비기본계획의 보고) ①특별시장・광역시장 또는 시장은 법 제3조제6항의 규정에 의하여 동조제1항의 규정에 의한 도시・주거환경정비기본계획(이하 "기본계획"이라 한다)의 수립 또는 변경을 고시하는 때에는 기본계획의 요지와 기본계획서의 열람장소를 고시하여야 한다.

② 특별시장・광역시장 또는 시장은 법 제3조제7항의 규정에 의하여 건설교통부장관에게 기본계획의 수립・변경사실을 보고하는 때에는 제1항의 규정에 의한 고시내용에 기본계획서를 첨부하여 보고하여야 한다. 이 경우 시장은 도지사를 거쳐 보고하여야 한다.

제4조(정비구역의 지정 등의 보고) 특별시장・광역시장 또는 도지사(이하 "시・도지사"라 한다)는 법 제4조제3항의 규정에 의하여 동조제1항의 규정에 의한 정비구역(이하 "정비구역"이라 한다)의 지정 또는 변경지정사실을 건설교통부장관에게 보고하는 때에는 다음 각호의 사항을 포함하여 보고하여야 한다.

1. 당해 정비구역과 관련된 도시계획(국토의계획및이용에관한법률에 의한 도시기본계획 및 도시관리계획을 말한다) 및 기본계획의 주요내용
2. 법 제4조제1항의 규정에 의한 정비계획의 요약
3. 도시관리계획결정 조서

제5조(안전진단의 신청 등) ①법 제12조제1항의 규정에 의하여 안전진단을 신청하고자 하는 자는 별지 제1호서식의 안전진단신청서에 다음 각호의 서류를 첨부하여 시장・군수 또는 자치구의 구청장(이하 "시장・군수"라 한다)에게 제출하여야 한다.

1. 사업지역 및 주변지역의 여건 등에 관한 현황도
2. 결함부위의 현황사진

② 법 제12조제4항의 규정에 의하여 안전진단기관이 작성하는 안전진단결과보고서에는 다음 각호의 사항이 포함되어야 한다.

1. 구조안전성에 관한 사항
   가. 기울기・침하・변형에 관련된 사항
   나. 콘크리트 강도・처짐 등 내하력(耐荷力)에 관한 사항
   다. 균열・부식 등 내구성에 관한 사항
2. 마감 및 설비노후도에 관한 사항
   가. 지붕・외벽・계단실・창호의 마감상태
   나. 난방・급수급탕・오배수・소화설비 등 기계설비에 관한 사항
   다. 수변전, 옥외전기 등 전기설비에 관한 사항
3. 비용분석에 관한 사항
   가. 유지관리비용
   나. 보수・보강비용
   다. 철거비・이주비 및 신축비용
4. 도시미관・재해위험도・환경성 등 주거환경에 관한 사항
5. 종합평가의견

제6조(추진위원회의 설립승인신청 등) 법 제2조제2호의 규정에 의한 정비사업(이하 "정비사업"이라 한다)을 시행하고자 하는 자로서 법 제13조제2항의 규정에 의한 조합설립추진위원회(이하 "추진위원회"라 한다)의 설립승인을 얻고자 하는 자는 별지 제2호서식의 조합설립추진위원회승인신청서에 다음 각호의 서류를 첨부하여 시장·군수에게 제출하여야 한다.

1. 토지등소유자의 명부
2. 토지등소유자의 동의서
3. 위원장 및 위원의 주소 및 성명
4. 위원선정을 증명하는 서류

제7조(조합의 설립인가신청 등) ①정비사업의 추진위원회는 법 제16조제1항 내지 제3항의 규정에 의하여 조합설립인가를 받고자 하는 때에는 별지 제3호서식의 주택재개발사업·도시환경정비사업조합설립(변경)인가신청서 또는 별지 제4호서식의 주택재건축정비사업조합설립(변경)인가신청서에 다음 각호의 서류를 첨부하여 시장·군수에게 제출하여야 한다.

1. 조합정관
2. 조합원 명부(조합원자격을 증명하는 서류 첨부)
3. 토지등소유자의 조합설립동의서 및 동의사항을 증명하는 서류
4. 창립총회 회의록(총회참석자 연명부 포함)
5. 조합장 선임동의서(인감증명서 첨부)
6. 토지·건축물 또는 지상권이 수인의 공유에 속하는 경우에는 그 대표자의 선임동의서
7. 창립총회에서 임원·대의원을 선임한 때에는 선임된 자의 자격을 증명하는 서류
8. 주택건설예정세대수, 주택건설예정지의 지번·지목 및 등기명의자, 도시관리계획상의 용도지역, 대지 및 주변현황을 기재한 사업계획서(주택재개발사업 및 주택재건축사업의 경우에 한한다)
9. 건축계획, 건축예정지의 지번·지목 및 등기명의자, 도시관리계획상의 용도지역, 대지 및 주변현황을 기재한 사업계획서(도시환경정비사업의 경우에 한한다)
10. 그 밖에 특별시·광역시 또는 도의 조례가 정하는 서류

② 법 제16조제1항 내지 제3항의 규정에 의하여 설립인가를 받은 조합은 동조동항의 규정에 의하여 변경인가를 받고자 하는 때에는 제1항의 규정에 의한 주택재개발사업·도시환경정비사업조합설립(변경)인가신청서 또는 주택재건축정비사업조합설립(변경)인가신청서에 변경내용을 증명하는 서류를 첨부하여 시장·군수에게 제출하여야 한다.

제8조(주민대표회의 구성통보) 법 제26조제3항의 규정에 의한 주민대표회의(이하 "주민대표회의"라 한다) 구성사실의 통보는 별지 제5호서식의 주민대표회의구성통지서에 다음 각호의 서류를 첨부하여 시장·군수에게 제출하는 방법에 의한다.

1. 영 제37조제5항의 규정에 의하여 주민대표회의가 정하는 운영규정
2. 토지등소유자의 동의서
3. 주민대표회의 위원의 주소 및 성명
4. 위원장 선임동의서

제9조(사업시행인가의 신청 및 고시) ①법 제28조제1항 본문의 규정에 의하여 사업시행자(법 제8조제1항 및 동조제2항의 규정에 의한 공동시행의 경우를 포함하되, 사업시행자가 시장·군수인 경우를 제외하며, 시행자가 2 이상인 경우에는 그 대표자를 말한다. 이하 같다)는 사업시행인가를 받고자 하는 때에는 별지 제6호서식의 사업(시행·변경·중지·폐지)인가신청서에 다음 각호의 서류를 첨부하여 시장·군수에게 제출하여야 한다.

1. 정관등
2. 법 제28조제4항의 규정에 의한 토지등소유자의 동의서 및 토지등소유자의 명부(주택재건축사업의 경우를 제외한다)
3. 법 제30조의 규정에 의한 사업시행계획서
4. 법 제38조의 규정에 의한 수용 또는 사용할 토지 또는 건축물의 명세 및 소유권외의 권리의

명세서(주택재건축사업의 경우에는 법 제8조제3항제1호의 규정에 해당하는 사업에 한한다)
5. 법 제32조제3항의 규정에 의하여 제출하여야 하는 서류
② 사업시행자는 법 제28조제1항의 규정에 의하여 인가받은 내용을 변경하거나 정비사업을 중지 또는 폐지하고자 하는 경우에는 별지 제6호서식의 사업(시행 · 변경 · 중지 · 폐지)인가신청서에 제1항제1호 및 제5호의 서류와 그 변경 · 중지 또는 폐지의 사유 및 내용을 설명하는 서류를 첨부하여 시장 · 군수에게 제출하여야 한다.
③ 시장 · 군수는 법 제28조제1항의 규정에 의한 사업시행인가(시장 · 군수가 사업시행계획서를 작성한 경우를 포함한다)를 하거나 그 정비사업을 변경 · 중지 또는 폐지하는 때에는 동조제3항 본문의 규정에 의하여 다음 각호의 구분에 따른 사항을 당해 지방자치단체의 공보에 고시하여야 한다.
1. 사업시행인가의 경우
   가. 정비사업의 종류 및 명칭
   나. 정비구역(영 제6조의 규정에 의하여 정비구역이 아닌 구역안에서 주택재건축사업이 시행되는 경우에는 그 구역을 말한다. 이하 같다)의 위치 및 면적
   다. 사업시행자의 성명 및 주소(법인인 경우에는 법인의 명칭 및 주된 사무소의 소재지와 대표자의 성명 및 주소를 말한다. 이하 같다)
   라. 정비사업의 시행기간
   마. 사업시행인가일
   바. 수용 또는 사용할 토지 또는 건축물의 명세 및 소유권외의 권리의 명세(해당되는 사업의 경우에 한한다)
   사. 건축물의 대지면적 · 건폐율 · 용적률 · 높이 · 용도 등 건축계획에 관한 사항
   아. 주택의 규모 등 주택건설계획
   자. 법 제65조의 규정에 의한 정비기반시설 및 토지등의 귀속에 관한 사항
2. 사업변경 · 중지 또는 폐지인가의 경우
   가. 제1호 가목 내지 마목의 사항
   나. 변경 · 중지 또는 폐지의 사유 및 내용

제10조(도시계획시설의 결정 · 구조 및 설치의 기준 등) ①법 제42조제2항의 규정에 의하여 주거환경개선사업을 위한 정비구역안에서의 도시계획시설(국토의계획및이용에관한법률 제2조제7호의 규정에 의한 도시계획시설을 말한다)의 결정 · 구조 및 설치의 기준 등은 도시계획시설의결정 · 구조및설치기준에관한규칙에 의한다.
② 시 · 도지사는 지역여건을 고려할 때 제1항의 규정에 의한 기준을 적용하는 것이 곤란하다고 인정하는 경우에는 국토의계획및이용에관한법률 제113조제1항의 규정에 의한 시 · 도도시계획위원회의 심의를 거쳐 그 기준을 완화할 수 있다.

제11조(관리처분계획인가의 신청) 사업시행자는 법 제48조제1항의 규정에 의하여 관리처분계획의 인가 또는 변경 · 중지 · 폐지의 인가를 받고자 하는 때에는 별지 제7호서식의 관리처분계획인가(변경 · 중지 · 폐지인가)신청서에 다음 각호의 구분에 따른 서류를 첨부하여 시장 · 군수에게 제출하여야 한다.
1. 관리처분계획인가의 경우
   가. 관리처분계획서
   나. 총회의결서 사본
2. 관리처분계획변경 · 중지 또는 폐지인가의 경우 : 변경 · 중지 또는 폐지의 사유와 그 내용을 설명하는 서류

제12조(투기방지) 법 제48조제2항제7호 단서에서 "건설교통부령이 정하는 지역"이라 함은 주택건설촉진법 제32조의5제1항의 규정에 의하여 투기과열지구로 지정된 지역을 말한다.

제13조(관리처분계획인가의 고시) 시장 · 군수는 법 제49조제3항의 규정에 의하여 관리처분계획의 인가내용을 고시하는 때에는 다음 각호의 사항을 포함하여 고시하여야 한다.

1. 정비사업의 종류 및 명칭
2. 정비구역의 위치 및 면적
3. 사업시행자의 성명 및 주소
4. 관리처분계획인가일
5. 다음의 사항을 포함한 관리처분계획인가의 요지
   가. 대지 및 건축물의 규모 등 건축계획
   나. 분양 또는 보류지의 규모 등 분양계획
   다. 신설 또는 폐지하는 정비기반시설의 명세 등

제14조(시공보증) 법 제51조제1항에서 "건설교통부령이 정하는 기관의 시공보증서"라 함은 조합원에게 공급되는 주택에 대한 다음 각호의 1의 보증서를 말한다.
1. 건설산업기본법에 의한 공제조합이 발행한 보증서
2. 주택건설촉진법에 의한 대한주택보증회사가 발행한 보증서
3. 은행법 제2조제2호의 규정에 의한 금융기관, 한국산업은행법에 의한 한국산업은행, 한국수출입은행법에 의한 한국수출입은행, 중소기업은행법에 의한 중소기업은행 또는 장기신용은행법에 의한 장기신용은행이 발행한 지급보증서
4. 보험업법에 의한 보험사업자가 발행한 보증보험증권

제15조(준공검사 등) ①영 제55조제1항 본문의 규정에 의하여 사업시행자는 정비사업에 관한 공사를 완료하여 준공인가를 받고자 하는 때에는 별지 제8호서식의 준공인가신청서에 다음 각호의 서류를 첨부하여 시장·군수에게 제출하여야 한다.
1. 건축물·정비기반시설(영 제3조제8호에 해당하는 것을 제외한다) 및 공동이용시설 등의 설치내역서
2. 공사감리자의 의견서

② 영 제55조제2항의 규정에 의한 준공인가증은 별지 제9호서식과 같다.
③ 영 제56조제2항에서 "건설교통부령이 정하는 신청서"라 함은 별지 제10호서식의 준공인가전사용허가신청서를 말한다.
④ 제3항의 규정에 의한 준공인가전사용허가신청서에는 다음 각호의 구분에 의한 서류를 첨부하여야 한다.
1. 도시환경정비사업의 경우 : 건축법시행규칙 별지 제17호서식의 (임시)사용승인신청서
2. 도시환경정비사업외의 정비사업의 경우 : 주택건설촉진법시행규칙 별지 제33호서식의 사용검사(임시사용승인)신청서

제16조(공동구의 설치비용 등) ①법 제62조제2항의 규정에 의한 공동구의 설치에 소요되는 비용은 다음 각호와 같다. 다만, 법 제63조의 규정에 의한 보조금이 있는 경우에는 그 보조금의 금액은 이를 공제하여야 한다.
1. 설치공사의 비용
2. 내부공사의 비용
3. 설치를 위한 측량·설계비용
4. 공동구의 설치로 인한 보상의 필요가 있는 경우에는 그 보상비용
5. 공동구부대시설의 설치비용
6. 법 제63조의 규정에 의한 융자금이 있는 경우에는 그 이자에 해당하는 금액

② 공동구에 수용될 전기·가스·수도의 공급시설과 전기통신시설 등의 관리자(이하 "공동구점용예정자"라 한다)가 부담할 공동구의 설치에 소요되는 비용의 부담비율은 공동구의 점용예정면적비율에 의한다.
③ 행자는 법 제28조제3항 본문의 규정에 의한 사업시행인가의 고시가 있은 후 지체없이 공동구점용예정자에게 제1항 및 제2항의 규정에 의하여 산정된 부담금의 납부를 통지하여야 한다.
④ 제3항의 규정에 의하여 부담금의 납부통지를 받은 공동구점용예정자는 공동구의 설치공사가 착수되기 전에 부담금액의 3분의 1 이상을 납부하여야 하며, 그 잔액은 법 제52조제3항

및 제4항의 규정에 의한 공사완료고시일전까지 이를 납부하여야 한다.

제17조(공동구의 관리) ①법 제62조제2항의 규정에 의한 공동구는 시장·군수가 이를 관리한다.

② 시장·군수는 공동구 관리비용(유지·수선비를 말하며, 조명·배수·통풍·방수·개축·재축 그 밖의 시설비 및 인건비를 포함한다. 이하 같다)의 일부를 그 공동구를 점용하는 자에게 부담시킬 수 있으며, 그 부담비율은 점용면적비율을 고려하여 시장·군수가 정한다.

③ 공동구 관리비용은 연도별로 이를 산출하여 부과한다.

④ 공동구 관리비용의 납입기한은 매년 3월 말일까지로 하며, 시장·군수는 납입기한 1월 전까지 납입통지서를 발부하여야 한다. 다만, 필요한 경우에는 2회로 분할납부하게 할 수 있으며 이 경우 분할금의 납입기한은 3월 말일과 9월 말일로 한다.

제18조(정비사업전문관리업자의 등록절차) ①법 제69조의 규정에 의하여 정비사업전문관리업자로 등록하고자 하는 자는 별지 제11호서식의 정비사업전문관리업등록신청서에 다음 각호의 서류를 첨부하여 건설교통부장관에게 제출하여야 한다.

1. 대표자 및 임원의 주소 및 성명
2. 법인등기부등본(개인인 경우에는 주민등록표등본, 외국인인 경우에는 출입국관리법 제88조의 규정에 의한 외국인등록사실증명). 다만, 행정정보의 공동이용을 통하여 확인할 수 있는 경우로서 신청인이 확인을 요청하는 경우에는 그 확인으로 제출을 대신할 수 있다.
3. 보유기술인력의 자격증 사본 또는 경력인증서
4. 자본금을 확인할 수 있는 서류
5. 협약서(영 별표 4 제2호가목의 규정에 의하여 업무협약을 체결한 경우에 한한다)

② 건설교통부장관은 제1항의 규정에 의하여 등록을 신청한 자가 영 제63조제1항의 규정에 의한 정비사업전문관리업자의 등록기준에 적합하다고 인정하는 경우에는 별지 제12호서식의 정비사업전문관리업자등록부에 이를 기재하고, 신청인에게 별지 제13호서식의 정비사업전문관리업등록증을 교부한다.

제19조(등록수수료) 영 제64조제3항의 규정에 의한 등록수수료는 1건당 1만원으로 하되, 수입증지로 이를 납부하여야 한다.

제20조(추진실적보고) 시·도지사는 법 제75조제1항의 규정에 의하여 정비구역의 지정, 사업시행자의 지정 또는 조합설립인가, 사업시행인가, 관리처분계획인가 및 정비사업완료의 실적을 매분기의 만료일부터 15일 이내에 건설교통부장관에게 보고하여야 한다.

제21조(자료의 제출 등) ①법 제75조제2항의 규정에 의하여 건설교통부장관, 시·도지사 또는 시장·군수로부터 정비사업과 관련하여 보고 또는 자료의 제출을 요청받은 자는 그 요청을 받은 날부터 15일 이내에 보고하거나 자료를 제출하여야 한다.

② 건설교통부장관, 시·도지사 또는 시장·군수는 법 제75조제2항의 규정에 의하여 소속공무원으로 하여금 업무를 조사하게 하고자 하는 때에는 업무조사를 받을 자에게 조사 3일전까지 조사의 일시·목적 등을 서면으로 통지하여야 한다.

③ 법 제75조제2항의 규정에 의하여 업무를 조사하는 공무원은 그 권한을 표시하는 별지 제14호서식의 조사공무원증표를 관계인에게 내보여야 한다.

제22조(자료의 공개 및 열람) ①영 제70조제2호 및 제4호 내지 제7호의 사항중 인터넷 등에 공개하기 어려운 사항은 법 제81조제3항의 규정에 의하여 그 개략적인 내용만 공개할 수 있다.

② 법 제81조제1항의 규정에 의한 토지등소유자의 공람요청은 서면요청의 방법에 의하며, 사업시행자는 특별한 사유가 없는 한 그 요청에 응하여야 한다.

부 칙

제1조(시행일) 이 규칙은 2003년 7월 1일부터 시행한다.

제2조(시공자 선정신고) 법 부칙 제7조제2항의 규정에 의하여 법 본칙 제11조의 규정에 의한 시공자로 선정되었음을 인정받고자 하는 자는 법 시행후 2월 이내에 시공계약서 또는 토지등소유자의 동의서 등 법 부칙 제7조제2항에 규정된 요건을 갖추었음을 증명하는 서류를 갖추어 시장·군수에게 신고하여야 한다.

제3조(다른 법령의 개정) ①건축법시행규칙중 다음과 같이 개정한다.

제3조제2호중 "도시저소득주민의주거환경개선을위한임시조치법에 의하여 준공검사필증"을 "도시및주거환경정비법에 의한 주거환경개선사업의 준공인가증"으로 한다.

②도시계획시설의결정·구조및설치기준에관한규칙중 다음과 같이 개정한다.

제16조제2호중 "재개발기본계획"을 "도시·주거환경정비기본계획"으로 한다.

③주택건설촉진법시행규칙중 다음과 같이 개정한다.

제32조제3항제2호중 "서류(직장·지역조합의 경우에 한한다)"를 "서류"로 하고, 동조제3호를 삭제한다.

제32조의2를 삭제한다.

별표 1의2 제6호란을 다음과 같이 한다.

6. 도시및주거환경정비법에 의한 정비사업조합	조합원 또는 조합이 보유하고 있던 대지에 대한 보존등기(사업이 완료되어 조합원 명의로 대지를 보존등기하는 경우)	대지의 보존등기. 다만, 종전보다 대지의 면적이 증가하는 경우 증가부분에 대하여는 그러하지 아니하다.	시장등이 발행하는 정비사업관리처분계획확인서

별지 제42호의2서식 인가구분란을 다음과 같이 하고, 동서식 신청개요란을 삭제하며, 동서식 구비서류란을 다음과 같이 한다.

인가구분	□ 지역조합		□ 직장조합
	□ 설립인가	□ 변경인가	□ 해산인가

구 비 서 류
1. 창립총회 회의록 및 조합장 선출 동의서 2. 조합원 전원이 연명한 조합규약(설립인가의 경우) 3. 사업계획서(설립인가의 경우) 4. 조합원의 동의를 얻은 정산서(해산인가의 경우) 5. 변경의 내용을 증명하는 서류(변경인가의 경우) 7. 고용자가 확인하는 근무확인서 1부(직장조합의 경우) 8. 주민등록등본(전자정부구현을위한행정업무등의전자화촉진에관한법률 제21조제1항의 규정에 의한 행정정보의 공동이용을 통하여 확인할 수 있는 경우에는 그 확인으로 갈음할 수 있다) 및 자격자임을 증명하는 서류 각 1부

제4조(다른 법령과의 관계) 이 규칙 시행 당시 다른 법령에서 주택건설촉진법시행규칙중 재건축 관련 규정을 인용하고 있는 경우 이 규칙중 그에 해당하는 규정이 있는 때에는 이 규칙의 해당 규정을 인용한 것으로 본다.

참고문헌

건설교통부, 2002, 「주택백서」.

건설교통부, 2003, 「2003년도 주택업무편람」.

건설교통부 · 대한주택공사, 2003, 「서민주거안정을 위한 주택백서」.

건설교통부 · 대한주택공사, 2003, 「도시 및 주거환경정비 법령집」.

국토개발연구원, 1993, 「주택보전 활성화정책 연구」.

국토개발연구원, 1996, 「국토50년」, 서울프레스.

김경식, 2001, "정부의 불량주택정비사업 추진방향", 「도시문제」 제36권 388호.

김영준, 2001, "주거환경개선사업의 평가와 개선방향 -시민단체 · 빈민단체의 입장에서 본 문제점과 개선방향-", 「도시문제」 제36권 388호.

김용호, 2001, "주거환경개선사업의 평가와 개선방향 -행정실무자의 입장에서 경험한 문제점과 개선방향-", 「도시문제」 제36권 388호.

김형국(편), 1989, 「불량촌과 재개발」. 나남.

김호철, 1995, "지역사회로부터의 노력이 엔터프라이즈 존 프로그램의 성공에 미치는 영향", 「국토계획」 제30권 제5호, 대한국토 · 도시계획학회.

김호철, 1997, "주택개량재개발 사업에서의 사업소요기간에 영향을 미치는 요인 분석", 「도시행정학보」 제10집, pp.45-62. 한국도시행정학회.

김호철, 1999, "지역사회 참여를 통한 주택재개발사업 개선에 관한 연구", 「지역사회개발연구」 제24집 1호, pp.173-189, 한국지역사회개발학회.

김호철, 2002, "주거환경개선사업의 사후평가에 관한 연구-공동주택건설방식을 중심으로-", 「도시행정학보」 제15집 제1호, pp. 53-67, 한국도시행정학회.

김호철, 2002, "도시 및 주거환경정비법 제정에 따른 재건축 분쟁해소 효과", 「주택도시」 2002. 겨울호(제75호), pp.79-86, 대한주택공사.

김호철, 2003, "정비사업전문관리업 제도의 재건축 분쟁해소 효과에 관한 연구", 「도시행정학보」 제16집 제1호, pp.125-138, 한국도시행정학회.

김호철, 전승준, 선종국, 1995, "재개발사업에서의 공공성 강화를 위한 재원의 확충방안에 관한 연구", 「국토계획」, 제30권 제2호, pp.129-143, 대한국토 · 도시계획학회.

김호철, 김병량, 2000, "고밀아파트 재건축의 정책방향에 관한 연구", 「한국지역개발학회지」 제12권 제1호, pp. 59-73, 한국지역개발학회.

김호철, 한창섭, 이성국, 박환용, 2001, "도시정비 관련법의 통합과 과제", 「도시정보」 통권233호, pp. 3-13, 대한국토 · 도시계획학회.

대한주택공사, 1993, 「불량주택재개발사업의 문제점과 개선방안 연구」.

대한주택공사, 1996, 「재건축사업의 문제점과 개선방안」.

대한주택공사, 1996, 「고층아파트 유지관리제도 개선방안 연구」.

대한주택공사, 1997, 「주택개량 재개발사업의 사후평가에 관한 연구」.

대한주택공사, 2000, 「노후불량주거의 유형화와 정비체계 재구축방안 연구」.

대한주택공사, 2000, 「주거환경개선사업 업무편람」.

류해웅, 2003, 「도시 및 주거환경정비법 해설」, 한국감정평가연구원.
문영기 · 김승희, 1998, "고층아파트 재건축을 위한 재원조성방안에 관한 연구", 「주택연구」 6권 1호.
서울시정개발연구원, 1996, 「서울시 주택개량재개발 연혁 연구」.
서울시정개발연구원, 1996, 「서울형 산업활성화를 위한 공업지역 정비방안」.
서울시정개발연구원, 1997, 「서울시 공장재개발제도의 운용방안」.
서울시정개발연구원, 1999, 「고밀아파트 재건축비용 조성방안」.
서울시정개발연구원, 1999, 「주거환경개선사업에 대한 평가분석과 개선방안」.
서울특별시, 1998, 「서울특별시 주택재개발기본계획」.
서울특별시, 2000, 「준공업지역 종합정비계획」.
서울특별시, 2001, 「서울시 도심재개발기본계획」.
서울특별시 도시개발공사, 1997, 「도시형 산업지역 재정비 사업화 방안 연구」.
서울특별시 도시개발공사, 1999, 「서울특별시 도시개발공사 10년사」.
오덕성, 2000, "구도심 공동화와 활성화대책", 「도시정보」 통권215호, 대한국토 · 도시계획학회.
오동훈외, 2000, "주택재개발아파트에 대한 재정착 조합원과 세입자의 주거만족도 비교 · 평가에 관한 연구", 「국토계획」 제35권 제4호, 대한국토 · 도시계획학회.
윤복자 외, 1993, "공동주택의 장기수선계획수립 및 시행에 관한 사례조사", 「대한건축학회논문집」 9권 12호.
이상대, 1996, 「서울시 내부시가지 쇠퇴현상의 진단에 관한 연구」, 서울대 환경대학원 박사학위논문.
이희연, 1996, 「인구지리학」(제3판), 법문사.
임창일, 1998, 「노후고층아파트 재건축의 방향에 관한 연구」, 서울대학교 건축학과 박사학위논문.
임창일 · 심우갑, 1997, "노후고층아파트 재건축에 관한 연구 -서울시 고층아파트 현황분석을 중심으로-", 「대한건축학회논문집」 13권 12호.
전경구. 1998, "주민참여형 근린개발과 도시근린공동체". 「지역사회개발연구」 제23집 2호, pp.103-128, 한국지역사회개발학회.
전기성, 1992, 「재개발법규 및 제도의 개선방안 연구 -서울시 주택개량재개발사업을 중심으로-」, 국민대학교 행정대학원 석사학위 논문.
정수연, 서은아, 이성원, 2003, 「재개발 · 재건축시 아파트 가치 산정기법에 관한 연구」, 한국감정평가연구원.
하성규, 1995, "불량주택 정비사업 개선방안에 관한 연구", 「지역사회개발연구」 제20집 1호.
한국건설기술연구원, 1989, 「노후아파트 개보수를 위한 평가기법개발」.
한국건설기술연구원, 1993, 「기존 건축물의 유지관리지침 개발」.
한국건설업체연합회, 1997, 「도시재정비를 위한 재개발 · 재건축 · 주거환경개선사업의 개선방안」.
행정자치부, 1999, 「도시 주거환경개선(대상)지구 기본실태」.
Abbott, J., 1996, *Sharing the City*, Earthscan Publications Ltd.
Aldrich, H., 1975, "Ecological Succession in Racially Changing Neighborhoods", *Journal of Urban Affairs Quarterly*, Vol.10, No.3, pp.327-348.
Beauregard, R.A., 1985, "Politics and Theories of Gentrification", *Journal of Urban Affairs*, Vol. 7 No.4, pp.51-62.

Blair, J.P., 1987, "Major Factors in Industrial Location: A Review", *Economic Development Quarterly*, vol. 1, pp. 72-85.

Blakely, E.J., 1990, *Planning Local Economic Development*, SAGE.

Bloch, S.E., 1988, *Tax Increment Financing: A Tool for Community Development*, Washington, DC: Neighborhood Reinvestment Corporation.

Bluestone, B. and B. Harrison, 1982, *The Deindustrialization of America*, Basic Books, 1982.

Boyne, G.A., 1988, "Politics, Unemployment and Local Economic Policies", *Urban Studies*Vol. 25, pp.474-486.

Bratt, R.G., 1989, *Rebuilding a Low-Income Housing Policy*, Temple University Press.

Butler, S.M., 1991, "The conceptual evolution of enterprise zones" in R.E. Green, *Enterprise Zones: New Directions in Economic Development*, SAGE Publications.

Clavel, P., J. Pitt, and J. Yin, 1997, "The Community Option in Urban Policy", *Urban Affairs Review* 32(4): 435-458.

Clay, P., 1980, "The Rediscovery of City Neighborhoods", in S. Laska and D. Spain (eds.) *Back to the City*, pp.13-25.

DeGiovanni, F.F. and Paulson, N.P., 1984, "Household Diversity in Revitalizing Neighborhoods", *Journal of Urban Affairs Quarterly*, Vol.20, pp.211-232.

Fisher, Robert. 1985, "Neighborhood Organizing and Urban Revitalization: An Historical Perspective", *Journal of Urban Affairs*, Vol.7 No.1, pp.47-53.

Fisher, Robert and Kling, Joseph, 1989, "Community Mobilization: Prospects for the Future", *Journal of Urban Affairs Quarterly*, Vol.25, No.2, pp.200-211.

Giarratani, F. and Houston, D.B., 1989, "Structural Change and Economic Policy in a Declining Metropolitan Region: Implications of the Pittsburg Experience", *Urban Studies*, Vol. 26, pp.549-558.

Galster, G.C., 1990, "White Flight from Racially Integrated Neighborhoods in the 1970s: the Cleveland Experience", *Urban Studies*, Vol. 27, pp.385-399.

Goering J.M., 1978, "Neighborhood Tipping and Racial Transition: A Review of the Social Science Evidence", *Journal of the American Institute of Planners*, Vol.44, pp.68-78.

Goering, J.M., 1979, "National Neighborhood movement: A Preliminary Analysis and Critique", *Journal of the American Planning Association*, 45(4): 506-514

Green, R.E. and Brintnall, M., 1987, "Reconnoitering State-administered Enterprise Zones: What's in a Name", *Journal of Urban Affairs*, vol. 9, pp.159-170.

Grigsby, William, Morton Baratz, and Duncan MacClennam, 1983, *The Dynamics of Neighborhood Change and Decline*, Research Report Series: No.4, Philadelphia: Department of City and Regional Planning, University of Pennsylvania.

Guest, A., 1974, "Neighborhood Life Cycles and Social Status", *Economic Geography*, Vol.50, pp.228-243.

Guest, A., 1977, "Residential Segregation in Urban Areas", in Kent Schwirian et al., *Contemporary Topics in Urban Sociology*, pp.268-336.

Hourihan, K., 1987, "Local Community Investment and Participation in Neigborhood Watch: A

Case-study in Cork, Ireland", *Urban Studies*, Vol. 24, pp.129-136.
Hutcheson, Jr., J.D. and Prather, J.E., 1988, " Community Mobilization and Participation in the Zoning Process", *Journal of Urban Affairs Quarterly*, Vol.23, No.3, pp.346-368.
Kerstein, Robert, 1990, "Stage Models of Gentrification: An Examination", *Journal of Urban Affairs Quarterly*, Vol. 25 No.4, pp.620-639.
Kirby, A. and Lynch, A. K., 1987, " A Ghost in the Growth Machine: The Aftermath of Rapid Population Growth in Houston", *Urban Studies*, Vol. 24, pp.587-596.
Klassen, L.H., 1981, *Dynamics of Urban Development*, Gower.
Lang, Michael, 1986, "Measuring Economic Benefits from Gentrification in the United States: A City-Level Analysis", *Journal of Urban Affairs*, Vol.8 No.4, pp.27-39.
London, B., Lee, B.A., and Lipton, S.G., 1986, "The Determinants of Gentrification in the United States: A City-Level Analysis", *Journal of Urban Affairs Quarterly*, Vol.21 No.3, pp.369-387.
Maher, T., Haas, A., Levine, B., and Liell, J., 1985, "Whose Neighborhood?: The Role of Established Residents in Historic Preservation Areas", *Journal of Urban Affairs Quarterly*, Vol.21, No.2, pp.267-281.
Margulis, H.L. and Sheets, C., 1985, "Housing Rehabilitation Impacts on Neighborhood Stability in a Declining Industrial City", *Journal of Urban Affairs*, Vol.7, No.3, pp.19-37.
Martin, S., 1989, "New Jobs in the Inner City: The Employment Impacts & Projects Assisted Under the Urban Development Grant Programme", *Urban Studies*, Vol. 26, pp.627-638.
Nachmias, Chava and Palen, John, 1986, "Neighborhood Satisfaction, Expectations, and Urban Revitalization". *Journal of Urban Affairs*, Vol.8, No.4, pp.51-61.
Mulkey, D. and Dillman, B.L., 1976, "An Analysis of State and Local Industrial Development Studies", *Growth and Changes*, vol. 7, pp. 37-43.
O'Connell, L., 1989, "Ownerbuilt Housing and Resources: Implications for Self-Help Policies", *Urban Studies*, Vol. 26, pp.607-609.
Ottensmann, J.R., Good, D.H., and Gleeson, M.E., 1990, " The Impact of Net Migration on Neighborhood Racial Composition", *Urban Studies*, Vol.27, pp.705-717.
Pecorella, R.F., 1985, "Resident Participation as Agenda Setting: A Study of Neighborhood-Based Development Corporations", *Journal of Urban Affairs*, Vol.7, No.3, pp.13-27.
Schwab, W.A., 1989, "Divergent Perspectives on the Future of Cleveland's Neighborhoods: Economic, Planning, and Sociological Approaches to the Study of Neighborhood Change", *Journal of Urban Affairs*, Vol.11, No.2, pp.141-154.
Seley, J.E., 1981, "Targeting economic development: an examination of the needs of small business", *Economic Geography*57(2):34-51.
Short, J.R., 1978, "Residential Mobility", *Progress in Human Geography*, Vol.2, No.1 pp.419-447.
Smith, Neil and Williams, Peter, 1986, *Gentrification of the City*, Ch.8 and 9, pp.153-200.
Solomon, Arthur and Vandell, Kerry, 1982, "Alternative Perspectives on Neighborhood Decline", *JAPA*, Winter, pp.81-98.
Storey, D.J., 1990, "Evaluation of Policies and Measures to Create Local Employment", *Urban*

Studies, Vol. 27, pp.669-684.

Taub, R., Taylor, D., Dunham, J., 1984, *Paths of Neighborhood Change: Race and Crime in Urban America*, The University of Chicago Press.

Thomas, I.C. and Drudy, P.J., 1987, "The Impact of Factory Development on 'Growth Town' Employment in Mid-Wales", *Urban Studies*, Vol. 24, pp.361-378.

Vanhove, N. and L.H. Klaassen, 1980, *Regional Policy: A European Approach*, Saxon House.

Varady, David P., 1986, *Neighborhood Upgrading: A Realistic Assessment*, pp.5-35, New York: State University of New York Press.

Wilson, B.M. and Hassinger, J.R., 1987, "Urban Planning and Residential Segregation: The effect of a Neighborhood-Based Citizen Participation Project", *Urban Geography*, Vol. 8, No.2, pp.129-145.

Wren, C., 1987, "The Relative Effects of Local Authority Financial Assistance Policies". *Urban Studies*, Vol. 24, pp.268-278.

Zavarella, M.D., 1987, "The Back-to-the-City Movement Revised", *Journal of Urban Affairs*, Vol.9, No.4, pp.375-390.

大阪市立大學經濟研究所, 1981, 「大都市の衰退と再生」, 東京大學出版會.

渡辺弘之, 野村 守, 1980, "OECDにおける都市問題の研究(その2) - 都市衰退問題を中心に", 「首都圈整備」 78号.

山田浩之, 1980, 「都市の經濟分析」, 東洋經濟新報社.

成田孝三, 1987, 「大都市衰退地區の再生」, 大明堂.

神戶都市問題研究所, 1981, 「インナ-シティ再生のための政策ビジョン」, 勁草書房.

邢基柱, 1987, "ソウルの産業構造變化", 村田喜代治編, 「工業の空間構造 -中國・韓國・日本の比較-」, 中央大學出版部.

住宅・都市整備公團 都市再開發部, 1994, 「公團における都市再開發事業の概要」.

平山洋介, 1993, 「コミュニティ・ベ-スト・ハウジング: 現代アメリカの近隣再生」, ドメス出版.

찾아보기

ㄱ

ㄴ

ㅁ

■ 저자 약력

김 호 철 (金 浩 哲)

한양대학교 공과대학 도시공학과 (학사)
일본, 교토(京都)대학 공학부 건축공학과 (석사)
미국, 플로리다 주립대학, 도시 및 지역계획학과 (박사)
대한주택공사 주택도시연구원 수석연구원
(현)단국대학교 사회과학부 부동산학 전공 부교수

■ 주요 연구실적

· "재개발사업의 공공성 강화를 위한 재원의 확충방안에 관한 연구", 1995.
· "재개발사업에서의 관민협력 활성화 방안에 관한 연구", 1996.
· "주택개량재개발 사업에서의 사업소요기간에 영향을 미치는 요인 분석", 1997.
· "한국의 대도시 쇠퇴문제에 관한 연구 -서울을 중심으로-", 1998.
· "지역사회 참여를 통한 주택재개발사업 개선에 관한 연구", 1999.
· "고밀아파트 재건축의 정책방향에 관한 연구", 2000.
· "임대주택공급에 있어서의 공공부문의 역할", 2001.
· "주거환경개선사업의 사후평가에 관한 연구-공동주택건설방식을 중심으로-", 2002.
· 「한국의 주택」(공저), 2002.
· "정비사업 전문관리업 제도의 재건축 분쟁해소 효과에 관한 연구", 2003.

도시 및 주거환경정비론

2004년 2월 20일 인쇄
2004년 2월 25일 발행

지은이 | 김호철
펴낸이 | 김종호
펴낸곳 | 도서출판 지샘

서울특별시 성동구 성수2가3동 279-39호
전화 | 02-461-5858
팩스 | 02-461-4700

등록번호 | 제1-339호

ISBN 89-88462-58-0

* 값은 표지에 표기되어 있습니다.